“十四五”职业教育国家规划教材

高等职业教育“新资源、新智造”系列精品教材

用微课学·电梯及控制技术
（第2版）

马宏骞　徐行健　主　编

徐　勇　石敬波　副主编

電子工業出版社

Publishing House of Electronics Industry

北京·BEIJING

内 容 简 介

"电梯及控制技术"课程是电气自动化专业（电梯技术方向）、楼宇智能化技术专业及未来想从事电梯安装、维修、维护等岗位学生的必修课。本书以国内主流的三菱电梯产品为载体，以基本机械结构和电气控制环节为核心，力求使学生掌握电梯的基本结构和工作原理，能维修和维护电梯，为学生未来从事电梯行业打下良好的理论基础，并具备一定的操作技能。

本书精心设计了 9 个项目，分别是：项目 1 电梯的基本知识、项目 2 电梯的基本结构、项目 3 电梯的主要电气部件、项目 4 电梯的电力拖动系统、项目 5 电梯的电气控制系统、项目 6 PLC 和微机在电梯控制系统中的应用、项目 7 组态监控软件在电梯控制系统中的应用、项目 8 电梯的维护及故障排除和项目 9 电梯的检验与试验。

本书邀请行业专家和企业工程师全程参与编写工作，构建了"互联网+行业职教"资源体系，建立了 40 个颗粒化课程资源，这些资源包含视频、微课、动画和图片等类型，覆盖了 58 个知识点和岗位技能点，全方位支撑学习过程，保障学习效果。

本书具有较强的实践性、典型性和普适性，可作为高职高专电气自动化专业（电梯技术方向）、楼宇智能化技术专业的教学用书，也可作为培训机构和企业的培训教材，还可供相关领域技术人员参考使用。

图书在版编目（CIP）数据

用微课学. 电梯及控制技术/马宏骞，徐行健主编. —2 版. —北京：电子工业出版社，2019. 11
ISBN 978-7-121-37688-7

Ⅰ. ①用…　Ⅱ. ①马…　②徐…　Ⅲ. ①电梯群控系统-高等学校-教材　Ⅳ. ①TH211

中国版本图书馆 CIP 数据核字（2019）第 246999 号

责任编辑：王昭松
印　　刷：三河市华成印务有限公司
装　　订：三河市华成印务有限公司
出版发行：电子工业出版社
　　　　　北京市海淀区万寿路 173 信箱　邮编 100036
开　　本：787×1 092　1/16　印张：15. 25　字数：390. 4 千字
版　　次：2013 年 5 月第 1 版
　　　　　2019 年 11 月第 2 版
印　　次：2024 年 2 月第 8 次印刷
定　　价：54. 00 元

凡所购买电子工业出版社图书有缺损问题，请向购买书店调换。若书店售缺，请与本社发行部联系，联系及邮购电话：（010）88254888，88258888。
质量投诉请发邮件至 zlts@ phei. com. cn，盗版侵权举报请发邮件至 dbqq@ phei. com. cn。
本书咨询联系方式：（010）88254015，wangzs@ phei. com. cn，QQ：83169290。

前　言

为落实国家职业教育改革实施方案（职教20条）新要求，推进产教融合、校企合作新发展，本书依据电梯维修岗位职业标准，对该岗位所需要的知识和能力进行了认真梳理，内容涵盖电梯结构、控制系统和维修保养三大板块。本书聘请了电梯制造、检验、维修和教学等多方面的专家共同编写，从而保证教学内容与国家职业技能标准高度契合，与“1+X证书”制度顺利衔接。

本书在内容取材及安排上具有以下特点。

（1）以电梯的基本机械结构、主要电气部件、控制技术及维修维护等作为项目教学的主体，注重每个项目的分析与应用，强化学生的工程意识，既让学生懂得电梯的工作原理，又培养学生解决实际问题的能力。

（2）每个项目的开篇均提出了“知识目标”与“技能目标”；正文中的“课堂讨论”“工程经验”“应用举例”“小知识”“课外阅读”及“注意”等大多针对工程中实际遇到的问题，具有很高的工程实用性。

（3）本书的取材全部来自实践，其中很多内容是作者亲身经历的案例，教学内容具体，针对性极强。书中的很多图片是作者在井道内和机房里的实景拍摄，力求还原真实的工作情境，图片真实清晰、表达准确、写实性强，有说服力，具有很高的实践指导性。

（4）本书以信息技术为依托，构建了“互联网+行业职教”的资源体系，建立了40个颗粒化课程资源，这些资源对电梯的井道结构、曳引系统、换速平层和运行控制等环节进行了详细描述和专业分析，覆盖了58个知识点和岗位技能点，能全方位支撑新业态教学。

（5）本书依据电梯维修工职业技能鉴定规范，特别设置了电梯电气维修保养作业人员考核试题库，帮助学生自测学习效果和进行考前训练。

通过本书的学习，将使学生掌握电梯与控制技术方面的必备知识，具备从事电梯维修所需要的实践技能。

本书由辽宁机电职业技术学院马宏骞教授和三菱电机自动化（中国）有限公司徐行健高级工程师任主编，丹东市嘉迅电梯技术服务有限责任公司徐勇高级工程师和辽宁机电职业技术学院石敬波副教授任副主编，辽宁机电职业技术学院谢海洋副教授、李美萱讲师和丹东市检验检测认证中心赵普军工程师参编。其中，项目1、项目2和电梯电气维修保养作业人员考核试题库由马宏骞编写，项目3由谢海洋编写，项目4由李美萱编写，项目5和项目6由徐行健编写，项目7由石敬波编写，项目8由徐勇编写，项目9由赵普军编写。

由于作者水平所限，书中不妥之处在所难免，敬请兄弟院校的师生给予批评和指正。请您把对本书的建议和意见告诉我们，以便修订时改进。所有意见和建议请发送至E-mail：zkx2533420@163.com。

编　者

2019年8月

目　录

项目1 电梯的基本知识

【知识目标】

（1）了解电梯的定义、分类及应用。

（2）了解电梯的主要参数及规格尺寸。

（3）熟悉电梯运行的基本情况。

【技能目标】

（1）掌握电梯层站、轿厢及厅门的外部结构，能判定电梯的使用性质。

（2）掌握电梯召唤箱、操纵箱的面板结构及功能，能熟练地对其进行控制操作。

电梯既是一种垂直交通运输设备，又是一种比较复杂的机电结合的大型工业产品，它既有完善的机械专用构造，又有复杂的电气控制部分。在使用过程中，要想让电梯运行可靠、乘坐舒适、不出或少出故障，并确保安全运行，避免人身事故，电梯维修与维保从业人员必须对电梯的结构、运行原理、性能特点、控制方式等有着深刻的认识，并能够全面掌握电梯的内在关系和运行规律。

1.1 电梯的定义

电梯概述

电梯有一个轿厢和一个对重，通过钢丝绳将它们连接起来，钢丝绳在动力装置的驱动下牵引电梯的轿厢和对重在垂直方向上做上下运动。

根据国家标准 GB 7042.1—1986《电梯名词术语》规定，电梯的定义是：用电力拖动，具有乘客和载货轿厢，运行于垂直的或与垂直方向倾斜不大于15°的两侧刚性导轨之间，运送乘客和（或）货物的固定设备。

另外，根据国家标准 GB 7588—1987《电梯制造与安装规范》，对电梯的技术含义做了如下叙述：电梯是服务于规定楼层的固定式提升设备，包括一个轿厢，轿厢的尺寸与结构形式可使乘客方便地进出，轿厢在两根垂直的或与垂直方向呈倾斜角小于15°的刚性导轨之间运行。

综合以上两个国家标准，我们可以这样描述电梯：它采用电力驱动方式，使轿厢沿着垂直方向运动，运送乘客或承载货物。

1.2 电梯的分类

电梯的发明为人们的日常生活、社会活动和工业生产带来了极大的便利。目前在用的电梯形式各异、种类繁多，但大体上我们可以从日常用途、运行速度、控制方式和机房设置等几个方面进行分类。

1. 按用途分类

按照用途不同，电梯可以分为乘客电梯、载货电梯、医用电梯、杂物电梯、客货两用电梯、观光电梯和特种电梯等。

（1）乘客电梯。乘客电梯是专门为运送乘客而设计的电梯，电梯代号为TK，如图1-1所示。

（a）厅门

（b）轿厢

图 1-1 乘客电梯

乘客电梯的特点：具有十分可靠的安全装置；轿厢的尺寸和结构形式多为宽度大于深度，且装潢精美；自动化程度高，运行平稳且速度较快。

主要应用场所：宾馆、饭店、办公楼及大型商场等。

（2）载货电梯。载货电梯是专门为运送货物而设计的电梯，电梯代号为TH，如图1-2所示。

（a）厅门

（b）轿厢

图 1-2 载货电梯

载货电梯的特点：具有必要的安全装置；载重量和轿厢尺寸的变化范围比较大；自动化程度较低，运行速度较慢。

主要应用场所：多楼层的车间厂房、各类仓库、大型超市及立体车库等。

（3）医用电梯。医用电梯是专门为运送医院病人及病床而设计的电梯，电梯代号为 TB，如图 1-3 所示。

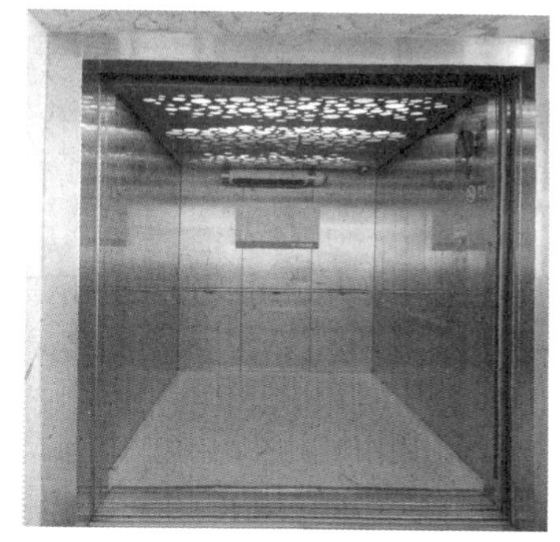

（a）厅门 （b）轿厢

图 1-3 医用电梯

医用电梯的特点：轿厢具有窄且长的特点，轿厢的深度远大于宽度；常要求轿厢前后贯通开门；运行平稳、噪声小，启动和制动舒适感好。

主要应用场所：医院、疗养院及康复机构等。

（4）杂物电梯。杂物电梯是专门为运送小件货物而设计的电梯，它其实就是一种小型运货电梯，电梯代号为 TW，如图 1-4 所示。

（a）厅门 （b）轿厢

图 1-4 杂物电梯

杂物电梯的特点：安全设施不齐全，不可载人；轿厢的门洞及轿厢的面积都设计得很小，国标规定杂物电梯轿厢的尺寸不大于 1m×1m×1.2m。

主要应用场所：图书馆、办公楼及饭店等。

（5）客货电梯。客货电梯既可以运送乘客，也可以运送货物，电梯代号为 TL，如图 1-5 所示。

（a）厅门

（b）轿厢

图 1-5　客货电梯

客货电梯的特点：对运行控制要求不高，轿厢内的装饰也较普通。

主要应用场所：住宅、工矿企业及机关单位等。

（6）观光电梯。观光电梯是供乘客浏览观光建筑物周围景色的电梯，电梯代号为 TG，如图 1-6 所示。

（a）厅门

（b）轿厢

图 1-6　观光电梯

观光电梯的特点：轿厢壁是透明的。

主要应用场所：商场、宾馆及旅游景点等。

（7）特种电梯。特种电梯是为特殊环境、特殊条件及特殊要求而设计的电梯，如船舶电梯、防爆电梯及车辆电梯等。

特种电梯的特点：适合在特殊环境、特殊条件下运行，或者能够完成特殊任务要求。

主要应用场所：船舶、矿山及车辆运输等。

2. 按速度分类

（1）低速电梯。额定速度低于1m/s的电梯为低速电梯，货梯一般为低速电梯。

（2）快速电梯。额定速度为1～2m/s的电梯为快速电梯，普通客梯一般为快速电梯。

（3）高速电梯。额定速度为2～4m/s的电梯为高速电梯，层站较多的客梯一般为高速电梯。

（4）超高速电梯。额定速度在4m/s以上的电梯为超高速电梯，通常应用在超高层的建筑物内。

我国生产的电梯主要是快速电梯和低速电梯，高速电梯生产很少，超高速电梯尚无生产。

3. 按控制方式分类

（1）司机控制。这是一种由司机控制运行的电梯，虽然该电梯具有自动平层、自动开关门、轿厢内指令登记、厅外召唤登记、顺向截停和自动换向等功能，但自动化控制水平总体较低。

（2）集选控制。集选控制即单台自动控制，此种电梯的自动化控制水平总体较高，电梯将优先、按顺序应答与轿厢运行方向相同的厅外召唤，当该方向的召唤信号全部应答完毕后，电梯将自动应答与轿厢运行方向相反的厅外召唤。该电梯设“有/无司机”操纵转换开关，可根据使用需要灵活选择。如在人流高峰时段或有特殊需要时，可转换为“有司机”操纵，变成司机控制的电梯；在正常行驶时，可转换为“无司机”操纵的集选控制。

（3）并联控制。并联控制是把两台电梯并联起来一同进行逻辑控制，两台电梯共用层站召唤按钮，按规定顺序自动调度，确定其运行状态。在无召唤信号时，有一台电梯在基站处于关门备用状态，另外一台电梯停在中间层站随时应答厅外呼梯信号，前者称为基梯，后者称为自由梯。当基梯启动后，自由梯自动运行至基站等待。当厅外其他层站有呼梯信号时，自由梯将前往应答与其运行方向相同的所有召唤信号。对于与自由梯运行方向相反的召唤信号，则由基梯前往应答。如果两台电梯都在应答两个方向的呼梯信号，则先完成应答任务的电梯返回基站。这种控制方式有利于提高电梯的运行效率，节省乘客的候梯时间。

（4）梯群程序控制。梯群程序控制即群控，这种控制方式是将多台电梯集中并列，共用厅外召唤按钮，所有呼梯信号都综合在一起，通过微机程序处理和统一调度，派遣某台电梯响应最近的同向呼梯信号，达到优化控制过程、快速响应和节约能源等目的。

4. 按机房的位置分类

（1）机房上置式。电梯机房设在电梯井道的上方。这种方式可简化曳引机构，减小曳引机质量，是目前最常用的形式。

（2）机房下置式。这种方式用得较少，只有在建筑物上方实在无法建造电梯机房时才采用，这种方式使得电梯结构复杂，曳引机质量大，日后维修不便。

（3）无机房式。无须建造普通意义上的机房，将机房与机械部件融为一体，整个安装在电梯井道上方的导轨附近。

1.3　电梯的主要参数及规格尺寸

电梯的主要参数是电梯制造厂设计和制造电梯的依据。用户选用电梯时，必须根据电梯的安装使用地点、载运对象等，按标准的规定，正确选择电梯的类别和有关参数与尺寸，并根据这些参数与规格尺寸，设计和建造安装电梯的建筑物。

1. 电梯的主要参数

电梯轿门

(1) 额定载重量（kg）。制造和设计所规定的电梯载重量。

(2) 轿厢尺寸（mm）。宽×深×高。

(3) 轿厢形式。轿厢形式有单面或双面开门及其他特殊要求等，以及对轿顶、轿底、轿壁的处理，颜色的选择，对电风扇、电话的要求等。

(4) 轿门形式。轿门形式有栅栏门、闸门及封闭式门（中分门、旁开门）等，如图1-7所示。

(a) 栅栏门

(b) 封闭式中分门

(c) 闸门

(d) 封闭式双折中分门

图1-7　轿门形式

（5）开门宽度（mm）。轿厢门和厅门完全开启时的净宽度。

（6）开门方向。人在厅门外面对厅门，门向左方向开启的为左开门；门向右方向开启的为右开门；两扇门分别向左、右两边开启的为中分门。

（7）曳引方式。电梯有一个轿厢和一个对重，通过钢丝绳将它们连接起来，钢丝绳通过驱动装置（曳引机）的曳引带动，使电梯轿厢和对重在电梯内导轨上做上下运动。如图 1-8 所示，电梯常用的曳引方式有半绕 1∶1 吊索法，轿厢的运行速度等于钢丝绳的运行速度；半绕 2∶1 吊索法，轿厢的运行速度等于钢丝绳运行速度的一半；全绕 1∶1 吊索法，轿厢的运行速度等于钢丝绳的运行速度。

曳引方式

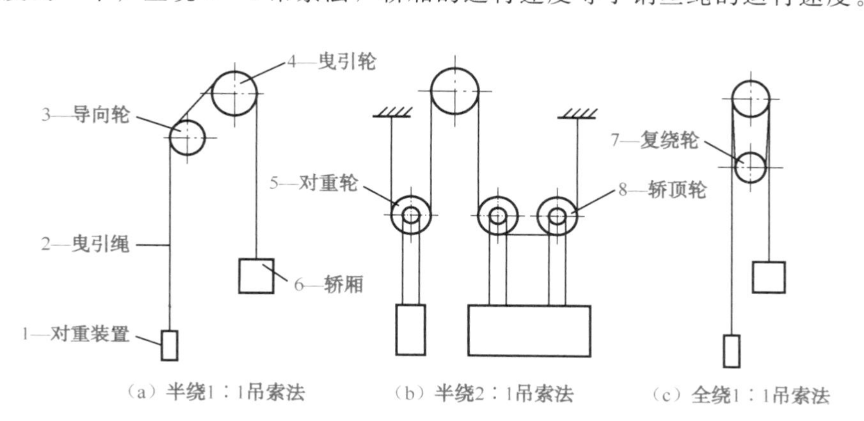

（a）半绕1∶1吊索法　（b）半绕2∶1吊索法　（c）全绕1∶1吊索法

图 1-8 电梯的常用曳引方式

（8）额定速度（m/s）。设计和制造所规定的电梯运行速度。

（9）电气控制系统。包括控制方式、拖动系统的形式等。如交流电动机拖动或直流电动机拖动，轿内按钮控制或集选控制等。

（10）停层站数（站）。凡在建筑物内各层楼用于出入轿厢的地点均称为站。

（11）提升高度（mm）。由底层端站楼面至顶层端站楼面之间的垂直距离。

（12）顶层高度（mm）。由顶层端站楼面至机房楼板或隔声层楼板下最突出构件之间的垂直距离。一般说来，电梯的运行速度越快，顶层高度就越高。

（13）底坑深度（mm）。由底层端站楼面至井道底面之间的垂直距离。一般说来，电梯的运行速度越快，底坑深度就越深。

（14）井道高度（mm）。由井道底面至机房楼板或隔声层楼板下最突出构件之间的垂直距离。

（15）井道尺寸（mm）。宽×深。

2. 国家标准对电梯的主要参数及规格尺寸的规定

为了加强对电梯产品的管理，提高电梯产品的使用效果，我国于 1997 年颁布了具有国际水平的国家级电梯专业技术标准 GB/T 7025.1～7025.3—1997，该标准对乘客电梯、载货电梯、医用电梯、杂物电梯等类别的电梯及其井道、机房的形式、基本参数与尺寸都做了一系列的规定，具体内容如表 1-1 所示。

表 1-1 电梯主要参数及规格尺寸的规定

参数 \ 类别		乘客电梯							载货电梯					医用电梯		杂物电梯	
额定载重量/kg		简易电梯		500	750	1000	1500	2000	500	1000	2000	3000	5000	1000	1500	100	200
		350	750														
可乘人数/人		5	10	7	10	14	21	28	—	—	—	—	—	14	21	—	—
额定速度/(m/s)		0.5		1、1.5、1.75	1、1.5、1.75、2、2.5、3			0.5、1			0.5、0.75	0.25、0.5、0.75	0.25	0.5、0.75、1		0.5	
轿厢外廓尺寸（宽×深）/mm	中分式门	—	—	1500×1200	1800×1300	1800×1600	2100×1850	2400×2000	—	—	—	—	—	—	—	—	—
	双折式门	—	—	1500×1200	1800×1300	1800×1600	2100×1850	2400×2000	—	—	—	—	—	1600×2600	2400×2000	—	—
	栅栏门	—	1200×1900	—	—	—	—	—	1500×1500 1500×2000	2000×2000 2000×2500	2000×2500 2000×3000 2500×3500	2500×3000 2500×3500 3500×4000	3500×4000	—	—	—	—
	直分式门	—	—	—	—	—	—	—	—	—	2000×2500×2000×3000×2500×3500	2000×2500×2000×3000×2500×3500	3500×4000	—	—	—	—
	无门	—	—	—	—	—	—	—	—	—	—	—	—	—	—	750×750	750×750
井道形式		封闭式							封闭式、空格式					封闭式		封闭式	
管理方式		无司机	有司机	有司机、无司机、有/无司机两用					有司机、无司机、有/无司机两用					有司机	有司机、有/无司机两用		无司机

1.4 电梯的运行情况

电梯的工作原理

1. 电梯的工作原理

电梯主要由曳引机（绞车）、导轨、对重装置、安全装置、信号操纵系统、轿厢与厅门等组成。电动机转动时通过曳引轮绳槽与曳引钢丝绳之间的摩擦力（俗称曳引力），驱动电梯的轿厢和对重沿轨道上下运行，如图 1-9 所示。

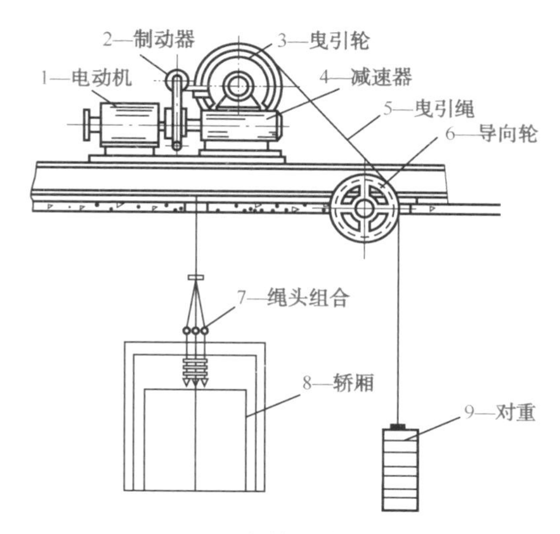

图 1-9　电梯工作原理图

2. 电梯的层站

电梯的初始站称为基站，基站通常设置在一楼层站。电梯上行时对应的最高层站称为上端站，电梯下行时对应的最低层站称为下端站，两端站之间的停靠站称为中间层站。

在层站的电梯厅门旁边设有召唤箱（也称呼梯盒），箱上设置有召唤按钮和指层器，如图 1-10所示。召唤按钮供乘用人员召唤电梯使用，电梯一般在两端站的召唤箱上各设置一个召唤按钮，如图 1-10（a）、（c）所示；在中间层站的召唤箱上设置两个召唤按钮，如图 1-10（b）所示。指层器一般由一位或两位七段数码管和上、下指示箭头组成，用以显示电梯当前的位置及运行的状态，如图 1-10（b）所示。电梯的轿厢内部设置有操纵箱（杂物电梯除外），操纵箱上设置有与层站对应的按钮和指层器，供司机或乘用人员控制电梯上下运行，如图 1-11所示。召唤箱上的按钮称为外指令按钮，操纵箱上的按钮称为内指令按钮。外指令按钮发出的电信号称为外指令信号，内指令按钮发出的电信号称为内指令信号。

（a）基站召唤箱

（b）层站召唤箱

（c）顶站召唤箱

图 1-10　电梯的召唤箱

图 1-11　电梯的操纵箱

如图 1-12 所示，在电梯基站厅门旁装设的召唤箱，除设置一个召唤按钮外，还设置了一个钥匙开关。当要关闭电梯时，司机或管理人员先把电梯开到基站，关闭电梯的厅门和轿门，然后通过专用钥匙扭动该钥匙开关，切断电梯的控制电源或动力电源。

图 1-12　基站钥匙开关

3. 电梯的操控

目前，我国的乘用电梯已经全面实现了自动控制，不需要专人来操作驾驶，乘客只要按下列步骤操作电梯即可。

在电梯入口处，根据自己上行或下行的需要，按上方向或下方向箭头按钮，只要按钮灯亮，就说明该呼叫已被记录，等待电梯到来即可。

电梯到达开门后，先让轿厢内人员走出电梯，然后乘客再进入电梯轿厢。进入轿厢后，根据需要到达的楼层，按下轿厢内操纵箱上相应的数字按钮。同样，只要按钮灯亮，则说明该选层已被记录，此时不用进行其他任何操作，只要等电梯到达目的层停靠即可。

电梯行驶到目的层后会自动开门，此时乘客按顺序走出电梯即结束一个乘梯过程。

1.5　电梯的性能要求

作为机电类特种设备，电梯必须具有相应的性能，主要涉及安全性、可靠性、平层精度和乘坐舒适性等方面。

（1）安全性。安全性是电梯的首要性能指标，它既是电梯设计、制造、安装、调试等环节必须确保的重要指标，也是在电梯维修和维护工作后需要通过验收的硬性指标。

（2）可靠性。可靠性是反映电梯技术先进程度和制造、安装精度的一项指标，主要体现为运行过程中故障率的高低。故障率越高，说明可靠性越差。

（3）平层精度。电梯的平层精度是指轿厢到站停靠后，其地坎上平面对层门地坎上平面垂直方向的距离。平层精度与电梯的运行速度、制动距离和力矩的调整、拖动性能和轿厢的负载情况有关。各类不同梯速的轿厢平层精度在电梯运行中应通过调试达到规定值：梯速<0.63m/s的电梯，平层精度应在±15mm范围内；梯速>1m/s的电梯，平层精度应在±30mm范围内。

（4）舒适性。舒适性是乘客在乘梯时最敏感的一项指标，也是电梯多项性能指标的综合反映。它与电梯启动、制动阶段的运行速度、加速度和减速度、运行平稳性、噪声，甚至轿厢的装饰都有密切关系。为了避免因加、减速度过快，使人身体感到不舒适，应在安全快速的前提下，对加、减速予以适当的控制。一般要求电梯的加、减速度最大值$<1.5\text{m/s}^2$。

为了使电梯乘坐舒适，还要控制电梯运行中水平和垂直方向的振动，降低电梯运行时产生的噪声，轿厢内的噪声应<55dB。

课外阅读

电梯的发展史

电梯的发展史（一）

电梯进入人们的生活已经有150多年了。

人类利用升降工具运输货物、人员的历史非常悠久。早在公元前2600年，埃及人在建造金字塔时就使用了最原始的升降系统，这套系统的基本原理至今仍无变化，即一个平衡物下降的同时，负载平台上升。早期的升降工具基本以人力为动力。1203年，在法国海岸边的一个修道院里安装了一台以驴子为动力的起重机，这才结束了用人力运送重物的历史。英国科学家瓦特发明蒸汽机后，起重机装置开始采用蒸汽作为动力。紧随其后，威廉·汤姆逊研制出用液压驱动的升降梯，液压的介质是水。在这些升降梯的基础上，一代又一代富有创新精神的工程师们在不断改进升降梯的技术。1889年12月，美国奥的斯电梯公司制造出了名副其实的电梯，它采用直流电动机为动力，通过蜗轮减速器带动卷筒上缠绕的绳索，悬挂并升降轿厢。1892年，美国奥的斯公司开始采用按钮操纵装置，取代传统的轿厢内拉动绳索的操纵方式，为操纵方式现代化开了先河。

生活在继续，科技在发展，电梯也在进步。150年来，电梯的材质由黑白到彩色，样式由直式到斜式，在操纵控制方面更是步步出新——手柄开关操纵、按钮控制、信号控制、集选控制、人机对话等，多台电梯还出现了并联控制、智能群控；双层轿厢电梯展示出节省井道空间，提升运输能力的优势；变速式自动人行道扶梯的出现大大节省了行人的时间；不同外形——扇形、三角形、半菱形、半圆形、整圆形的观光电梯则使身处其中的乘客的视线不再封闭。如今，以美国奥的斯公司为代表的世界各大著名电梯公司各展风姿，仍在继续进行电梯新品的研发，并不断完善维修和保养服务系统。一款款集纳了人类在机械、电子、光学等领域最新科研成果的新型电梯竞相问世，冷冰冰的建筑因此散射出人性的光辉，人们的生活因此变得更加美好。

中国最早的一部电梯出现在上海，是由美国奥的斯公司于1901年安装的。1932年，由美国奥的斯公司安装在天津利顺德酒店的电梯至今还在安全运行着。1951年，党中央提出要在天安门安装一台由我国自行制造的电梯，天津庆生电机厂荣接此任，4个月后不辱使命，顺利地完成了任务。改革开放以来，我国电梯业进入了高速发展时期，目前我国电梯生产厂家已经有200多家，年生产电梯3万余部。随着国产电子元器件生产能力的提高、进口技术市场的开放，我国又研制生产了使用计算机控制的、具有国际先进水平的电梯，使我国电梯业登上了一个新的台阶。

【使用常识】电梯使用安全须知

（1）使用电梯时，欲上楼者请按向上方向按钮，欲下楼者请按向下方向按钮。

（2）电梯抵达楼层后，乘客应判明电梯运行方向；当确定电梯运行方向与自己去往的方向一致时再进入轿厢。

（3）乘客可以按电梯内操纵箱上的"关门"按键关闭电梯门；电梯门也会定时自动关闭，乘客切勿在楼层与轿厢接缝处逗留，以免被夹伤。

（4）乘客进入轿厢后，通过按动楼层选层按钮确定电梯停靠楼层。乘客不得倚靠轿厢门。

（5）电梯均有额定运载人数标准。当人员超载时，电梯内报警装置会发出声音提示，此时乘客应主动减员，退出电梯。

（6）当电梯发生异常现象或故障时，乘客应保持镇静，可拨打轿厢内报警电话寻求帮助或等待救援。切不可擅自撬门，企图逃离轿厢。

（7）保持轿厢内的清洁卫生，不在轿厢内吸烟、随地丢弃废物。

（8）乘客要爱护电梯设施，不得随便乱按按钮和乱撬厢门。

课外阅读

电梯的发展史（二）

电梯行业十大品牌

NO. 1 三菱电梯（机械工业竞争力企业，中国最大电梯制造企业之一，上海三菱电梯有限公司）。

NO. 2 西子奥的斯电梯 OTIS（行业著名品牌，世界最大的电梯企业之一，西子奥的斯电梯有限公司）。

NO. 3 日立电梯 HITACHI［中国最大的电梯企业之一，日立电梯（中国）有限公司］。

NO. 4 通力电梯 KONE（1910年成立，总部位于芬兰，世界领先的电梯和自动扶梯供应商之一，巨人通力电梯有限公司）。

NO. 5 迅达电梯（于1874年在瑞士创立，世界最大的电梯企业之一，中国迅达电梯有限公司）。

NO. 6 东芝电梯 TOSHIBA（世界最大的电梯企业之一，电梯行业的领军企业，日本东芝电梯株式会社）。

NO. 7 富士电梯（创立于1946年，十大电梯品牌，拥有庞大的企业集团，富士电梯集团）。

NO. 8 广日电梯（创立于1956年，中国电梯行业"三强"之一，广州广日电梯工业有限公司）。

NO.9 富士达电梯（十大电梯品牌，中日合资企业，大型高科技企业，华升富士达电梯有限公司）。

NO.10 蒂森电梯（德国三大电梯制造商之一，世界领先的电梯企业之一，蒂森电梯有限公司）。

项目实训1 电梯的基本认识训练

实训目标

（1）认识电梯的外部结构。

（2）掌握电梯运行的操作方法。

（3）了解电梯的安全使用规定。

（4）掌握电梯发生故障时的应急自救方法。

实训器材

校内实训电梯或社会单位的电梯，由学生自行选择。

实训步骤

（1）认识电梯外部结构。

① 观察层站。

相关要求：观察电梯的端站和中间层站，找出结构上的不同点；观察厅门结构形式、开门方向，测量开门宽度；观察召唤箱的面板结构及指层器的显示状态，核对电梯运行状态。

② 观察轿厢。

相关要求：观察轿厢结构形式、尺寸及内饰，判定电梯的使用性质；观察操纵箱的面板结构及指层器的显示状态，核对电梯运行状态。

（2）电梯的运行操作。

相关要求：电梯初始位置在基站，在厅门外利用外召唤按钮控制电梯上、下运行；电梯悬停在中间层站，在轿厢内利用内召唤按钮控制电梯上、下运行；观察电梯平层情况，观察电梯轿门、厅门的开闭状态；填写表1-2。

表1-2 电梯功能实训表

电梯功能	运行操作要求	运行结果及现象
自动定向功能	当轿厢在三楼层站时，先按下基站上行按钮，然后按下五楼层站下呼按钮	
顺向截梯，方向记忆功能	当电梯在基站时，分别呼梯，二楼层站呼下行，三楼层站呼上行，四楼层站呼下行	
最远反方向截车功能	当电梯在基站时，分别呼梯，二楼层站呼下行，三楼层站呼下行，四楼层站呼下行	
末层呼梯开门功能	当电梯在基站时，一楼层站呼梯	
锁梯功能	当电梯在六楼层站时，将钥匙开关转到锁梯位置	

续表

电梯功能	运行操作要求	运行结果及现象
司机功能	将电梯转入司机运行状态，点动关门，当门未关到位时就松开关门按钮	
检修功能	将电梯转入检修运行状态，观察显示器，按下慢上按钮，然后松开	
消防功能	将电梯转入消防运行状态，按下二楼层站外呼按钮	
光幕保护功能	电梯在关门过程中，用遮蔽物遮挡门区	
超载报警功能	当电梯超载时，观察电梯的超载报警指示	

针对实训现象，探讨工程实际问题

问题1：怎样召唤电梯？

答案：当需要乘坐电梯时，应在电梯厅门外的召唤箱上选择要去的方向按钮。上行按"向上"方向按钮，下行按"向下"方向按钮。

问题2：进入轿厢时应注意哪些事项？

答案：进入轿厢时，如果电梯门开着，要看一下电梯是否在平层位置，特别是在夜间光线不清的时候，更应注意轿厢是否在本层，否则有可能造成伤害，并应快进快出。

问题3：如图1-13所示，当电梯突然停电或出现故障时，被困在轿厢内应注意些什么？

答案：当被关在轿厢内时，应听从电梯司机的指挥，若无司机，可通过通信装置与相关人员联系，以求解救。千万不要用力扒门或自行跳出，以免发生危险。当电梯出现紧急事故，有伤人、困人（人员被困在电梯轿厢内，无法找到电梯维修保养人员）情况发生时，应立即拨打110报警电话。

图1-13　乘客被困轿厢内

问题4：电梯关门时被夹是否会对人造成伤害？

答案：电梯在关门过程中，如果厅门碰到人或物，门会自动重新开启，不会伤人。因为在门上设有防夹人的开关，一旦门碰触到人或物，此开关动作使电梯不能关门，并重新开启，然后重新关门。另外，关门力是有规定的，不会达到伤人的程度。注意，当门关到最后的时候是不会再开门的。

问题5：如图1-14所示，电梯的厅门能否被扒开？

答案：电梯的厅门在厅外是不能被扒开的，必须用专用工具才能开启（专用工具由维修人员掌管）。乘客是不准扒门的，更不能打开，否则会有坠落井道的危险。

图1-14 不能扒电梯门

问题6：电梯轿厢超载能自动控制吗？

答案：在轿厢底部有专门的称重装置，电梯只能在规定的载重量内运行，一旦超载，就会触发称重装置，电梯会自动报警，并停止运行。

实训考核方法

该项目实训采取单人逐项考核方法，教师（或是已经考核优秀的学生）对每个同学都要进行如下5项考核。

（1）能否准确描述实训用电梯的外部特征？

（2）能否准确读取实训用电梯的铭牌信息？

（3）能否辨识电梯的召唤箱和操纵箱？

（4）能否操作电梯运行？

（5）是否了解电梯内应急自救的方法？

项目2 电梯的基本结构

【知识目标】

（1）了解电梯的空间布局结构。

（2）了解曳引系统、导向系统、门系统、轿厢、重量平衡系统、安全保护系统的组成及作用。

（3）熟悉电梯各机械部件的原理、结构及使用。

【技能目标】

（1）能对电梯的机械部件进行简单拆装、更换和维修。

（2）能对电梯门系统进行拆装和调整。

电梯结构概述

电梯是机与电紧密结合的复杂产品，其基本组成包括机械和电气两大部分。从空间上来看，电梯设备并非是独立的整体设备，而是由机电合一的相关部件和组合件安装设置在机房、井道、轿厢及层站内，构成垂直运行的交通工具。电梯的基本结构如图2-1所示。

电梯还可以按功能系统划分其结构，包括曳引系统、导向系统、门系统、轿厢、重量平衡系统、电力拖动系统、电气控制系统和安全保护系统等，各系统的主要功能见表2-1。

本项目以实用为原则，以应用最为广泛的交流曳引式电梯为例，对电梯的相关部件和组合件的结构做简要介绍。

表2-1 电梯各系统的功能

系统名称	功能	组成的主要部件与装置
曳引系统	输出与传递动力，驱动电梯运行	曳引机、曳引钢丝绳、导向轮、反绳轮等
导向系统	限制轿厢和对重的活动自由度，使轿厢和对重只能沿着导轨上下运动	轿厢的导轨、对重的导轨及其导轨架
轿厢	用以运送乘客或货物的组件，是电梯的工作部分	轿厢架和轿厢体
门系统	乘客或货物的进出口，是保证电梯安全运行必不可少的部分	轿厢门、层门、开门机、联动机构、门锁等
重量平衡系统	平衡轿厢重量及补偿高层电梯中曳引绳长度的影响	对重和重量补偿装置等
电力拖动系统	提供动力，实现对电梯的速度控制	供电系统、曳引电动机、速度反馈装置、电动机调速装置等

续表

系统名称	功　能	组成的主要部件与装置
电气控制系统	实现对电梯运行的操纵和控制	操纵装置、位置显示装置、控制屏（柜）、平层装置、选层器等
安全保护系统	保证电梯安全使用，防止一切危及人身安全的事故发生	机械方面有：限速器、安全钳、缓冲器等； 电气方面有：超速保护装置，供电系统断、错相保护装置，端站保护装置，超越上、下极限工作位置的保护装置，层门锁和轿门电气联锁装置等

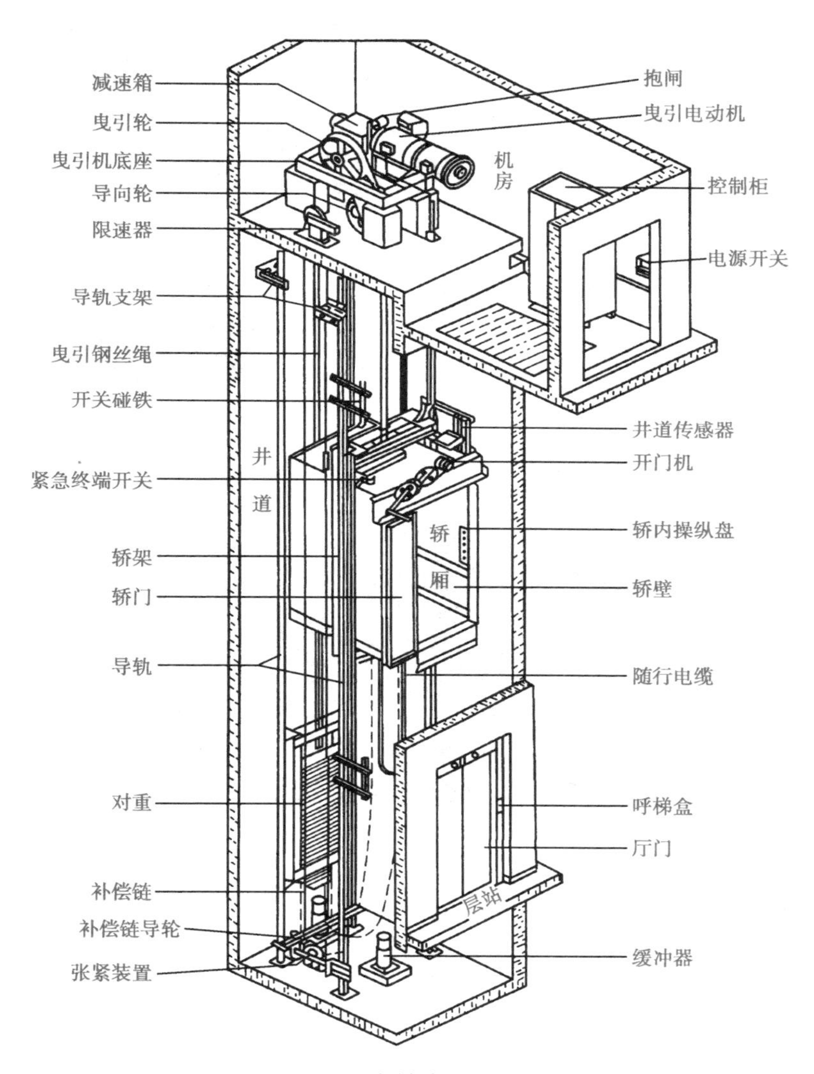

图 2-1　电梯的基本结构

2.1 曳引系统

曳引系统

如图 2-2 所示，电梯曳引系统主要由曳引机、曳引钢丝绳、导向轮及反绳轮组成。其主要功能是输出和传递动力，使电梯运行。

（a）有齿轮曳引系统

（b）无齿轮曳引系统

图 2-2　电梯曳引系统实物图

1. 曳引机

曳引机是电梯的主要拖动装置，它的作用是驱动电梯的轿厢和对重装置做上、下运动，因此，业内经常把曳引机称为主机。曳引机主要由曳引电动机、制动器、减速器、曳引轮和底座等组成，如图 2-3 所示。

根据曳引电动机与曳引轮之间是否有减速器，曳引机可分为无齿轮曳引机和有齿轮曳引机两大类，如图 2-4 和图 2-5 所示。近年来，在电梯行业中，带有减速装置的有齿轮曳引机正逐渐被淘汰，取而代之的是无齿轮曳引机。由于无齿轮曳引机选用的电动机是永磁同步电动机，而且还使用了最新的变频驱动技术，所以曳引机的体积大为缩小，节能、控制性能更好，也容易实现低速直接驱动，在噪声、平层精度和舒适性等方面都优于以前的驱动系统，故在实际应用中被大量使用。

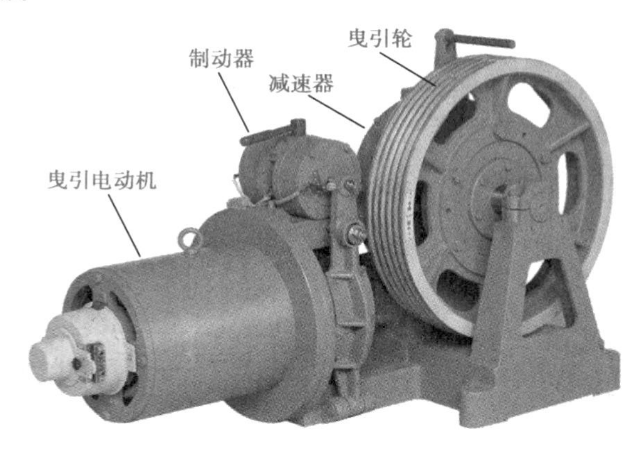

图 2-3 曳引机的组成

图 2-4 无齿轮曳引机

图 2-5 有齿轮曳引机

（1）曳引电动机。曳引电动机是电梯的动力来源，由于电梯在运行中具有频繁启动、制动、短时工作、重复工作及正反向运行的特点，所以曳引电动机应满足以下几方面的技术要求。

① 能重复短时工作、频繁启动、制动及正反向运转。

② 能适应一定的电源电压波动，有足够的启动转矩，具有轿厢满负荷启动、加速迅速的特点。

③ 启动电流较小。

④ 具有良好的制动性能，能由电动机本身的性质来控制电梯在满载下行或空载上行时的速度。

⑤ 具有较硬的机械特性，不会因电梯运行时负荷的变化造成电梯运行速度的变化。

⑥ 具有良好的调速性能。

⑦ 运转平稳、工作可靠、噪声小及维护简单。

基于以上技术要求，电梯一般选用交流异步电动机或永磁同步电动机作为曳引电动机，极数为 4 极，同步转速为 1500r/min。

（2）制动器。制动器是电梯最重要的安全装置，它对主轴转动起制动作用，能使运行的电梯轿厢和对重在断电后立即停止运行，并在任意停止位置定位不动。

电梯一般都采用常闭式双瓦块型直流电磁制动器，其实物图如图 2-6（a）所示。这种制动器性能稳定、噪声小，制动可靠。它一般由制动电磁铁、闸轮、销轴、制动弹簧等组成，其结构示意图如图 2-6（b）所示。对于有齿轮曳引机，制动器安装在电动机轴与蜗杆轴相连的闸轮处，如图 2-7（a）所示；对于无齿轮曳引机，制动器安装在电动机与曳引轮之间，如图 2-7（b）所示。

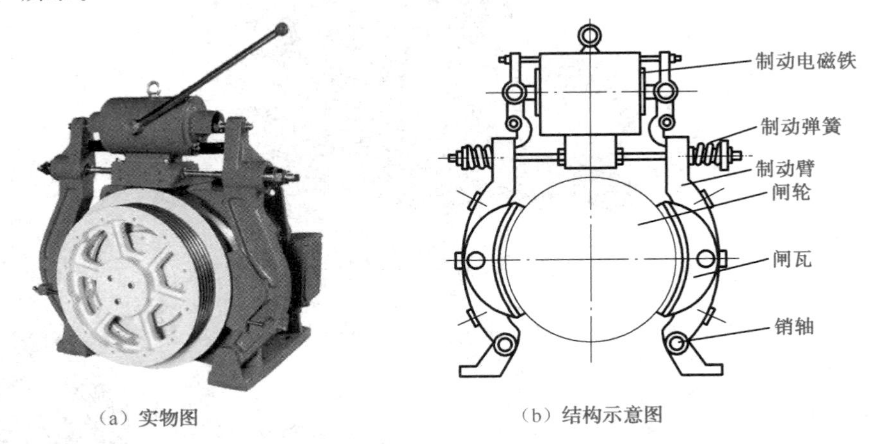

（a）实物图　　（b）结构示意图

图 2-6　常闭式双瓦块型直流电磁制动器

（a）有齿轮曳引机　　（b）无齿轮曳引机

图 2-7　制动器的安装位置

制动器的工作原理是：当电梯处于静止状态时，电磁铁中的线圈中没有电流通过，这时电磁铁不动作，制动闸瓦在制动弹簧的压力作用下，将闸轮抱紧。制动器应能够保证在125%～150%的额定载荷情况下，保持电梯静止不动，并且在再次启动之前不得打开。当曳引电动机通电旋转时，电磁铁中的线圈中有电流通过，此时电磁铁迅速动作，制动臂会拉紧制动弹簧，使制动闸瓦张开，闸轮被松脱，从而使电梯在无制动力的情况下得以运行。当电梯再次停车时，电磁铁中的线圈失电，电磁铁铁芯中的电磁力迅速消失，在制动弹簧的作用下，制动臂复位，使制动闸瓦再次将闸轮抱住，电梯停止运行。

对于电梯用制动器有以下要求。

① 制动器应动作灵活，工作可靠。

② 正常运行时，制动器应在持续通电时保持松开状态，且松闸时要求开挡间隙均匀一致，制动闸瓦与闸轮间隙≤0.7mm。

③ 制动时两侧闸瓦应紧密、均匀地贴合在闸轮工作面上。

④ 切断制动器电流至少应由两个独立的电气装置实现。

⑤ 闸瓦与闸轮表面应清洁无油污。

⑥ 装有手动盘车手轮的电梯曳引机，应能用手松开制动器并需要一持续力去保持其松开状态。

（3）减速器。减速器是应用于原动机和工作机之间的封闭式独立传动装置，电梯曳引机中的减速器是用来降低曳引机输出转速、增加输出转矩的。有齿轮曳引机选用的减速器有蜗轮蜗杆结构减速器和斜齿轮结构减速器两种，其中前者最为常用，如图 2-8 所示。

对于电梯用减速器有以下要求。

① 曳引机减速器油温不应超过 85℃，温升不应超过 60℃。

② 在曳引机减速器中，除蜗杆轴伸出端允许有极少量的渗油外，其余各处不得有油渗漏。

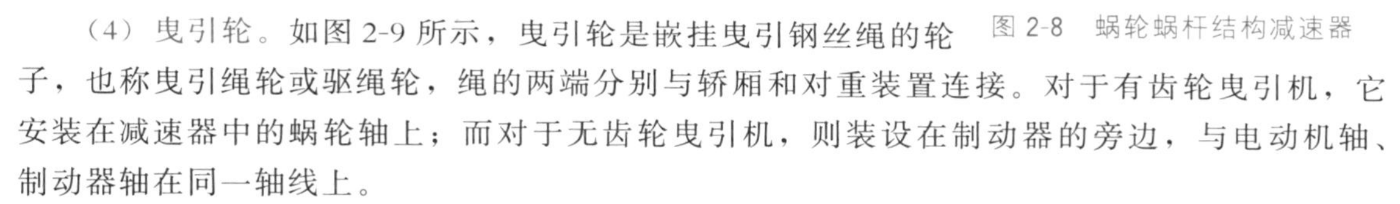

图 2-8 蜗轮蜗杆结构减速器

（4）曳引轮。如图 2-9 所示，曳引轮是嵌挂曳引钢丝绳的轮子，也称曳引绳轮或驱绳轮，绳的两端分别与轿厢和对重装置连接。对于有齿轮曳引机，它安装在减速器中的蜗轮轴上；而对于无齿轮曳引机，则装设在制动器的旁边，与电动机轴、制动器轴在同一轴线上。

当曳引轮转动时，通过曳引绳和曳引轮之间的摩擦力，驱动轿厢和对重装置上下运动。它是电梯赖以运行的主要部件之一。

（a）实物图1

（b）实物图2

图 2-9 曳引轮

（5）底座。曳引机底座是固定电动机、制动器和减速器的机座，由铸铁或型钢焊接而成，曳引机各部件均安装在底座上，便于整体运输、安装和调试。安装电梯时，底座又被固定在特定型号的两个平行且具有承重作用的工字钢梁上。

图 2-10　导向轮实物图

2. 导向轮

导向轮的作用是调整轿厢和对重的相对位置，防止因轿厢和对重之间的距离太小而产生碰撞。GB 7588—2003 规定：轿厢与对重及其关联部件之间的距离不应小于 50mm。如图 2-10 所示为导向轮的实物图。

3. 曳引钢丝绳

电梯用钢丝绳在行业内被叫作曳引钢丝绳，简称曳引绳。它的作用是连接轿厢与对重装置，并被曳引机驱动使轿厢升降。曳引钢丝绳承载着轿厢自重、对重装置自重、额定承载重量及驱动力和制动力的总和。曳引钢丝绳为圆形股状结构，由钢丝、绳芯捻制而成，如图 2-11 所示。

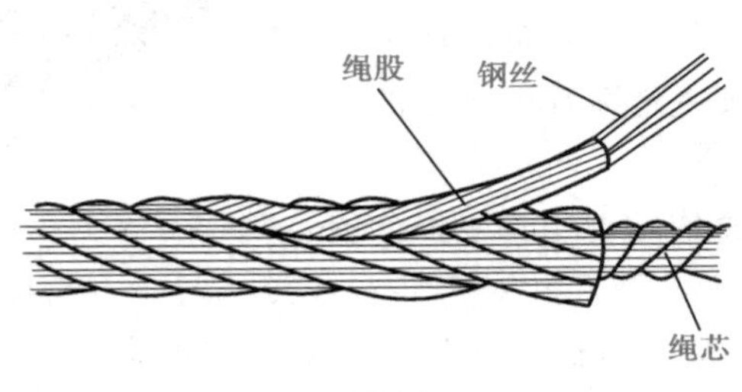

（a）结构图

（b）实物图

图 2-11　曳引钢丝绳

曳引钢丝绳是电梯的重要组成部件。它承受着曳引轮及导向轮两边所有悬挂重量的拉伸，承受着电梯升降过程中曳引轮、导向轮和滑轮间的反复折扭，承受着电梯频繁启动、运行和制动时与曳引轮绳槽接触面的摩擦损耗。由于使用状态的特殊性和系统要求的可靠性，所以曳引钢丝绳必须保持相当绝对的冗余设置和安全裕量。

对于曳引钢丝绳有以下要求。

① 为确保人身和电梯设备安全，对各类电梯的曳引钢丝绳的根数和安全系数都有严格要求。如客梯和货梯规定：曳引钢丝绳的根数不得少于 4 根，安全系数不得低于 12。

② 无打结、死弯、扭曲、断丝、松股、锈蚀等现象；擦洁净并消除内应力，表面不得涂润滑剂。

③ 每根钢丝绳张力与平均值偏差≤5%。

④ 曳引绳上要漆出轿厢在各层的平层标记。

【注意】　一般情况下，电梯曳引钢丝绳不需要额外润滑（防锈脂剂除外）。因为润滑以后会降低钢丝绳与曳引轮之间的摩擦系数，影响电梯的曳引能力。

国家标准 GB 8903—2005 规定：电梯用钢丝绳有 6×19、6×25、8×19 和 8×25 四种形式，直径从 ϕ6mm 到 ϕ22mm，其主要技术参数如表 2-2 所示。

表 2-2　GB 8903—2005 规定的几种电梯专用钢丝绳的技术参数

型号	钢丝绳直径 /mm	近似质量		钢丝绳最小破断力/kN	
		天然纤维芯 / (kg/100m)	人造纤维芯 / (kg/100m)	双强度 /MPa	单强度 /MPa
8×19S+NF	8	22.22	21.7	28.1	33.2
	10	34.7	33.9	44.0	51.9
	11	42.0	41.1	53.2	62.8
	13	58.6	57.5	74.3	87.6
	16	88.8	87.0	113	133
	19	125	123	159	187
	22	168	165	213	251
6×19S+NF	6	12.9	12.7	17.8	21.0
	8	23.0	22.5	31.7	37.4
	10	35.9	35.8	49.5	58.4
	11	43.4	42.6	59.9	70.7
	13	60.7	59.5	83.7	98.7
	16	91.9	90.1	127	150
	19	130	127	179	211
	22	174	170	240	283

2.2 导向系统

导向系统

电梯的导向系统主要由导轨、导靴及导轨架组成，如图 2-12 所示。其主要功能是限制轿厢和对重的活动自由度，使轿厢和对重只能沿着导轨上、下运动，不会发生横向的摆动和振动，保证轿厢和对重运行不偏摆。导向系统现场图如图 2-13 所示。

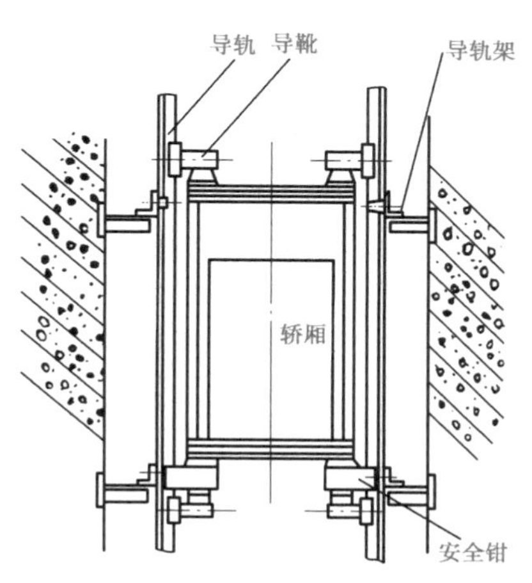

图 2-12　轿厢导向系统的结构

图 2-13　导向系统现场图

1. **导轨**

（1）导轨的作用。导轨的作用是为轿厢和对重在垂直方向运动时提供导向，限制轿厢和对重在水平方向的移动；当安全钳工作时，导轨作为被夹持的支承件支撑轿厢或对重，防止由于轿厢偏载而产生倾斜，如图 2-14 所示。

（a）正面　（b）侧面

图 2-14　导轨

（2）导轨的种类。在国家标准 GB/T 5072.1～3—1996 中，对导轨的种类、几何形状和主要参数尺寸等都做了明确规定。导轨的种类可按横向截面的形状分类，如图 2-15 所示。

T 形导轨：如图 2-15（a）所示，它是目前我国电梯中使用最多的导轨，其通用性强，且具有良好的抗弯性能及可加工性。表 2-3 是我国 T 形导轨的主要规格参数。

表 2-3　T 形导轨的主要规格参数

规格标志	*b*	*h*	*k*	规格标志	*b*	*h*	*k*
T45/A	45	45	5	T82/A（B）	82.5	68.25	9
T50/A	50	50	5	T89/A（B）	89	62	15.88
T70－1/A	70	65	9	T90/A（B）	90	75	16
T70－2/A	70	70	8	T125/A（B）	125	82	16

续表

规格标志	b	h	k	规格标志	b	h	k
T75－1/A	75	55	9	T127－1/A（B）	127	88.9	15.88
T75－2/A（B）	75	62	10	T125－2/A（B）	127	88.9	15.88

注：A—冷拉导轨；B—机加工导轨。

L形导轨：如图2-15（b）所示，L形导轨利用常规型角钢装配而成，多被用作货梯、杂物梯的对重导轨，导轨的表面一般不做机加工，只要矫直即可。

空心导轨：如图2-15（c）所示，这种导轨是冷轧成型的，只适用于电梯不设安全钳的对重导轨。

Ω形导轨：如图2-15（d）所示，这种导轨也是冷轧成型的，导轨之间采用管状接头连接，安装也较方便，适于用作货梯的对重导轨。

图2-15中的（e）、（f）、（g）常用于速度低于0.63m/s的电梯，导轨的表面一般不做机加工处理。

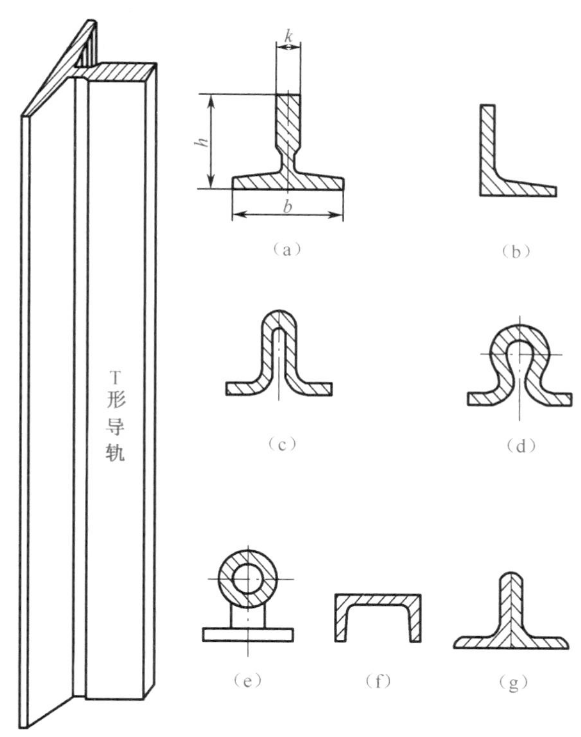

图2-15　导轨的分类

（3）导轨的材料。用于制作导轨的材料应具有足够的强度和韧性，在受到突发性的冲击时，不致发生断裂，所以规定导轨材料应符合GB/T 700—1988《碳素结构钢》中的A3钢的要求，其抗拉强度应为370～520N/mm^2。

（4）导轨间的连接。如图2-16所示是T形导轨连接示意图。每根导轨的长度一般为3～5m，对导轨进行连接时，不允许采用焊接或用螺栓连接，而是将导轨接头处的两个端面分别加工成凹凸样槽，在导轨互相对接好后，至少要用4根螺栓将导轨固定，如图2-17所示。用一块加工过的连接板（长 250mm，厚为 10mm 以上，宽与导轨相适应）铺设在导轨背后，以此加强导轨的固定，如图 2-18 所示。

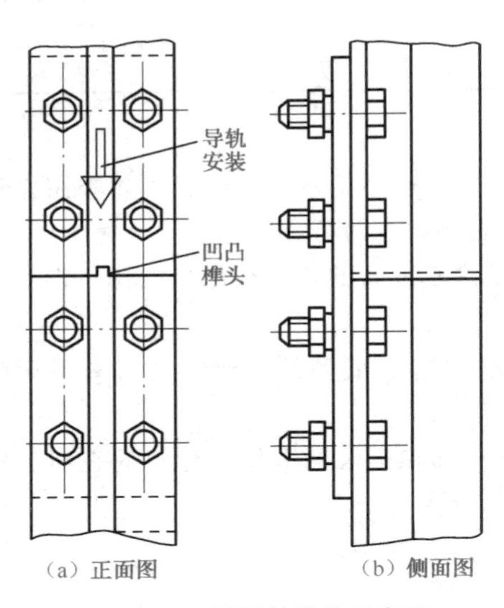

图 2-16　T 形导轨连接示意图

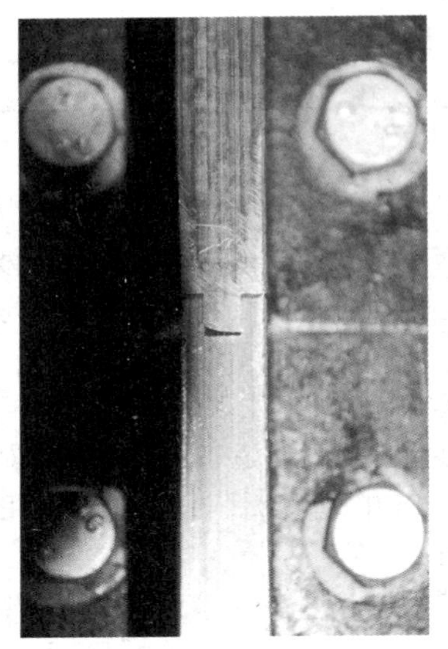

图 2-17　导轨凹凸样槽对接

井道两侧的导轨连接处应相互错开，不应在同一水平位置，如图 2-19 所示。

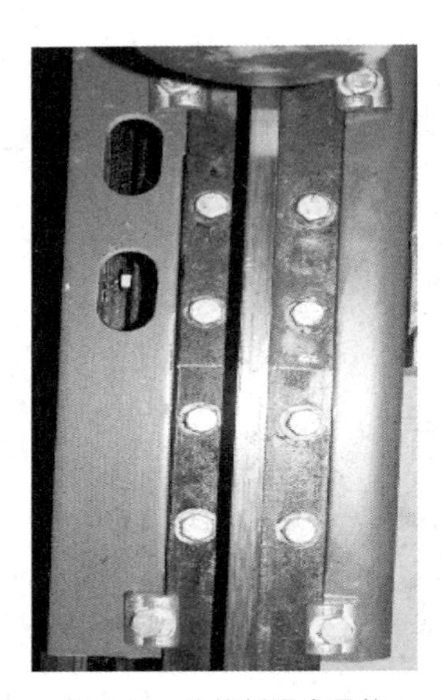

图 2-18　连接板固定导轨

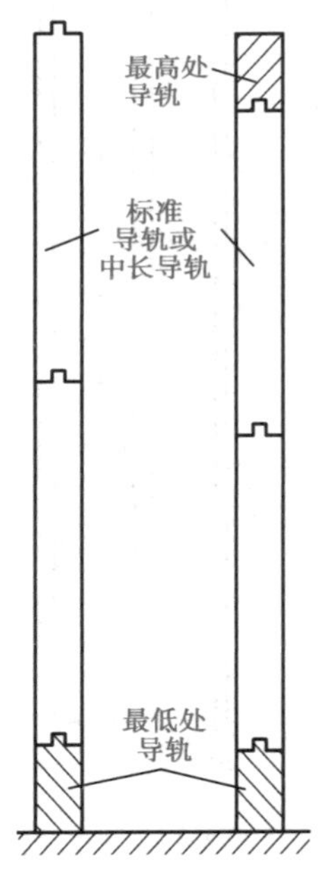

图 2-19　两侧导轨的接头错开位置

2. 导靴

导靴是引导轿厢和对重服从于导轨的部件，导靴的凹形面与导轨的凸形面相互配合，使轿厢或对重沿着导轨上下移动。如图 2-20 所示，轿厢导靴一般安装在轿厢上梁和底部安全钳座的下面。

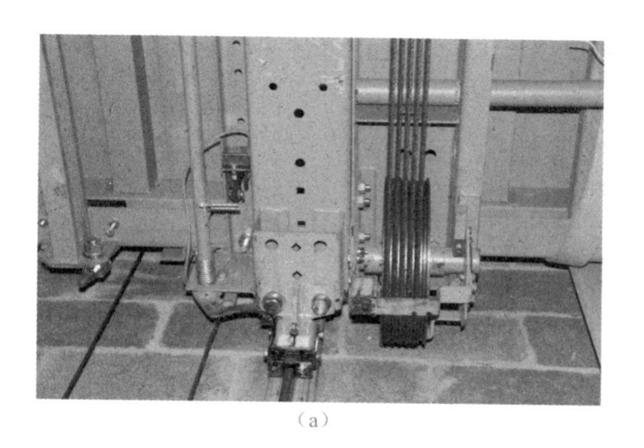
（a）

（b）

图 2-20 轿厢导靴的安装位置

导靴按其在导轨工作面上的运动方式，可分为滑动导靴和滚动导靴两种。

（1）滑动导靴。根据靴头的不同，滑动导靴又可分为两种，分别是固定式滑动导靴和弹性滑动导靴。

固定式滑动导靴如图 2-21 所示，主要由靴衬和靴座组成。靴座由铸铁制成，靴衬由尼龙材料制成。由于固定式滑动导靴与导轨的配合存在一定的间隙，并且间隙随着运动时间的增长而增大，而且固定式滑动导靴的靴头是固定的，间隙无法调整，因而在轿厢运行时会产生晃动，甚至有冲击现象，所以使用受到限制，一般用于速度≤0.63m/s 的电梯中。但是，这种导靴刚度好，承重能力强，因此被广泛应用于低速、载重量大的电梯中。

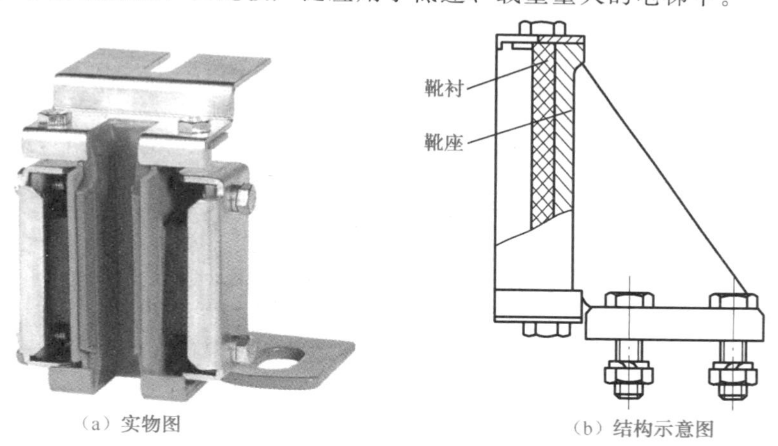

（a）实物图　　（b）结构示意图

图 2-21 固定式滑动导靴

弹性滑动导靴如图 2-22 所示，主要由靴衬、靴座、靴头、靴轴、压缩弹簧或橡胶弹簧、调节套筒或调节螺母等组成。弹性滑动导靴与固定式滑动导靴的不同之处在于导靴头是浮动的。在弹簧力的作用下，靴衬的底部始终压贴在导轨工作面上，因此，能使轿厢保持较平稳的水平位置；同时在运行中具有一定的吸收振动与冲击的作用。弹性滑动导靴现场图如图 2-23 所示。

（2）滚动导靴。如图 2-24 所示，滚动导靴的滚轮外缘由橡胶或聚氨酯材料制成，三个滚轮在弹簧力的作用下，始终压贴在导轨的三个工作面上，电梯运行时，滚轮在导轨面上做滚动，使轿厢在运行过程中具有良好的缓冲减振性，并能在三个方向上自动补偿导轨的各种几何形状误差及安装偏差，而且轿厢运行阻力减小，节省了能量消耗。因此，这种导靴被广泛应用于高速电梯。

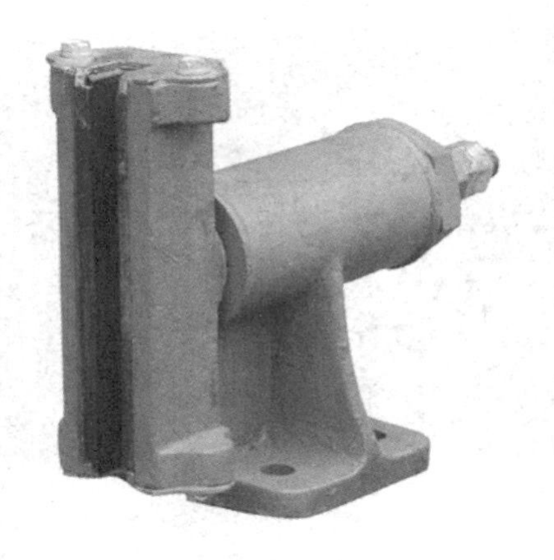
（a）实物图

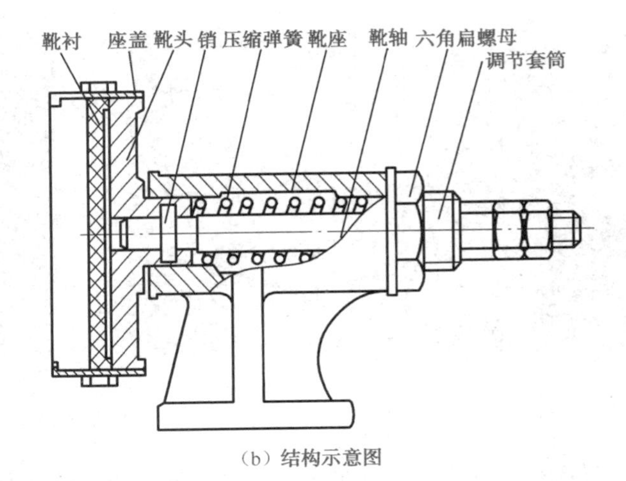

（b）结构示意图

图 2-22　弹性滑动导靴

图 2-23　弹性滑动导靴现场图

（a）实物图

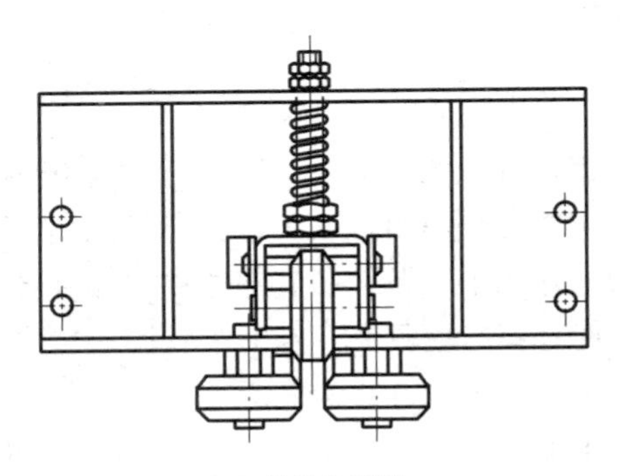
（b）结构示意图

图 2-24　滚动导靴

3. 导轨支架

导轨支架的作用是支撑和固定导轨，一般安装在井道壁或横梁上。导轨支架有轿厢导轨支架、对重导轨支架和轿厢与对重导轨共用导轨支架三种，其形状如图 2-25 所示。

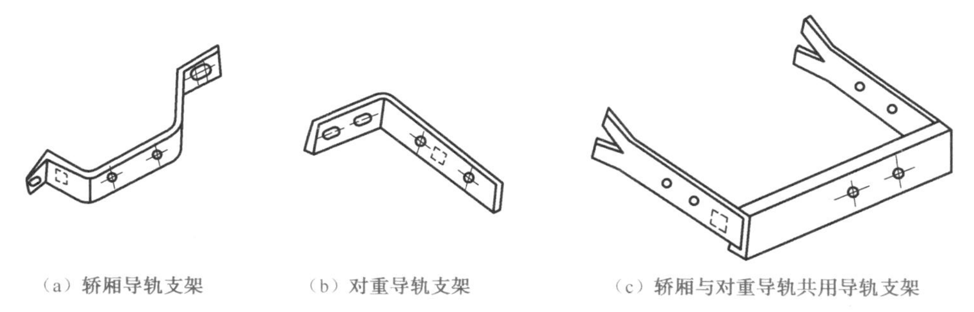

（a）轿厢导轨支架　（b）对重导轨支架　（c）轿厢与对重导轨共用导轨支架

图 2-25 导轨支架

导轨支架间的距离一般不应超过 2.5m，每根导轨内至少要有两个导轨支架。

2.3 轿 厢

轿厢是运送乘客或货物的承载部件，也是乘客唯一能够看到的电梯的结构部分。轿厢由轿厢架和轿厢体两大部分组成，如图 2-26 所示。

（a）轿厢内部实物图

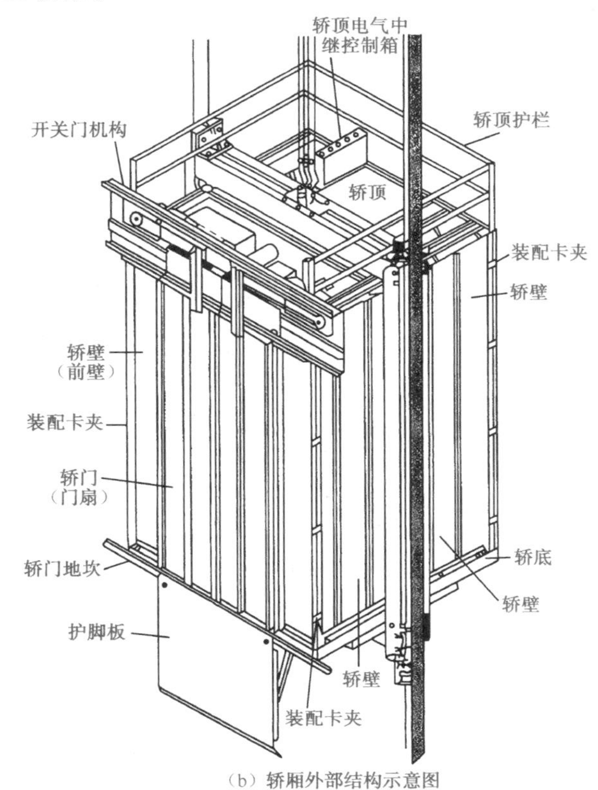

（b）轿厢外部结构示意图

图 2-26 轿厢的结构

1. 轿厢架

轿厢架用于固定和支撑轿厢及附件，如图 2-27 所示。轿厢架通常由上横梁（又称上梁、横梁）、侧立梁（又称立梁、立柱）、下底梁（又称下梁、底梁）及拉条等承载构件组成。

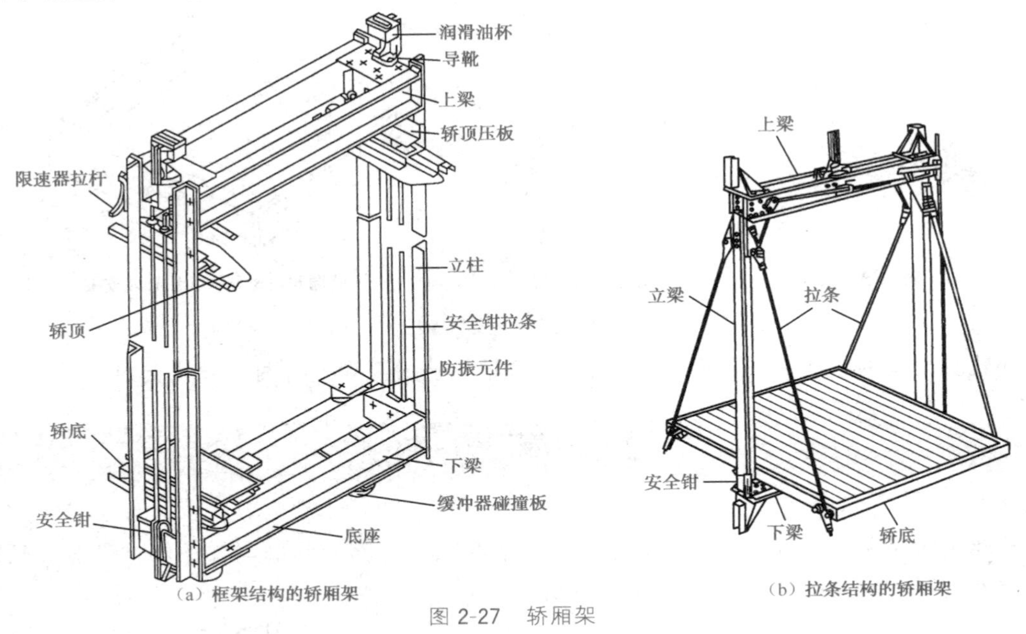

图 2-27　轿厢架

2. 轿厢体

电梯的轿厢体由轿底、轿壁、轿顶和轿门等组成，如图 2-28 所示。

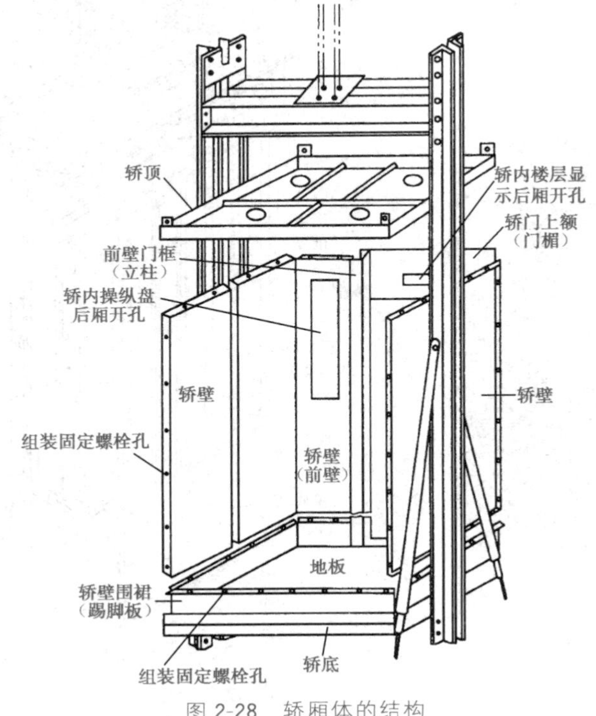

图 2-28　轿厢体的结构

（1）轿底。如图 2-29 所示，轿底是轿厢支撑负载的组件，它由框架和底板等组成。框架由槽钢和角钢焊接而成；底板则是在框架上铺设一层钢板或木板而成。客梯的底板常用薄钢板，表面层再铺设塑胶板或地毯等；而货梯的底板由于承重较大，常用 4～5mm 的花纹钢板直接铺成。轿底的前沿设有轿门地坎，地坎处装有一块垂直向下延伸的光滑挡板，即护脚板。为避免乘客的脚直接踢碰轿壁，客梯的轿厢底面上装有轿壁围裙。

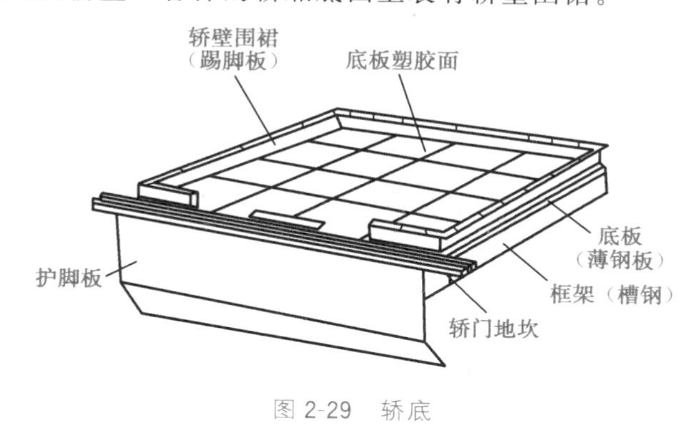

图 2-29　轿底

（2）轿壁。轿壁常用金属薄钢板压制成型，每个面壁由多块折边的钢板拼装而成，每块轿壁之间可以嵌有镶条，除了起装饰作用，还可以起到减振作用。壁板的长度与电梯类别及轿壁的结构形式有关，宽度一般不大于 100mm。

（3）轿顶。轿顶的结构与轿壁相仿，一般也用薄钢板制成。轿顶除了安装有开门机构、门电动机控制箱、风扇、检修用操纵箱及照明设备，还设有安全窗，以便在发生故障时，检修人员能上到轿顶检修井道内的设备或乘梯人员通过安全窗撤离轿厢，因此轿顶应能支撑两个人的重量，即在轿顶的任何位置上，至少能承受 2000N 的垂直力且无永久变形。在轿顶上应有一块至少为 0.12m² 的站人用的净面积，其短边至少为 0.25m。轿顶应设防护栏，以确保电梯维修人员的安全。

由于各类电梯的用途不同，因而轿厢的具体结构及外形也有一些差异。

① 客梯的轿厢一般宽大于深。宽深比为 10∶7 或 10∶8，其目的是方便人员的进出，提高效率。为了保证安全，客梯的轿厢只设一个门。根据国家标准，客梯轿厢分为可乘 8、10、13、16 和 21 人五种。为了使乘客有舒适感和安全感，对于客梯轿厢应有一定的装饰，如轿顶装有柔和的照明及通风设备；轿壁装有花纹不锈钢板、茶色玻璃、护手栏、整容镜等；轿底铺设橡胶、塑料地板或地毯等。

② 住宅梯轿厢的载客容量分为 5、8、10 人三种。由于用于居民住宅，除了乘人，还需装载居民日常生活物资，所以轿厢不必考究装饰，一般喷涂油漆或喷塑即可。

③ 医用梯轿厢用于医院，多载病床和医疗器具，因此轿厢窄而深。轿顶照明采用间接式，以适应病人仰卧的特点；轿厢的装饰一般化；为了方便病床的出入，有些轿厢设有穿堂门。

④ 观光梯的轿厢其外形常做成菱形或圆形，其轿壁用强化玻璃制成，轿厢内外装饰豪华，以吸引游人。

⑤ 超高速电梯轿厢的外形常做成流线型，流线型的外形可以减小空气阻力和运行时的噪声。

⑥ 货梯的轿厢一般深大于宽或深宽相等，且面积大于客梯，以方便货物的装卸。由于承重较大，轿厢架和轿底都采用刚性结构，轿底直接固定在底梁上，以保证轿厢载重时不变形。

⑦ 杂物电梯的轿厢有 40kg、100kg 和 250kg 三种，由于杂物电梯只用来运送食品、书籍等，因此 40kg、100kg 的轿厢高度为 800mm；250kg 的轿厢高度为 1200mm，从而限制了人的进入，确保人身安全。

2.4 门 系 统

电梯门结构

电梯的门系统主要包括轿门、层门、开关门机构及门锁等。电梯的门有两层，外层门安装在井道的入口处，用来封堵井道的洞口，外层门称为层门，俗称厅门。内层门安装在轿厢的入口处，用来封堵轿厢的出入口，内层门称为轿门。大多数情况下，轿门是主动门，而层门是被动门。

1. 门的结构与组成

电梯的门无论是层门还是轿门，均由门扇、门挂板（含滑轮）、门靴、门导轨和门地坎等部件组成，如图 2-30 所示。层门和轿门的门扇均挂在各自的门挂板上，门挂板通过滑轮与门导轨接触，轿门悬挂部分的结构如图 2-31 所示，厅门悬挂部分的结构如图 2-32 所示，轿门正面的整体结构如图 2-33 所示，层门正面的整体结构如图 2-34 所示。层门和轿门的下部通过门靴（滑块）与各自的门地坎配合。

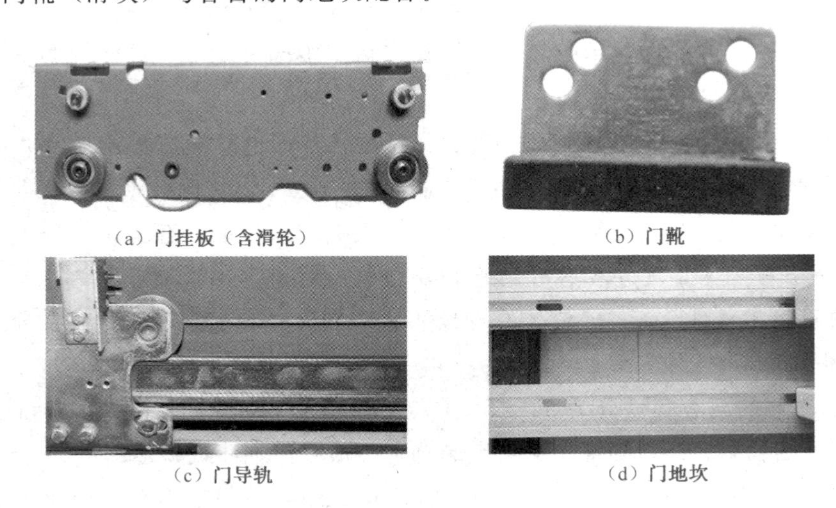

（a）门挂板（含滑轮） （b）门靴

（c）门导轨 （d）门地坎

图 2-30 门的组成

图 2-31 轿门悬挂部分的结构

图 2-32 厅门悬挂部分的结构

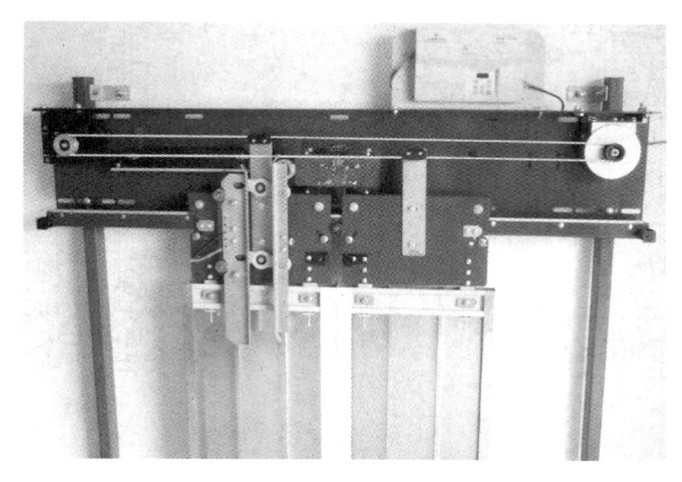

图 2-33 轿门正面的整体结构

图 2-34　层门正面的整体结构

（1）门扇。封闭式门扇一般用 1～1.5mm 厚的钢板制成，中间辅以加强筋，使其具有足够的机械强度。有时为了加强门扇的隔音效果、提高减振作用，需对门扇做消音减振处理，在门扇的背面涂设一层阻尼材料。

（2）门导轨和门滑轮。门导轨用扁钢制成，对门扇起导向作用。轿门导轨安装在轿厢顶部前沿，层门导轨安装在层门框架上部。门滑轮一般用尼龙注塑成型，通过安装在门扇上部的门滑轮，把门扇吊在门导轨上。对于全封闭式门扇，每个门扇装有两个门滑轮。门导轨和门滑轮有多种形式，如图 2-35（a）所示是板条形直线导轨，配用的门滑轮是凹形结构，为了防止门的倾翻，每个滑轮的下面设有挡轮；而图 2-35（b）所示是 V 形导轨，导轨由钢板弯折成 V 形，滑轮制成相应的盘锥形，这种形式的导轨比板条形直线导轨的运行阻力大，特别是当导轨稍有变形时，尤其明显。

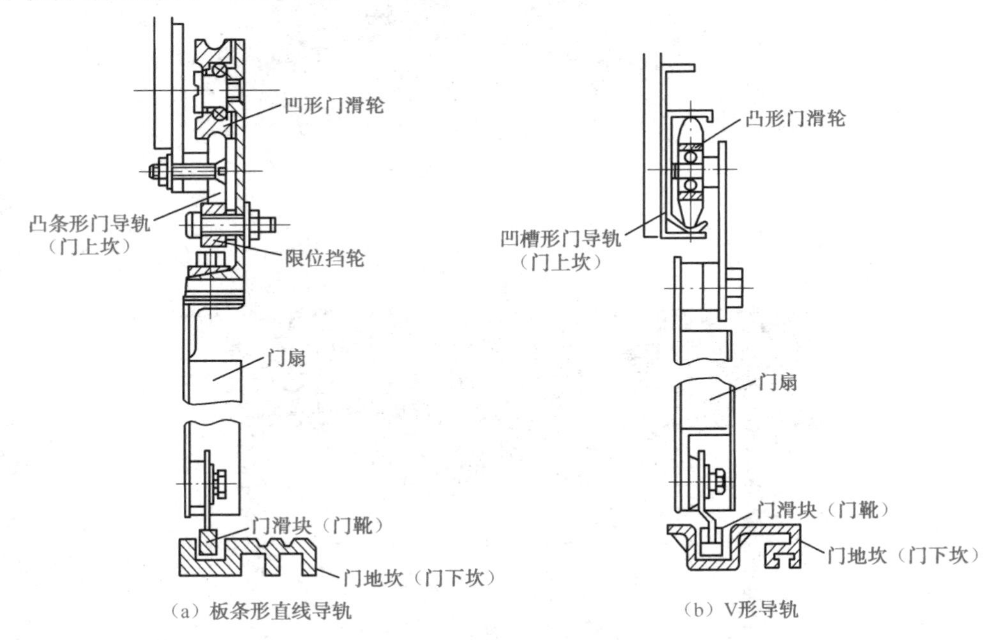

图 2-35　门导轨和门滑轮的形式

（3）门地坎和门靴（滑块）。门地坎和门靴是门的辅助导向组件，与门导轨和门滑轮相配合，使门的上、下两端均受导向和限位，如图 2-36 所示。门靴插入地坎槽内，使门在开关过程中，门靴只能沿着地坎槽滑动，即在预定的垂直面上运行。有了门靴，门扇在正常外力作用下就不会倒向井道。

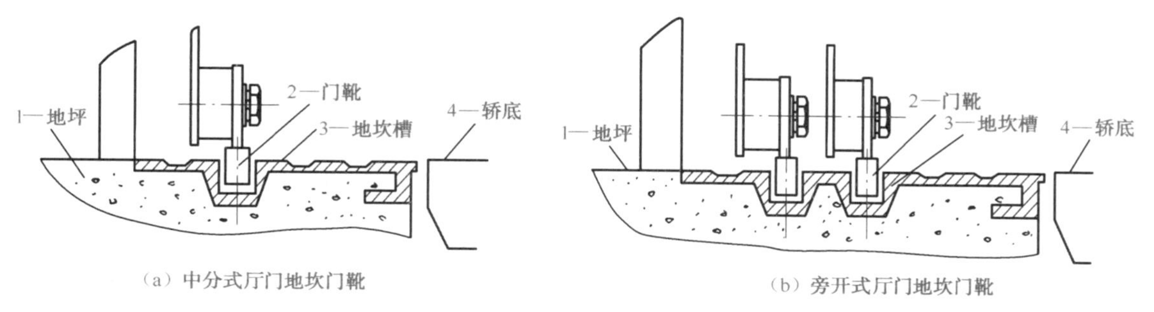

（a）中分式厅门地坎门靴 （b）旁开式厅门地坎门靴

图 2-36 门地坎和门靴

地坎一般用铝型材料或铸铁制成，厅门地坎安装在层门口的井道牛腿上，轿门地坎安装在轿底的前沿处。门靴固定在门扇的下底端，每个门扇上装有两只门靴，在正常情况下，门靴与地坎槽的侧面和底部均应有间隙。

2. 电梯的开门形态

常见的电梯开门形态有两种，即中分门和旁开门。

中分门的门扇由中间分开，开门时，左右门扇以相同的速度向两侧滑动；关门时，则以相同的速度向中间合拢。常见的中分门有单折中分门和双折中分门两种形式，分别如图 2-37 和图 2-38 所示。

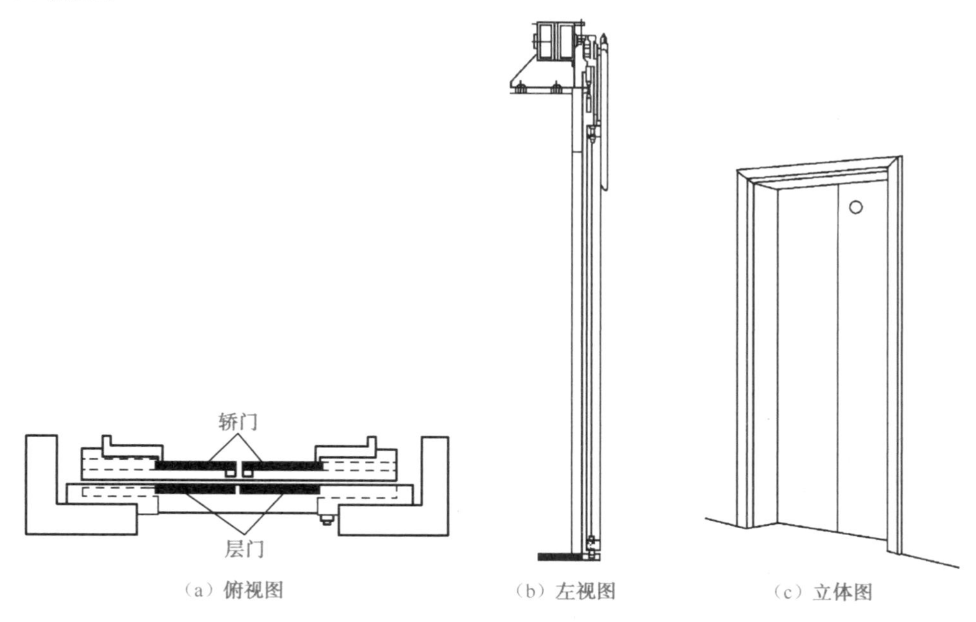

（a）俯视图 （b）左视图 （c）立体图

图 2-37 单折中分门

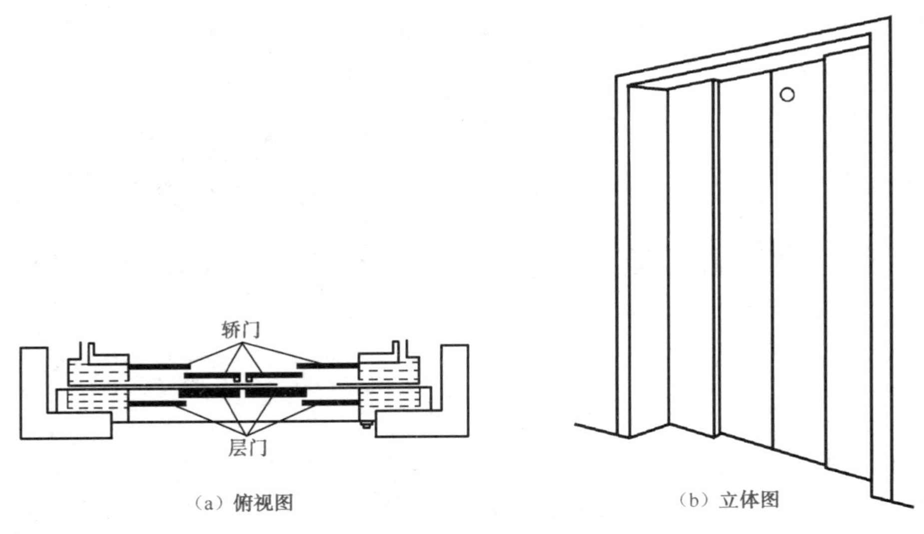

图 2-38　双折中分门

旁开门的门扇由单侧分开。开门时，所有门扇均朝开门侧单向滑动；关门时，所有门扇均朝关门侧单向滑动。旁开门的常见形式有单扇侧开、双扇侧开和三扇侧开，如图 2-39 所示。

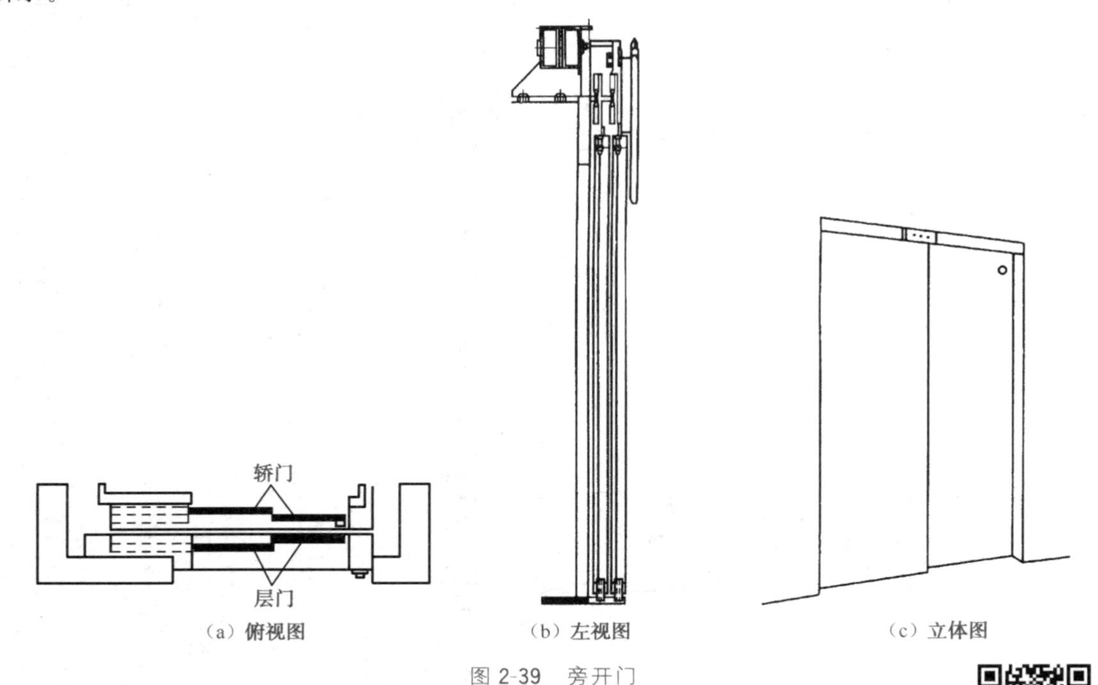

图 2-39　旁开门

电梯门机

3. 开关门机构

电梯开关门机构简称门机，它是驱动轿门和层门开启或关闭的装置。门机是电梯故障的高发区，它的状况可直接影响电梯的运行。门机一般分为直流门机和交流门机两大类。目前，直流门机已经被淘汰，取而代之的是交流变频门机。交流变频门机采用变频技术控制交流电机的转速，利用同步齿形带直接传动，具有结构简单、控制灵活、可靠性高和功率低等特点，是电梯门机系统的发展方向，其外形结构如图 2-40 所示。

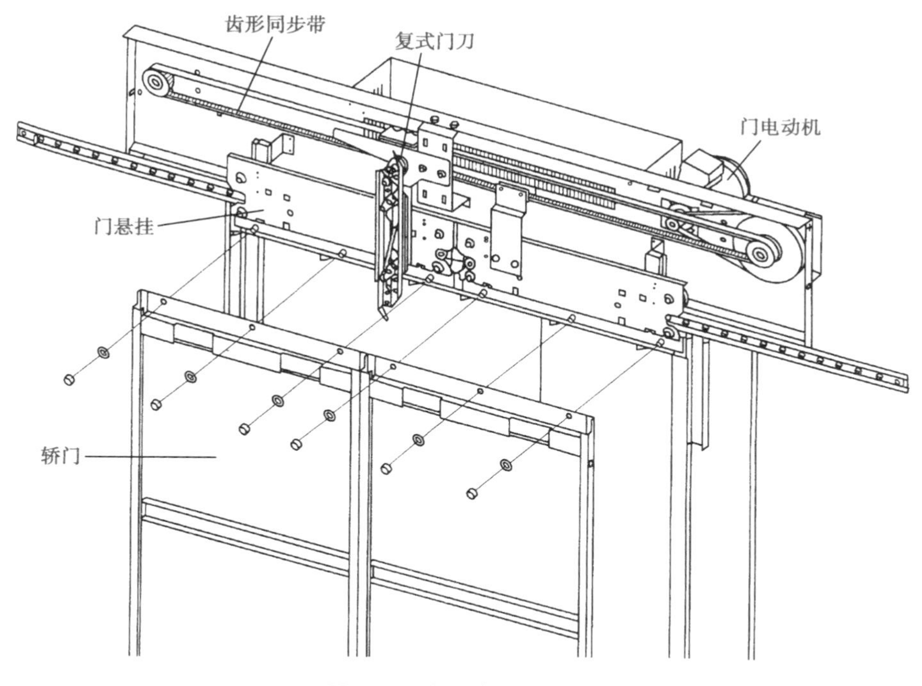

图 2-40 交流变频门机结构

当门机不工作时，门钩紧锁，两块门挂板彼此紧靠在一起，如图 2-41 所示，此时电梯门闭合，电梯处在关门状态；当门机工作时，门钩打开，两块门挂板分别向左、向右移动分离，如图 2-42 所示，此时电梯门开启，电梯处在中分开门状态。

图 2-41 电梯门处于闭合状态

图 2-42　电梯门处于开启状态

4. 门刀与层门锁

（1）门刀。为了将轿门的运动传递给层门，在轿厢门上设有系合装置。最常见的系合装置为门刀，门刀用钢板制成，因其形状似刀，故称门刀，其结构如图 2-43 所示。门刀固定在轿门上，如图 2-44 所示。

电梯门刀

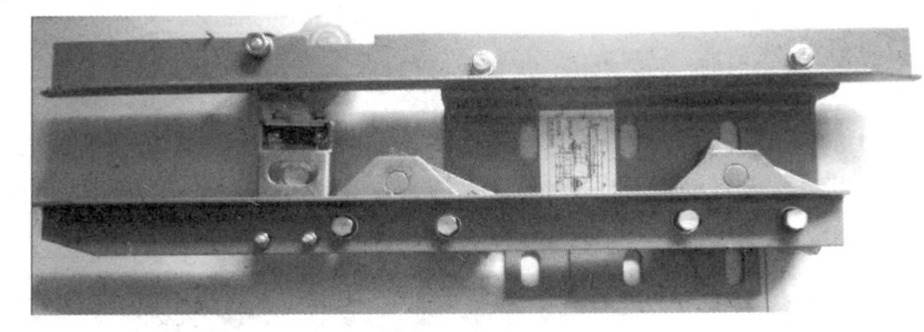

图 2-43　门刀

图 2-44　门刀安装的位置

（2）层门锁。在电梯事故中，乘客被运动的电梯剪切或坠入井道的情况比较多，且事故后果都十分严重。层门锁是防止人员坠落和剪切的重要保护装置，层门锁又称厅门联锁，俗称钩子锁，如图 2-45 所示，它是一种机电联锁装置，是锁住层门不被外力随便打开的重要保护设备，是确认层门已锁牢并经可靠性开关元件验证的关键监管装置。当电梯门关闭后，层门锁既可将层门锁紧，防止有人从层门外将层门扒开而出现危险，又可保证只有在层门、轿门完全关闭后，电路才能接通，电梯方可行驶，从而更加保证了电梯的安全性。因此，层门锁是电梯不可或缺的一种安全装置。

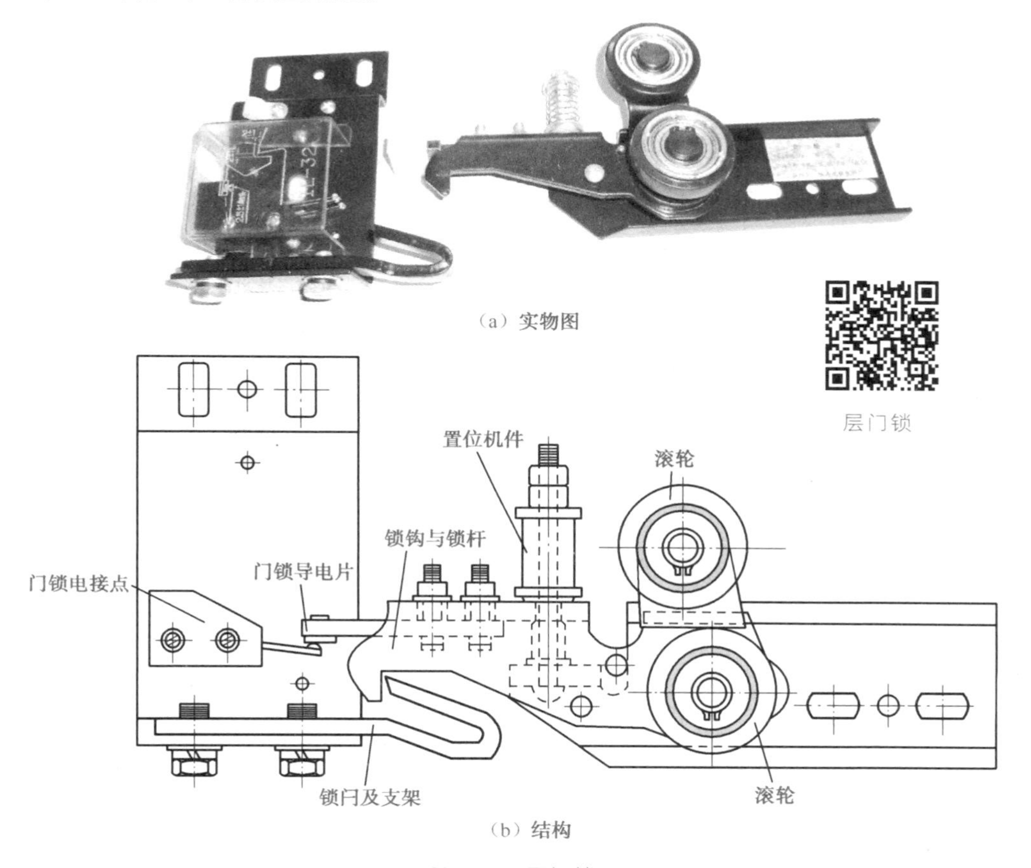

（a）实物图

（b）结构

图 2-45　层门锁

层门锁通常安装在层门的上方，其安装位置和整体结构分别如图 2-46 和图 2-47 所示。正常情况下，只有当电梯停靠在层站开锁区域时，通过轿门上的门刀与层门上的滚轮相互作用，门锁才能解开。特殊情况下，电梯检修人员需要用符合安全要求的专制三角形钥匙将层门锁脱钩。

工程要求

层门锁的结构形式很多，按 GB 7588—2003 的要求，层门锁不能出现重力开锁，也就是当保持门锁锁紧的弹簧（或永久磁铁）失效时，其重力不能导致开锁。

（a）静锁钩固定在层门门框上

（b）动锁钩固定在层门悬挂板上

图 2-46 层门锁的安装位置

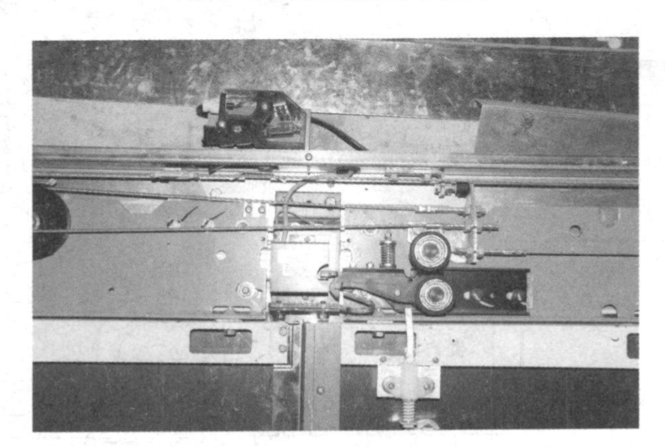

门的联动

图 2-47 层门锁的整体结构

检查门是否关紧和上锁，一般用门锁电接点（或开关）来鉴定。如果门已上锁，接点闭合，电梯就能启动；如果门没有上锁，接点断开，电梯就不能启动。

5. 门的联动机构

由于层门是被动门，轿门是主动门，因此层门的开闭过程实际上是通过轿门上的门刀插入层门上的门锁（锁体），使锁臂脱开锁钩并跟着轿门一起运动的结果。门刀与滚轮之间的系合关系有两种方式，分别是门刀刀片直接插入锁滚轮方式和门刀刀片夹持滚轮方式。

下面以电梯开门为例，详细分析一下门的联动控制过程。

（1）门刀刀片直接插入锁滚轮方式。当电梯越过层站时，安装在轿门上的刀片从层门锁上的橡皮滚轮中间通过，此时刀片没有推动滚轮，锁钩没有脱开，层门不能打开，如图 2-48 所示。

当电梯停靠层站时，先是门刀推动滚轮打开层门锁，然后是门刀继续推动滚轮开启层门。当开门电动机向开门方向旋转时，安装在轿门上的刀片推动层门锁上的橡皮滚轮，促使橡皮滚轮偏心转动，此时动锁钩跟随向上抬起，拨开该层的钩子锁，如图 2-49 所示。

图 2-48 直接插入锁滚轮越站时滚轮与门刀的关系

图 2-49 直接插入锁滚轮门刀推动滚轮开锁

当开门电动机继续向开门方向旋转时，门刀继续推动滚轮，层门即随轿门同步移动开启，如图 2-50 所示。

图 2-50 直接插入锁滚轮门刀推动滚轮开门

电梯门联动控制

（2）门刀刀片夹持滚轮方式。当电梯越过层站时，安装在轿门上的刀片从层门锁上的橡皮滚轮两边通过，此时刀片没有夹持滚轮，锁钩没有脱开，层门不能打开，如图 2-51 所示。

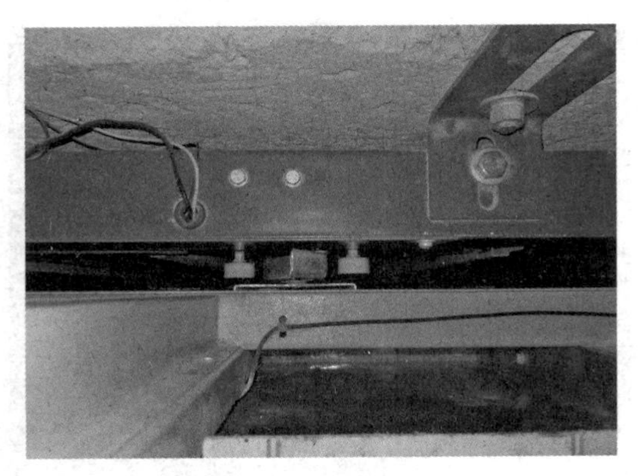

图 2-51　夹持滚轮越站时滚轮与门刀的关系

当电梯停靠层站时，一旦开门电动机向开门方向旋转，安装在轿门上的刀片先夹持层门锁上的橡皮滚轮，促使橡皮轮偏心转动，此时动锁钩跟随向上抬起，拨开该层的钩子锁，如图 2-52 所示。

图 2-52　夹持滚轮门刀推动滚轮开锁

当开门电动机继续向开门方向旋转时，门刀继续夹持滚轮，把开门电动机的开门动力通过门刀传递到滚轮，由于滚轮是通过层门锁固定在层门上的，所以门刀在继续推动滚轮移动的过程中，层门就随轿门同时移动开启，如图 2-53 所示。

图 2-53　夹持滚轮门刀推动滚轮开门

2.5　重量平衡系统

对重和补偿装置

重量平衡系统的作用是使对重与轿厢能达到相对平衡，在电梯运行中，即使载重量不断变化，仍能使两者之间的重量差保持在较小的范围内，保持曳引传动平稳。

1. 对重

对重是曳引电梯不可缺少的部件，它可以降低曳引机构所需的提升重量，减轻载荷，减少电动机的功率损耗，从而使所配用的电动机选择功率相应地减小；并且当电梯负载与对重匹配恰当时，还可以减小钢丝绳与绳轮之间的曳引力，从而延长钢丝绳的使用寿命。

对重由对重架、对重块、导靴和缓冲器撞头等组成，如图 2-54 所示，其实物图如图 2-55 所示。

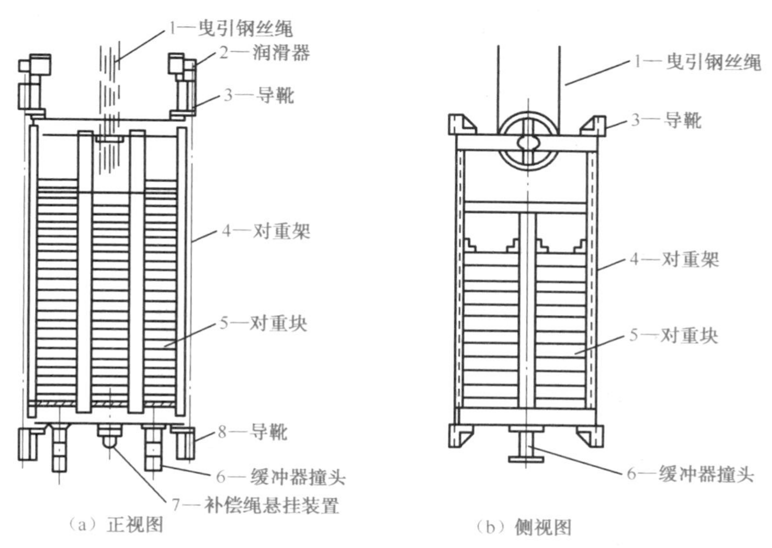

图 2-54　对重的结构

对重架通常用钢板焊接而成，其高度一般不宜超出轿厢的高度。在对重架上、下端部两侧装设有导靴，使对重架在对重导轨上保持平稳运动接触。对重块通常用铸铁制成。为了使对重易于装卸，每个对重块不宜超过 60kg，其总重量应按照电梯的载重量、电梯类型和井道尺寸的情况加以配备。对重块应固定好，防止在电梯运行过程中滑落。缓冲器撞头设置在对重架下框，其结构应制成多节可拆式。当曳引钢丝绳使用一段时间后伸长一定值时，此时可取下一节撞头，以后继续伸长一定值时，再取下一节撞头，这样可以避免电梯经常装接曳引绳端，减少维修工作量。

2. 补偿装置

当电梯曳引高度超过 30mm 时，曳引钢丝绳的差重会影响电梯运行的稳定性及平衡状态，所以需要增设补偿装置。补偿装置有补偿链、补偿绳和补偿缆。

（1）补偿链。补偿链由铁链和麻绳组成，麻绳穿在铁环中，用以减小运行时铁链相互碰撞引起的噪声，补偿链的一端悬挂在轿厢的底部，另一端挂在对重的底部，如图 2-56所示。这种补偿法的优点是结构简单，不需要增加对重重量，也不需要增加井道空间。尽管补偿链使用比较广泛，但它不适用于高速电梯，一般只能用于运行速度小于 1.75m/s 的电梯。

（a）对重块与对重架

（b）对重装置的运动

图 2-55　对重实物图

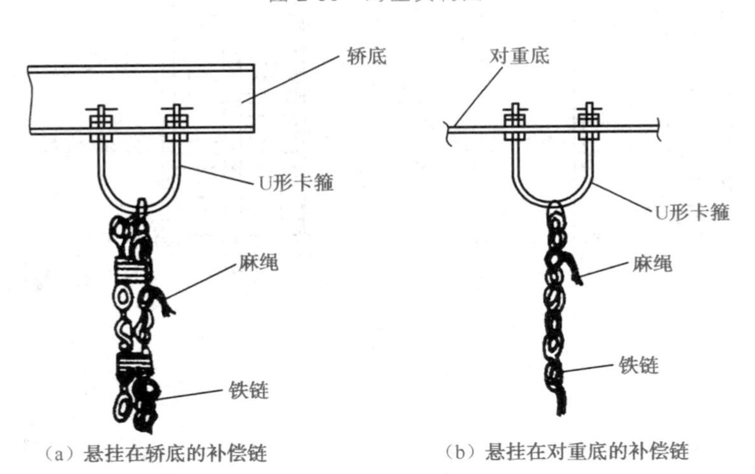

（a）悬挂在轿底的补偿链　（b）悬挂在对重底的补偿链

图 2-56　补偿链

（2）补偿绳。补偿绳以钢丝绳为主体，通过钢丝绳卡钳、挂绳架悬挂在轿厢或对重底部，如图 2-57 所示。这种结构具有运行稳定的优点，常用于运行速度大于 1.75m/s 的电梯。

钢丝绳因连接形式的不同可分为单侧补偿、双侧补偿和对称补偿。

单侧补偿如图 2-58（a）所示，钢丝绳的一端与轿厢底部连接，另一端连接在井道中部，其补偿装置的重量为曳引绳总重量的两倍，对重的重量还需加上曳引绳的总重量。这种连接结构简单，适用于层楼较低的井道。

双侧补偿如图 2-58（b）所示，轿厢和对重底部各装一套补偿装置，另一端连接在井道中部，其补偿装置的重量为曳引绳的总重量。因这种连接需要增加井道的空间位置，故不常采用。

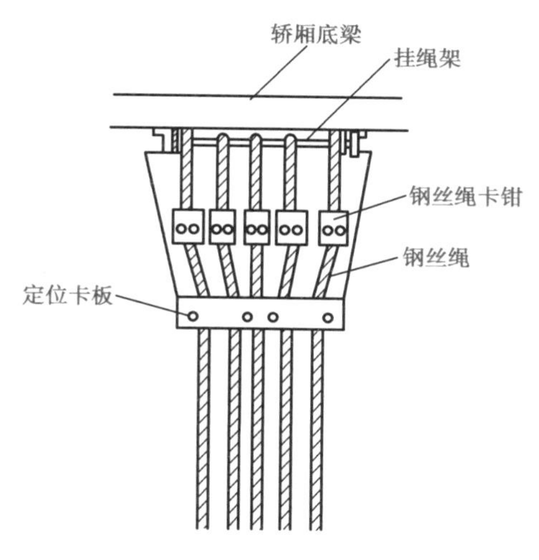

图 2-57 补偿绳

对称补偿如图 2-59 所示，在井道底部设有张紧装置，补偿装置的两端经过张紧轮分别与轿厢和对重的底部连接。当电梯运行时，张紧轮能沿着自身导轨上下自由移动，并能张紧补偿绳，正常运行时，张紧轮处于垂直浮动状态，本身可以转动。补偿装置的重量为曳引绳总重量的一半。因这种连接不需要增加井道的空间位置，所以使用较为广泛。

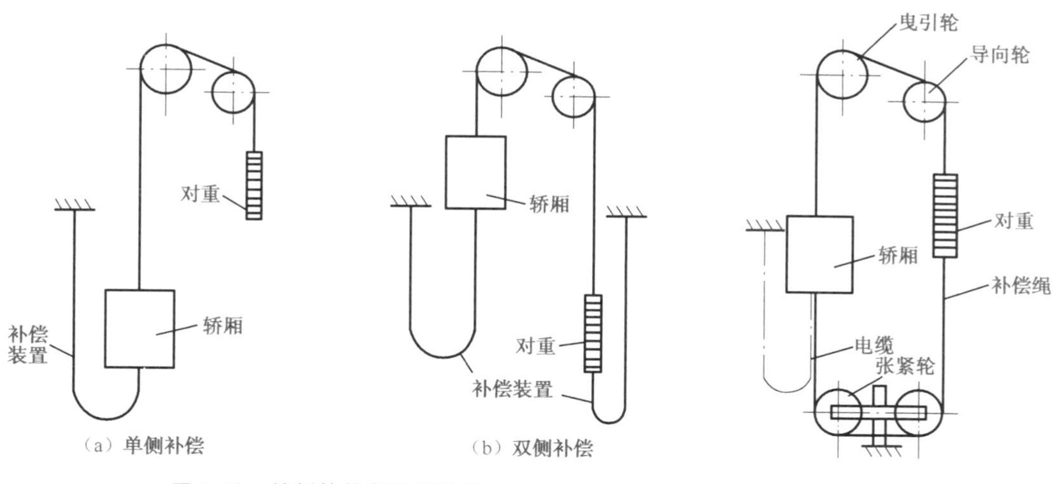

图 2-58 单侧补偿和双侧补偿

图 2-59 对称补偿

(3) 补偿缆。补偿缆是近几年发展起来的新型高密度的补偿装置，如图 2-60 所示。补偿缆的中间是低碳钢制成的环链，外面是用具有防火、防氧化的聚乙烯制成的护套，中间的填塞物为金属颗粒及聚乙烯与氧化物的混合物。这种补偿缆的质量密度高，最大质量可达 6kg/m，最大悬挂长度可达 200m，运行噪声小，能大幅度提高升降速度，加大承载负荷，有效减小电梯的横向摆动，使电梯运行的安全性、平衡性得以提高，适用于各类中、高速电梯。补偿缆的使用如图 2-61 所示。

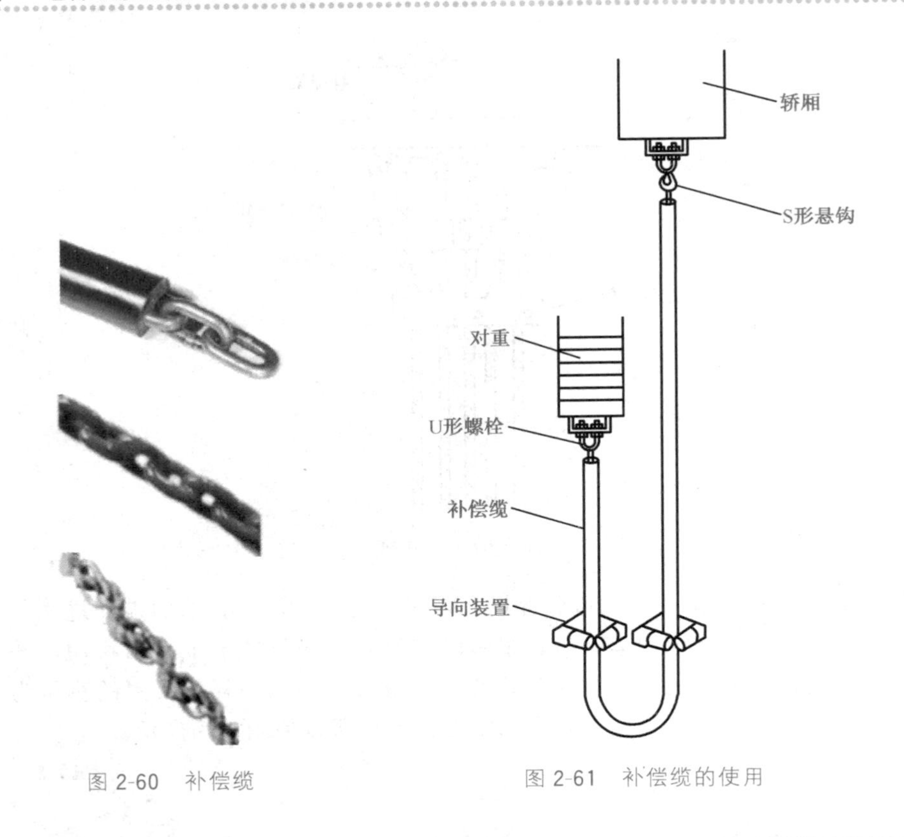

图 2-60　补偿缆

图 2-61　补偿缆的使用

2.6　机械安全保护系统

1. 机械安全装置工作概况

国家颁布的《特种设备安全监察条例》明确规定：电梯是特种危险设备，因此，电梯必须按照 GB 7588—2003《电梯制造与安装安全规范》的标准设置安全保护装置，并保证安全保护装置可靠有效。

机械安全装置主要有限速器装置、安全钳、缓冲器、盘车手轮等。整台电梯机械安全装置动作系统如图 2-62 所示。

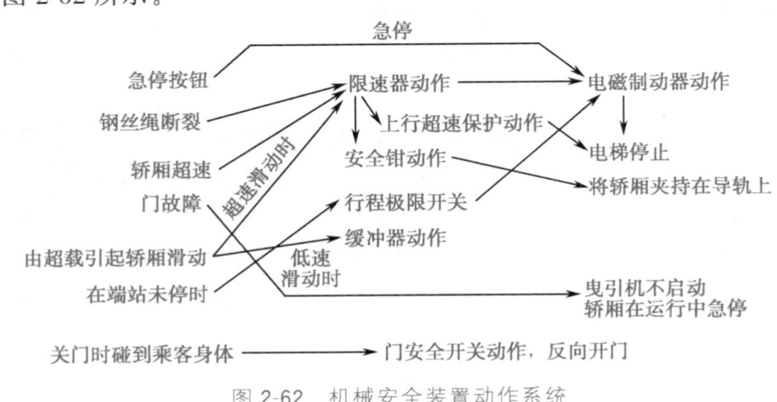

图 2-62　机械安全装置动作系统

2. 轿厢下行超速保护装置

轿厢下行超速保护装置的作用：由于电梯控制失灵、牵引力不足、制动器失灵、制动力不足，以及超载拖动绳断裂等原因，都会造成电梯轿厢超速或坠落。当电梯轿厢出现超速下降或坠落时，通过该装置将轿厢制停在导轨上。

轿厢下行超速保护装置主要由限速装置和安全钳组成，而限速装置又由限速器、限速器绳、连杆系统和张紧装置等组成，如图 2-63 所示。

轿厢下行超速保护装置

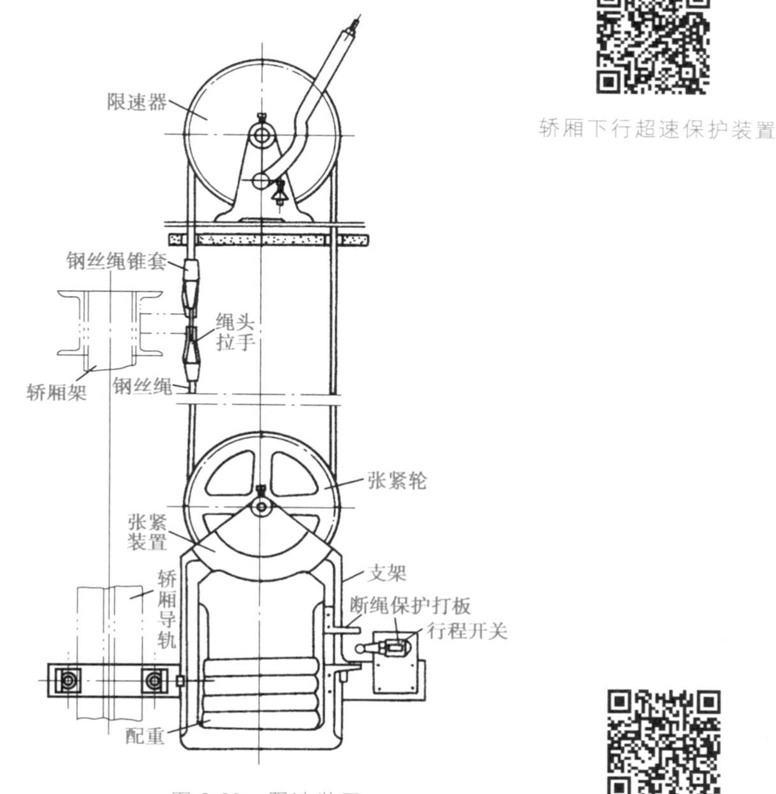

图 2-63　限速装置

限速器

(1) 限速装置。

① 限速器。限速器能反映电梯实际的运行速度。当电梯速度超过允许值时。它能发出电信号及产生机械动作，切断安全回路或迫使安全钳工作。限速器是指令的发出者，而安全钳是指令的执行者。电梯上使用的限速器种类很多，按其动作的原理可分为摆锤式和离心式两种，按其限速方向可分为单向和双向两种。目前使用最为广泛、用量最大的是单向离心式限速器，如图 2-64 所示。

限速器一般安装在电梯井道的顶部，如图 2-65 所示。当轿厢超速下降时，限速器轮在限速器绳与其绳槽间的摩擦力的作用下，转速加快，因而离心锤所受到的离心力相应地也增大，并使离心锤绕着销轴转动，重心外移。当离心力增大到一定值时，离心锤上的内凸子将和锤罩上的外凸子啮合，使锤罩带动偏心叉一起向着轿厢下降的方向转动。当转动到偏心叉中的压绳舌与限速器绳接触时，根据自锁原理，压绳舌将限速器制停，进而带动安全钳动作将轿厢夹持于导轨上。

（a）实物图

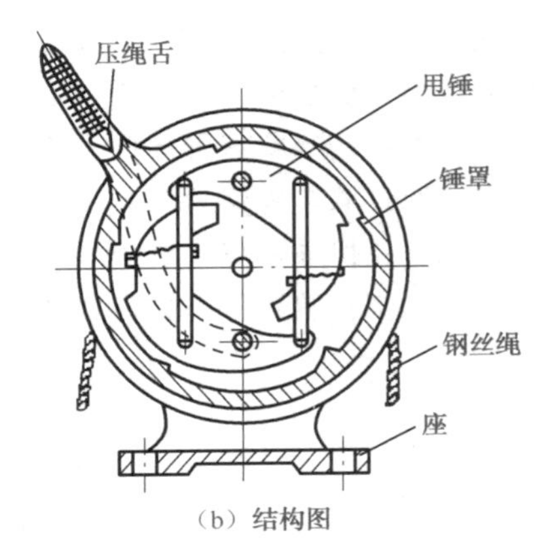

（b）结构图

图 2-64　单向离心式限速器

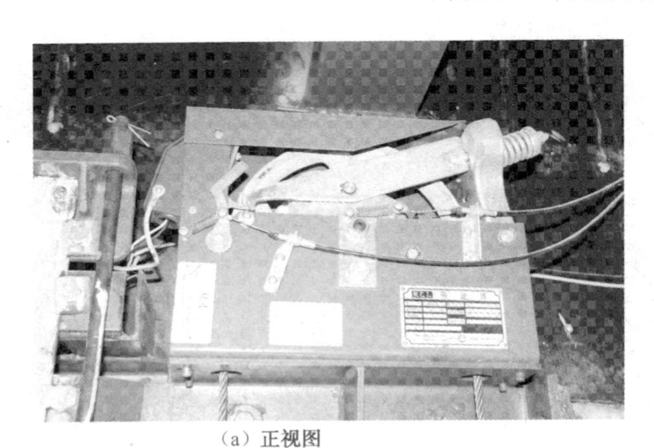

（a）正视图

（b）仰视图

图 2-65　限速器的安装位置

② 限速器绳。限速器绳是一根两端封闭的钢丝绳，上面套绕在限速器轮上，下面绕过挂有重垂物的张紧轮。限速器绳通过轿厢顶部连杆系统与轿厢连接，如图 2-66 所示。

图 2-66　限速器绳与轿厢的连接

由于限速器绳是固定在轿厢上的，所以当电梯运行时，电梯轿厢的上、下垂直运动就通过限速器绳转化为限速器的旋转运动，这样就使限速器轮的转速和轿厢的运行速度发生了联系，即限速器轮的转速反映了电梯的下降速度。

③ 连杆系统。连杆系统如图 2-67 所示，它通常装设在轿厢上梁上，如图 2-68 所示。当限速器制停时，通过连杆系统提起安全钳的楔块，夹住导轨。

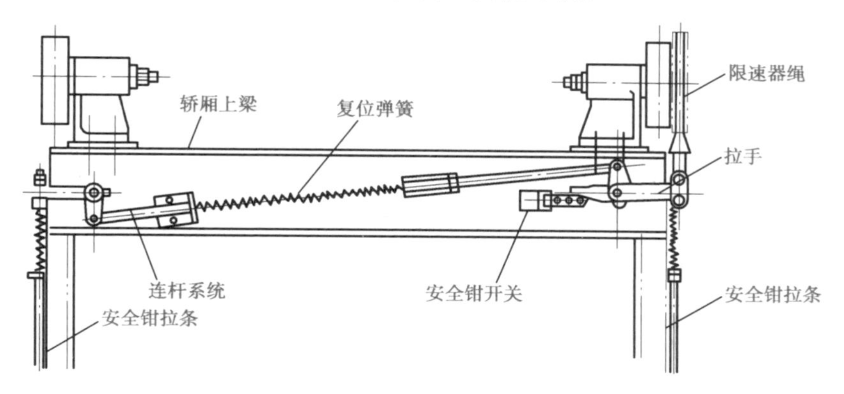

图 2-67　连杆系统

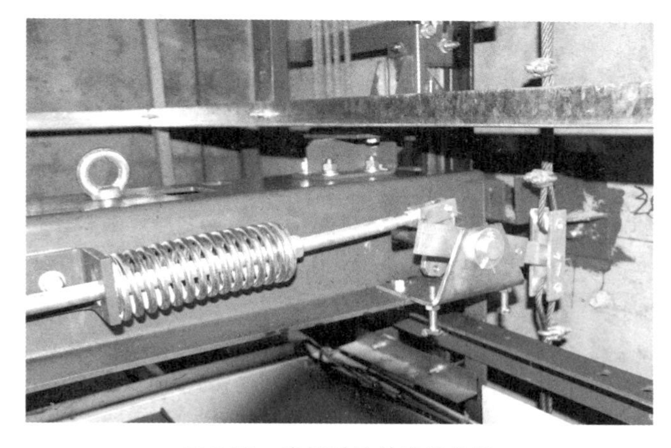

图 2-68　连杆系统的安装位置

④ 张紧装置。张紧装置一般放置在井道底坑内，由配重架、张紧轮和配重组成，分为悬挂式结构和悬臂式结构，如图 2-69 所示。张紧轮安装在张紧装置的支架轴上，可以灵活转动，调整配重的重量，可以调整钢丝绳的张力。

张紧装置

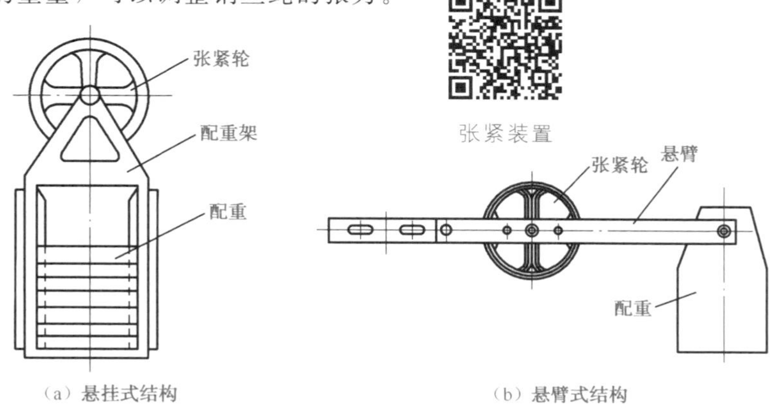

图 2-69　张紧装置

张紧装置的作用：使钢丝绳张紧，确保钢丝绳与限速器之间具有足够的摩擦力，从而准确地反映轿厢的运行速度。张紧装置一般都放置在井道底坑内，如图 2-70 所示，为了防止钢丝绳伸长使张紧装置碰到地面而失效，其底部距离底坑应有适当的高度。

图 2-70　张紧装置的放置位置

【注意】　限速器是电梯速度的监控元件，应定期进行动作速度校验，对可调部件调整后应加封记，确保动作速度在安全规范规定的范围内。

在张紧装置上应设断绳电气安全开关，一旦绳索断裂或过度伸长造成装置下跌，安全开关能够立即动作，切断电梯控制电路。

（2）安全钳。安全钳是一种使电梯停止向下运动的机械装置，凡是由钢丝绳悬挂的电梯均应设置安全钳。在 GB 7588—2003《电梯制造与安装安全规范》中规定：电梯轿厢下部都应设置一套能在电梯超速下降时动作的安全钳。

安全钳由钳座、楔块、拉条等组成，当电梯正常运行时，楔块与导轨面之间的间隙一般为 2～3mm。电梯上使用的安全钳种类很多，按其动作过程的不同可分为瞬时式安全钳和渐进式安全钳。

安全钳

瞬时式安全钳如图 2-71 所示，多用于低速梯。

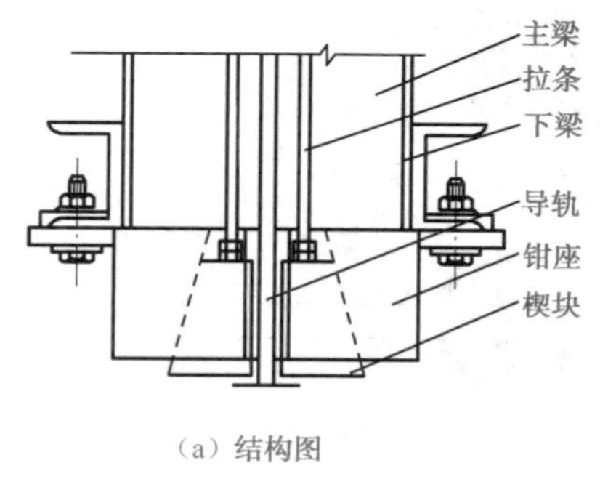

（a）结构图

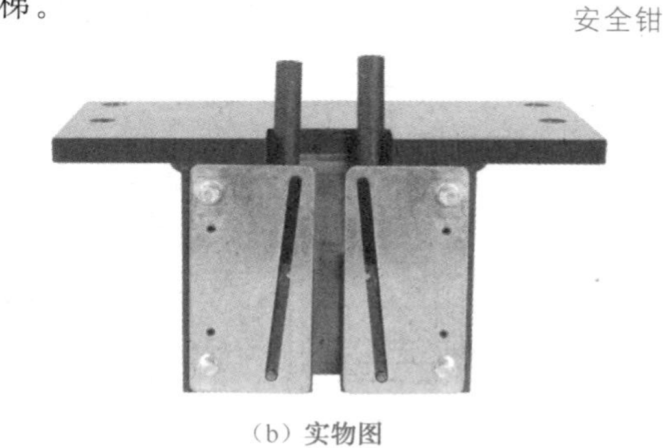

（b）实物图

图 2-71　瞬时式安全钳

渐进式安全钳如图 2-72 所示，多用于快速梯和高速梯。

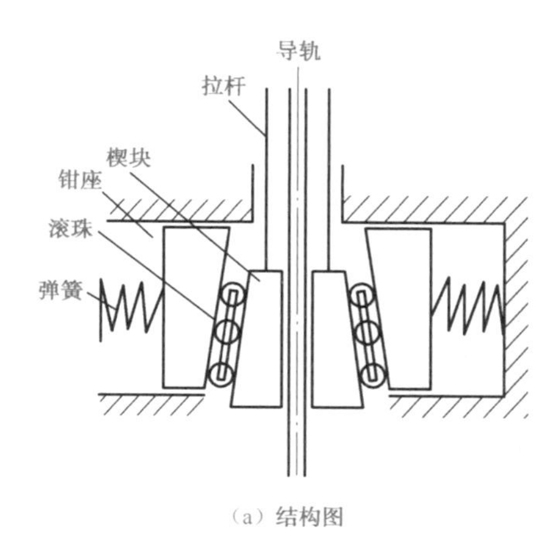

（a）结构图

（b）实物图

图 2-72　渐进式安全钳

当轿厢或对重超速运行或出现突发情况时，安全钳能够接受限速器的操纵，以机械动作上提楔块，楔块与导轨面紧紧贴合在一起，此时安全钳牢牢地夹持导轨，使电梯轿厢紧急制停。安全钳的动作示意图如图 2-73 所示。

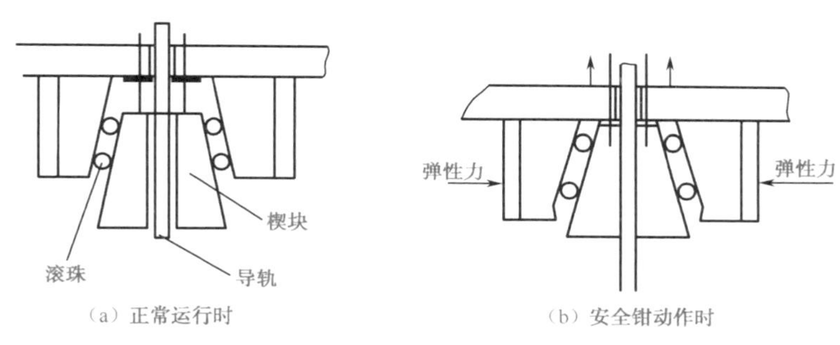

（a）正常运行时　　（b）安全钳动作时

图 2-73　安全钳的动作示意图

安全钳设在轿厢架下的横梁上，并成对地在导轨上使用，如图 2-74 所示。安全钳与弹性导靴的安装位置关系如图 2-75 所示。

（a）安全钳侧面位置图

（b）安全钳底部位置图

图 2-74　安全钳的安装位置

图 2-75　安全钳与弹性导靴的安装位置关系

（3）轿厢下行超速保护装置动作分析。限速装置、安全钳和轿厢三者之间的结构关系如图 2-76 所示。当电梯以额定速度下降时，尽管限速器绳对连杆系统有一个向上的提拉力，但因提拉力比较小，所以连杆并不发生转动。当下降速度达到限速器动作的规定速度时，限速

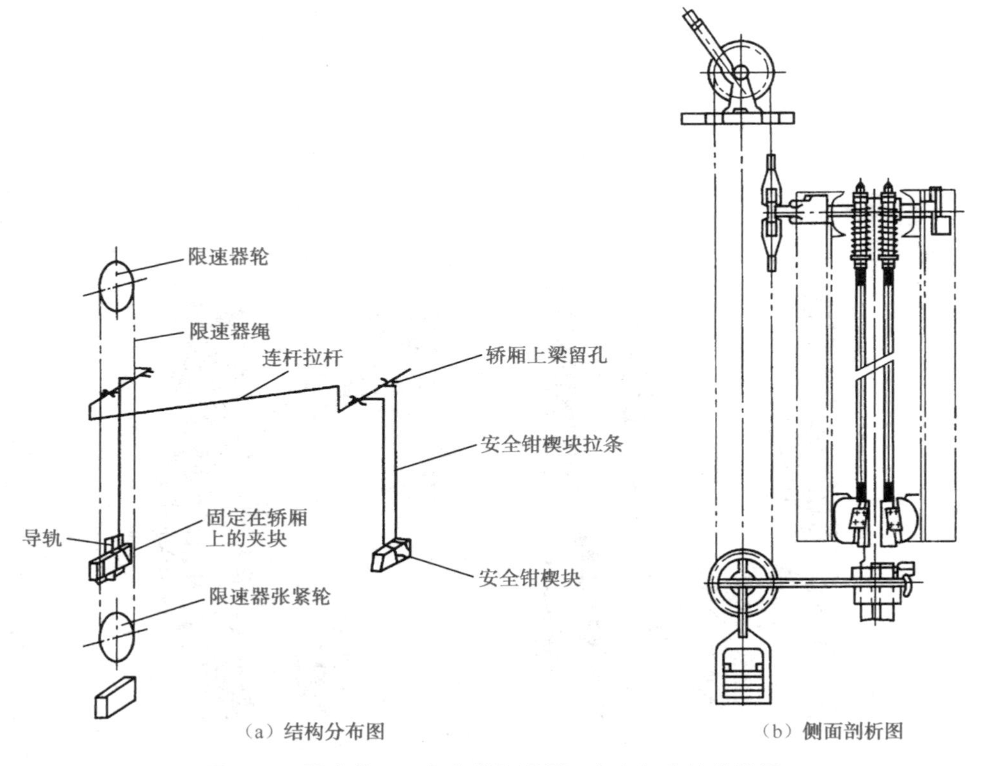

图 2-76　限速装置、安全钳和轿厢三者之间的结构关系

器就被限速器的夹绳装置夹持制停。与此同时，由于轿厢继续下降，这时被制停的限速器绳就以较大的提拉力，使其连杆系统发生转动，并通过安全钳拉条提起安全楔块，根据自锁原理，将轿厢制停在导轨上，达到保护轿厢、乘客或货物的目的。

3. **缓冲器**

缓冲器是电梯的最后一道安全装置，如图 2-77 所示。缓冲器设在井道底坑的地面上，如图 2-78 所示。当所有保护措施都失效时，轿厢便会冲向底坑，所以必须设置一种能吸收、消耗轿厢能量的装置，以减小损失。缓冲器恰是这样一种能吸收或消耗轿厢能量的装置，它有弹簧缓冲器、油压缓冲器和聚氨酯缓冲器三种形式。

缓冲器

(a) 实物图1

(b) 实物图2

图 2-77　缓冲器

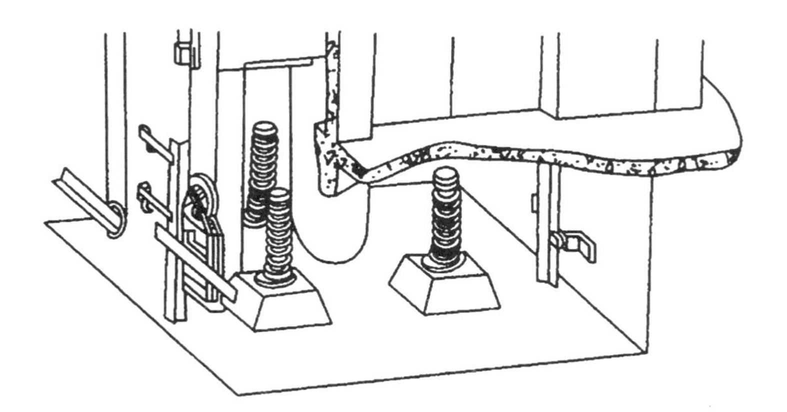

图 2-78　缓冲器的设置位置

(1) 弹簧缓冲器。弹簧缓冲器如图 2-79 所示，当弹簧缓冲器受到轿厢装置的冲击时，依靠弹簧的变形来吸收轿厢的动能，使电梯下落时得到缓冲。弹簧缓冲器在受力时会产生反作用力，反作用力使轿厢反弹并反复进行直至这个力消失。弹簧缓冲器是一种储能式缓冲器，缓冲效果不稳定。使用过程中不同载重量及不同运行速度的电梯，弹簧缓冲器的缓冲弹簧规格不同。这种缓冲器多用在运行速度小于 1m/s 的电梯上。

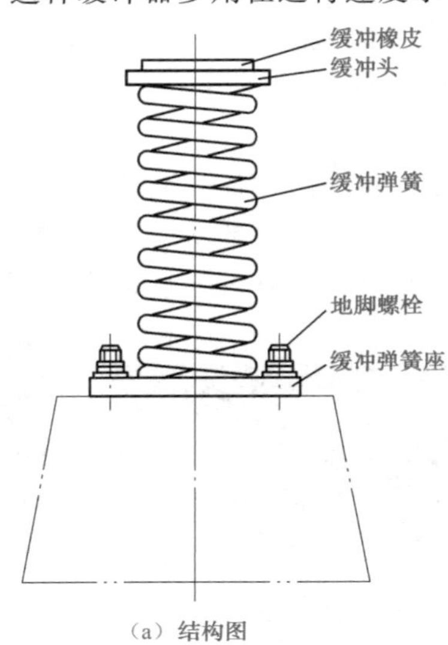

（a）结构图

（b）实物图

图 2-79　弹簧缓冲器

（2）油压缓冲器。油压缓冲器是以油作为介质来吸收轿厢动能的缓冲器，其结构和实物如图 2-80 所示。这种缓冲器结构要比弹簧缓冲器复杂得多，在它的液压缸内有液压油，当柱塞受压时，由于液压缸内的油压增大，使油通过油孔立柱、油孔座和油嘴向柱塞喷流。油因受压而产生流动，并通过油嘴向柱塞喷流产生阻力，此阻力缓冲了柱塞上的压力，起到缓冲作用，因此，油压缓冲器是一种能耗式缓冲器。由于油压缓冲器的缓冲过程是缓慢、连续且均匀的，因此缓冲效果比较好。

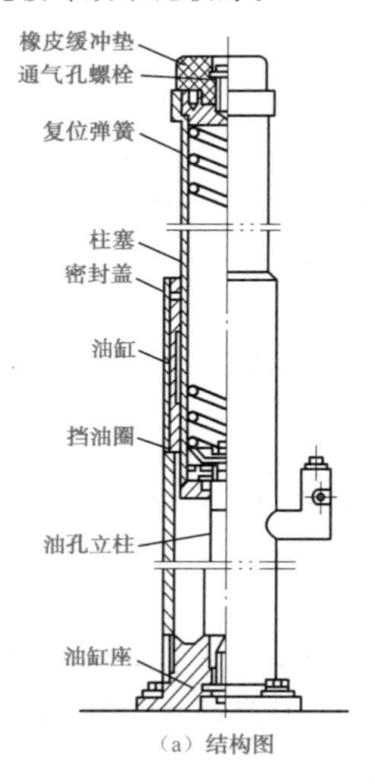

（a）结构图

（b）实物图

图 2-80　油压缓冲器

（3）聚氨酯缓冲器。聚氨酯缓冲器是一种新型缓冲器，如图2-81所示。它具有体积小、质量轻、软碰撞、无噪声、防水、耐油、安装方便、易保养、好维护、可减小底坑深度等特点，近年来开始在中低速电梯中使用。

4. 盘车手轮和松闸扳手

盘车装置

盘车手轮和松闸扳手是用来转动曳引电动机轴的一种应急装置。盘车手轮是用来转动曳引电动机主轴的轮状工具（有的电梯装有惯性轮，也可操纵电动机转动），如图2-82所示。松闸扳手的样式因电梯电磁抱闸装置的不同而不同，其作用都是用它使制动器的抱闸脱开，如图2-83所示。

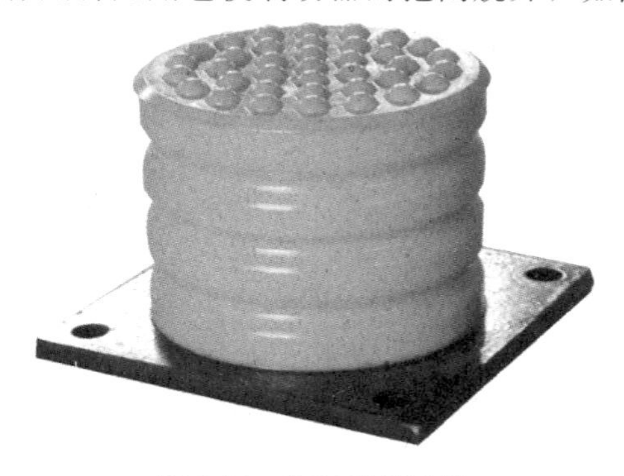
图2-81　聚氨酯缓冲器

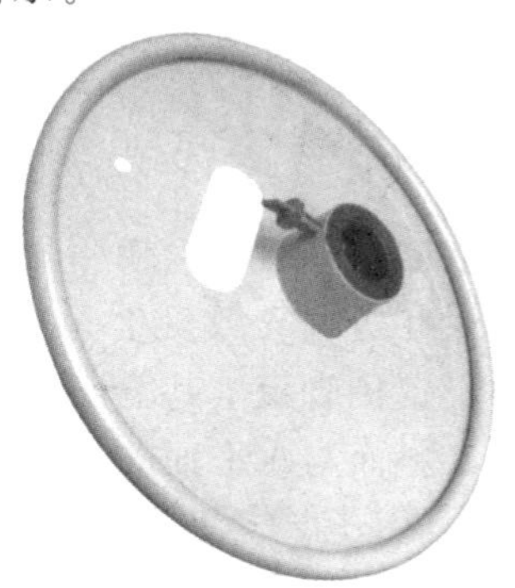
图2-82　盘车手轮

图2-83　松闸扳手

当电梯在运行中遇到突然停电而又没有停电自投运行设备时，若轿厢又停在两层门之间，乘客无法走出轿厢，此时就需要维修人员用盘车手轮和松闸扳手人为操纵轿厢就近停靠，以便救出被困在轿厢里的乘客。

盘车手轮和松闸扳手平时应放在明显的位置，并应涂红漆以示醒目。

5. 机械安全防护装置

机械安全装置

人在操作、维护电梯时容易接近其旋转部件，如传动轴上突出的锁销和螺钉，以及钢带、链条、皮带、齿轮、链轮、电动机外伸轴和甩球式限速器等，因此，必须有安全网罩或栅栏，以防人无意中触及。电梯顶和反绳轮也要安装防护罩。防护罩能防止人的身体或衣服被卷入，还能防止异物落入罩内和钢丝绳脱落。

（1）轿顶护栏。轿顶护栏如图2-84所示，它可以防止检修人员不慎坠落井道。新修订的标准GB 7588—2003中规定，距轿厢外侧边缘水平方向超过0.3m的自由距离时，轿顶应装护栏。此外，标准还对护栏的安装尺寸和位置做了详细规定，并要求护栏上应有俯伏或斜靠护栏危险的警示符号或须知，并在适当位置妥当固定。

【注意】　在轿顶时，万一遇到电梯失控运行，千万保持镇定，应抓牢可扶之物，蹲稳在安全之处，不能企图开门跳出。

图 2-84　轿顶护栏

（2）护脚板。轿厢不平层时，轿厢与层门地坎间将产生空间，这个空间会使乘客或检修人员的脚踏入或伸入井道，导致发生人身伤害的可能。GB 7588—2003 中规定：每一个层门和轿门地坎上均应设置护脚板，其宽度是层站入口处的整个净宽度。护脚板的垂直部分以下应成斜面向下延伸，斜面与水平面的夹角应大于60°，如图 2-85 所示。

（a）厅门护脚板

（b）轿门护脚板

图 2-85　护脚板

图 2-86　底坑对重侧防护

（3）底坑对重侧防护。为了防止人员进入底坑对重侧而造成人身伤害，对重的运行区域应采用隔障防护，该隔障应自电梯底坑地面上不大于 0.3m 处向上延伸到至少 2.5m 处，其宽度至少等于对重宽度两边各加 0.1m，如果这种隔障是网孔型的，应符合 GB 12265.1—1997 的规定，这种隔障可用角钢或扁钢制成一个护栏架子，然后焊铁皮或铁网，如图 2-86所示。

（4）共用井道的防护。在几台电梯共用的井道中，不同电梯的运行部件之间应设置隔障。此隔障应从轿厢、对重行程的最低点延伸到底层站楼面以上 2.5m 处。如果电梯轿顶边缘与相邻电梯运行部件之间的水平距离小于 0.5m，这种隔障应贯穿整个井道，其宽度为运动部件宽度每边各加 0.1m，从而防止检修人员在井道内被相邻电梯的运动部件所伤害。

（5）机械设备安全防护。GB 7588—2003 中规定：对可能发生危险并可能接触的旋转部件，必须提供有效保护或设防护罩，特别是转动轴上的键、螺钉、钢带、链条、传动带、齿轮、电动机外伸轴和滑轮等，如限速器、导向轮（对重和轿顶）、曳引轮、曳引电动机外轴和旋转编码器等均应设置防护罩，防止设备旋转部分伤害人体及杂物落入绳与轮槽之间损坏设备。防护罩如图 2-87 所示。

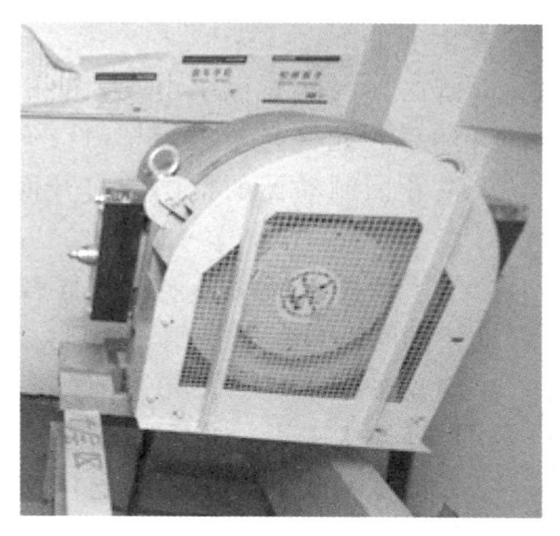

图 2-87　防护罩

项目实训 2　机房盘车训练

实训目标

（1）熟悉电梯的机房。

（2）熟悉电梯曳引机的外部结构。

（3）掌握机房盘车的操作方法。

实训器材

交流双速（或调速）客货梯 1 台。

实训步骤

（1）口述轿厢内困人应如何解救（盘车的安全操作方法）。

口述内容要点：

① 如果电梯在运行中发生故障，轿厢距离平层位置 600mm 以上时，电梯维修人员需要用盘车的安全操作方法将被困乘客救出；轿厢距离平层位置 600mm 以下时，电梯维修人员可直接打开厅门、轿门将被困乘客救出。

② 断开机房电梯的主电源开关，将盘车手轮套入电动机尾轴上，并紧固好。

③ 盘车前要关闭所有的厅门和轿门。

④ 盘车时应两人或两人以上进行操作，一人用手握住盘车手轮，另一人用专用工具打开制动器，转动盘车手轮，轿厢就可以向上或向下移动了。

⑤ 两人应同时配合，做好“应答”制度。

⑥ 盘车完毕后，应首先将制动器恢复抱闸状态，并拆除盘车手轮。

⑦ 当轿厢到达平层区域时（可观察曳引钢丝绳平层线标记位置），电梯维修人员用专用厅门钥匙打开厅门，并用力拉开轿门，将被困乘客救出。

⑧ 查明电梯故障后，将电梯的主电源开关合上。

相关要求：按“三要”标准考核，即口述内容要完整、口述过程要流利及口述顺序要清晰。

（2）手动盘车操作。操作注意事项如下。

在机房手动盘车使电梯做短升降时，为防止曳引电动机突然启动伤及盘车人，必须先按要求上锁，断掉电梯的所有电源，然后才允许盘车。盘车时应有两个人相互配合操作，一人操作松闸扳手，另一人盘动手轮，防止因制动器的抱闸被打开而未能把住手轮致使电梯因对重的重量而造成轿厢快速行驶。

图 2-88　手动盘车操作

手动盘车操作必须在指导教师的监控下进行；仅当要移动轿厢时才可松开抱闸，否则必须马上撤销松开抱闸的操作。手动盘车操作如图 2-88 所示。

操作步骤 1：切断电梯主电源。

操作方法：打开机房电梯控制柜，将主电源开关的拨挡扳到“OFF”位置上，悬挂“禁止合闸”警示牌。

操作步骤 2：放置警示牌。

操作方法：在各层站厅门外放置“暂停使用”警示牌。

操作步骤 3：关闭电梯门。

操作方法：检查厅门和轿门是否关闭，如果没有关闭，则用专用钥匙对厅门进行人为强制关闭。

操作步骤 4：通知被困乘客。

操作方法：通知被困乘客静候解救，要求被困乘客切勿尝试自行设法离开轿厢，不要乱动及拉开轿门。

操作步骤 5：手动盘车。

操作方法：一人把持盘车手轮，将盘车手轮插在主机指定位置上，转动手轮，另一人用松闸扳手缓慢地松开主机抱闸，向较省力的方向移动轿厢，每盘动一次车，两人都要进行一次“应答”，保持动作协调一致。

相关要求：使轿厢断续缓慢地移动到平层的 ± 150mm 位置上，拉开轿门，并协助乘客撤出轿厢。

针对实训现象，探讨工程实际问题

问题 1：电梯的钢丝绳上有如图 2-89 所示的标记，这种标记有何意义？

答案：图 2-89 所示的标记是电梯平层位置标记，在盘车救援时，为了确保电梯能准确平层，操作人员就是参考此标记将电梯盘车到就近层站的。

问题 2：当盘动轿厢下行时，偶尔会出现不能盘动的情况，试分析其原因。

答案：可能是电梯的安全钳已经发生作用，此时需要由电梯公司的专业人员或资历较深的专业技工进行下一步的操作。

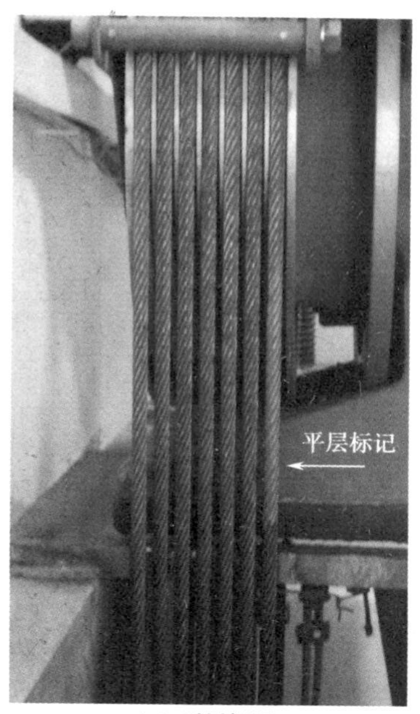

（a）平层标记

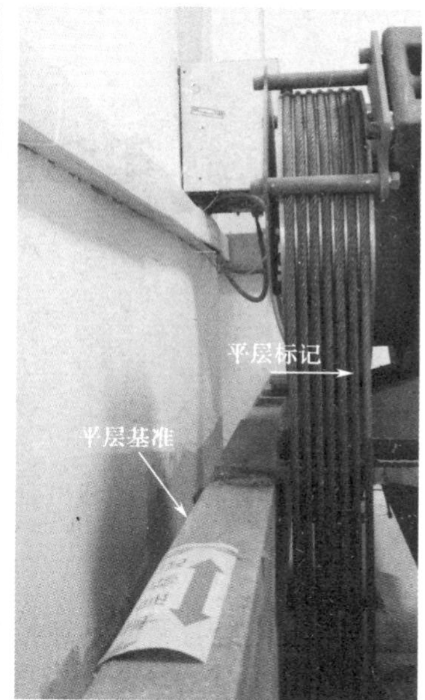

（b）平层基准

图 2-89　平层标记

实训考核方法

该项目采取单人逐项考核的方法，教师（或是已经考核优秀的学生）对每个同学都要进行如下 5 项考核。

（1）能否准确描述电梯曳引机的外部特征？

（2）能否准确口述轿厢内困人时如何解救？

（3）能否辨识电梯的盘车工具？

（4）能否掌握电梯盘车的操作方法？

（5）能否掌握电梯盘车的注意事项？

项目3　电梯的主要电气部件

【知识目标】

（1）熟悉电梯主要电气部件的结构。

（2）了解电梯主要电气部件的工作原理。

（3）了解电梯主要电气部件的实际应用。

【技能目标】

（1）掌握电梯层站、轿厢及厅门的外部结构，能判定电梯的使用性质。

（2）掌握电梯召唤箱、操纵箱的面板结构及功能，能熟练地对其进行控制操作。

电梯的电气部件是电梯电气控制系统的重要组成部分，它们在检测电梯当前位置、显示电梯当前运行状态、控制电梯换速及平层、保证电梯安全运行、方便维修与维护等方面起着至关重要的作用。这些电气部件包括操纵箱、呼梯按钮盒、轿顶检修箱、换速平层装置、电梯门保护装置和限位开关装置等。

本项目的重点在于认识电梯主要电气部件的结构，了解其工作原理，掌握其实际应用。学好了这部分知识，对于分析电梯电气控制系统及排除一般性电气故障都非常有帮助。

3.1　操　纵　箱

操纵箱

操纵箱通常设置在轿厢内，是司乘人员控制电梯上下运行的操作控制中心，如图3-1所示。操纵箱上装配的电气元件与电梯的控制方式、停站层数有关，一般包括指层器、上下运行方向灯、内召唤按钮、开关门按钮、照明开关和蜂鸣器等。

（1）指层器。指层器俗称层灯，它的作用是给司乘人员提供电梯当前所在位置的指示信号。指层器普遍采用半导体数码管显示，如图3-2所示，对应的电路板如图3-3所示。

数码管是一种半导体发光器件，通过对其不同的引脚输入相对应的电流，使其发光，从而显示出数字。数码管各段字母与显示数字如图3-4所示，七段显示组合与数字对照表如表3-1所示（1表示接通，0表示断开）。

数码管内部的发光二极管接法可分为共阴极和共阳极两种。在共阴极接法中，各个发光二极管阴极相连，对应高电平的线段发光，如图3-5所示。在共阳极接法中，各个发光二极管阳极相连，对应低电平的线段发光，如图3-6所示。控制不同的线段发光，可显示0～9不同的数字。

（a）操纵箱面板

（b）操纵箱内部结构

图 3-1　操纵箱

图 3-2　指层器

（a）正面

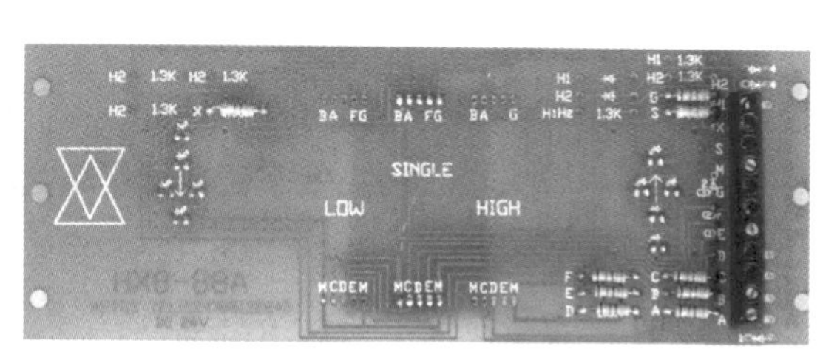

（b）反面

图 3-3　指层器电路板

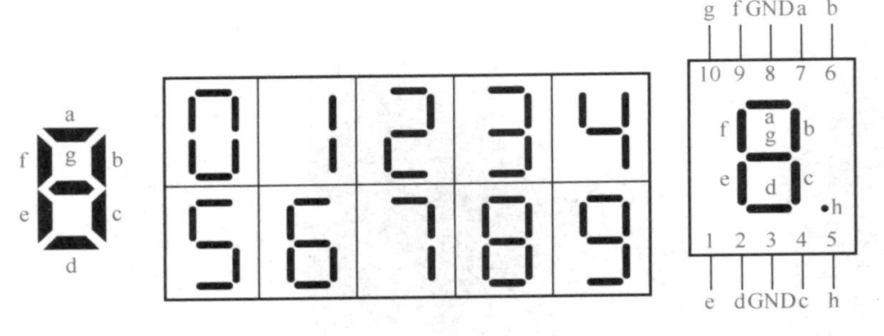

图 3-4　数码管各段字母与显示数字

表 3-1　七段显示组合与数字对照表

显示数字	a	b	c	d	e	f	g
0	1	1	1	1	1	1	0
1	0	1	1	0	0	0	0
2	1	1	0	1	1	0	1
3	1	1	1	1	0	0	1
4	0	1	1	0	0	1	1
5	1	0	1	1	0	1	1
6	1	0	1	1	1	1	1
7	1	1	1	0	0	0	0
8	1	1	1	1	1	1	1
9	1	1	1	1	0	1	1

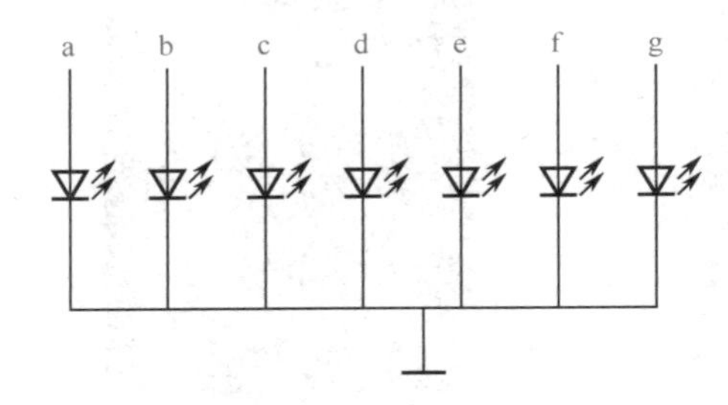

图 3-5　共阴极接法

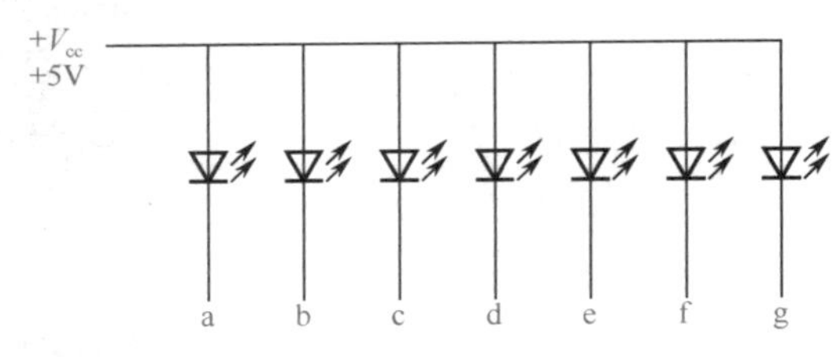

图 3-6　共阳极接法

指层器电路板的接口排列如图 3-7 所示。

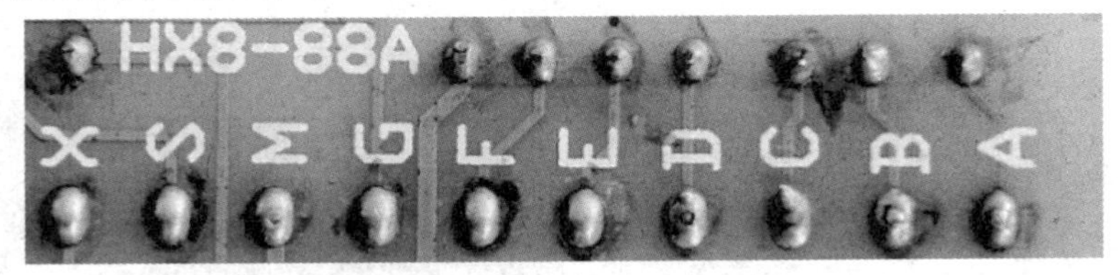

图 3-7　指层器电路板的接口排列

伴随着新型元器件的产生，电梯的信号指示系统也在不断地推陈出新，从米字式发光管显示到点阵式滚动显示，从单色素的液晶显示到彩色调的等离子显示等，这一切都大大改善了乘梯的视觉效果，提升了整体装潢档次。

（2）上下运行方向灯。上下运行方向灯是给司机和轿厢内外乘用人员提供电梯运行方向信号的装置，它利用发光二极管的发光作用，显示电梯上下运行方向，如图 3-8 所示。

图 3-8　上下运行方向灯

（3）内召唤按钮。内召唤按钮是给轿厢内乘用人员提供召唤电梯信号的装置，其实际使用数量与电梯层站的数量有关。内召唤按钮不仅具有轿厢内召唤电梯功能，还具有召唤信号登记显示功能。内召唤按钮的面板和结构如图 3-9 所示，每个按钮对应 4 个端子，其中有 2 个是输入端子（1、4），另外 2 个是输出端子（2、3），按钮的接线及接口如图 3-10 所示。

（a）面板（正面）

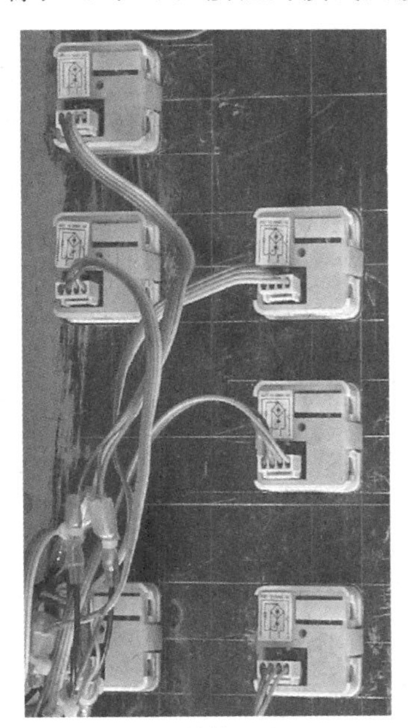

（b）结构（反面）

图 3-9　内召唤按钮

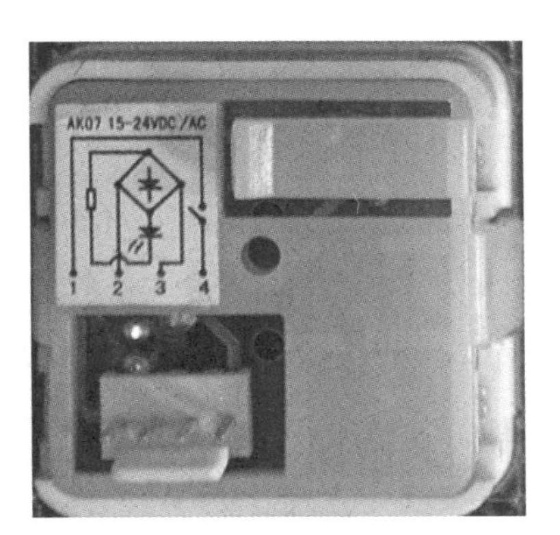

图 3-10　按钮的接线及接口

3.2　呼梯按钮盒

呼梯按钮盒通常设置在电梯层门外侧。呼梯按钮盒上装配的电气元件一般包括指层器、上下运行方向灯、外召唤按钮等。它的作用是为层门外乘用人员提供召唤电梯信号、指示电梯当前位置信号及运行方向。

呼梯盒

呼梯按钮盒上的指层器、上下运行方向灯与操作箱上的对应器件完全相同，所以这里只介绍呼梯按钮盒结构及外召唤按钮。根据安装位置的不同，呼梯按钮盒可分为端层站呼梯按钮盒和中间层站呼梯按钮盒。

（1）呼梯按钮盒的结构。如果呼梯按钮盒安装在上端层站，则呼梯按钮盒上只装设一只下行外召唤按钮，如图 3-11（a）所示。

如果呼梯按钮盒安装在中间层站，则呼梯按钮盒上应装设一只上行外召唤按钮和一只下行外召唤按钮，如图 3-11（b）所示。

如果呼梯按钮盒安装在下端层站，则呼梯按钮盒上只装设一只上行外召唤按钮。如果下端层站作为基站，则还需加装一只厅外控制自动开关门的钥匙开关，如图 3-11（c）所示。

呼梯按钮盒的内部结构如图 3-11（d）所示。

（a）上端层站呼梯

（b）中间层站呼梯

（c）下端层站呼梯

（d）内部结构

图 3-11　呼梯按钮盒的结构

（2）外召唤按钮。呼梯按钮盒上的上、下行外召唤按钮如图 3-12 所示，其结构和接线与内召唤按钮相同。呼梯按钮盒上的上、下行外召唤按钮与操作箱上的内召唤按钮同样具有召唤信号登记显示功能。当厅外候梯人员按下外召唤按钮时，相应的指示灯立即亮，此刻即使将手指离开按钮，指示灯也不会熄灭，只有等到该召唤信号被响应后才会熄灭。

（a）面板（正面）

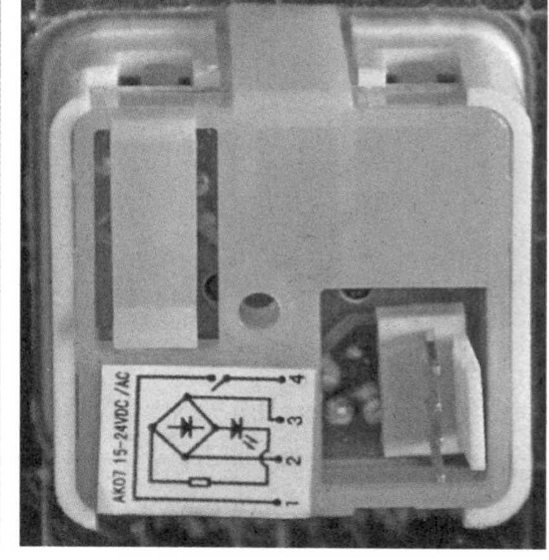

（b）内部结构（反面）

图 3-12　外召唤按钮

3.3　轿顶检修箱

轿顶检修箱

轿顶检修箱位于轿厢顶部，以便检修人员安全、可靠、方便地检修电梯，如图3-13 所示。轿顶检修箱装设的电气元件一般包括控制电梯慢上慢下的按钮、点动开关门按钮、急停按钮、轿顶正常运行和检修运行的转换开关和轿顶检修灯开关等，轿顶检修箱实物图如图 3-14 所示。

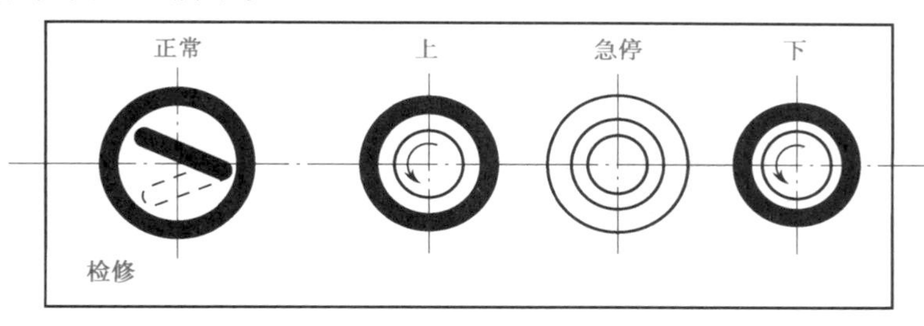

图 3-13　轿顶检修箱

图 3-14　轿顶检修箱实物图

对于一般信号控制、集选控制的电梯，其检修状态的运行操作可以在轿厢内，也可以在轿顶操作。在轿顶操作时，轿厢内的检修操作不起作用，以确保轿顶操作人员的人身安全和设备安全。根据 GB 7588—2003《电梯的制造与安装安全规范》规定：电梯的检修操作只能在轿厢顶或电梯机房内进行，但机房内的操作必须服从于轿厢顶上的检修操作。

3.4 换速平层装置

换速平层装置

当电梯即将到达预定层站时，需要提前一定距离把电梯的运行速度降下来，电梯的降速通常是由换速平层装置完成的。常用的换速平层装置有干簧管换速平层装置、光电开关换速平层装置两种。

（1）干簧管换速平层装置。在国产的中低档电梯产品中，大部分采用永磁式干簧管作为换速平层装置。该装置由磁开关和隔磁板组成，其结构如图 3-15 所示。磁开关一般装设在轿顶位置，隔磁板一般装设在井道中，其安装位置如图 3-16所示。

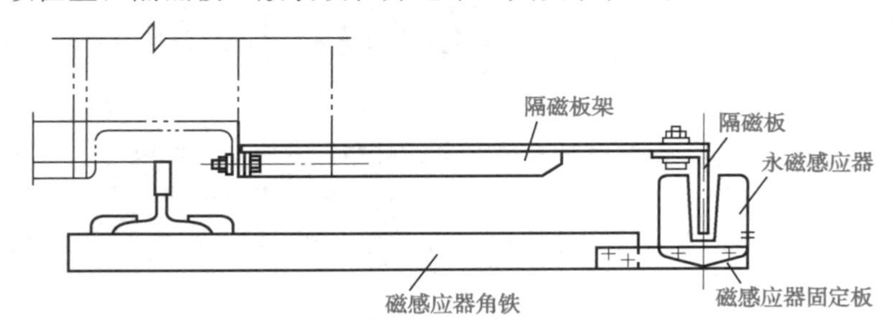

图 3-15　干簧管换速平层装置的结构

（a）磁开关的安装位置

（b）隔磁板的安装位置

图 3-16　磁开关和隔磁板的安装位置

干簧管换速平层装置的结构和工作原理如图 3-17 所示。在隔磁板插入前，干簧管由于没有受到外力的作用，其常开触点是断开的，常闭触点是闭合的，如图 3-17（a）所示。在隔磁板插入后，干簧管由于受到外力的作用，其常开触点闭合，常闭触点断开，如图 3-17（b）所示，这样就实现了电梯位置的检测，进而控制了电梯换速。

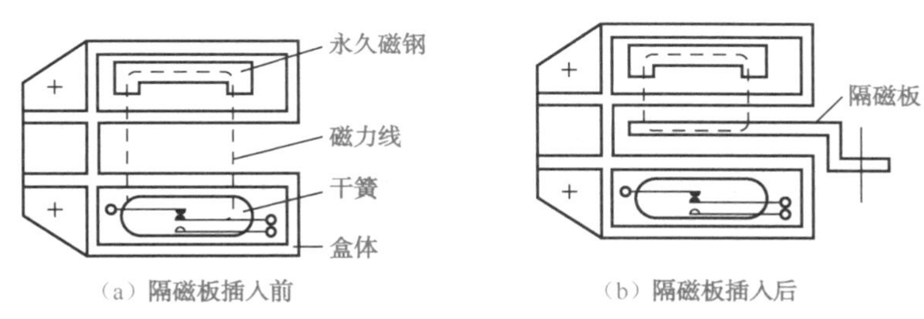

（a）隔磁板插入前　　（b）隔磁板插入后

图 3-17　干簧管的结构和工作原理

在实际工作现场，隔磁板插入磁开关的前后过程如图 3-18 所示。

（a）隔磁板插入前

（b）隔磁板插入后

图 3-18　隔磁板插入磁开关的前后过程

（2）光电开关换速平层装置。随着电子技术的进步，光电开关换速平层装置开始得到普及应用。该装置由光电开关和遮光板组成。光电开关如图 3-19 所示。当遮光板经过光电开关的预定位置时，会隔断光电发射管与光电接收管之间的联系，从而触发光电开关动作。这种装置具有结构简单、反应速度快、安全可靠等优点。

图 3-19　光电开关

在电梯实际运行过程中，遮光板固定在导轨架上，对应每个层站安装一个，如图 3-20 所示。光电开关安装在轿厢侧壁上，可随轿厢上下运动，如图 3-21 所示。

遮光板插入光电开关的前后过程如图 3-22 所示。

图 3-20　遮光板现场图

图 3-21　光电开关现场图

（a）**遮光板插入前**

（b）**遮光板插入后**

图 3-22　遮光板插入光电开关的前后过程

3.5　电梯门保护装置

门保护装置

为了保证乘客进出电梯的安全，在电梯的轿门上装有防止门夹人的门保护装置。常用的电梯门保护装置有安全触板和光幕，也有将这两种形式合在一起组成的多重保护装置。

1. 安全触板

安全触板如图 3-23 所示。它主要由触板、控制杆和微动开关组成。正常情况下，触板在自重的作用下，凸出门扇 30～45mm，当门在关闭过程中碰触到人或物体时，触板被推入，控制杆转动，上控制杆端部的开关凸轮压下微动开关触点，使门电动机迅速反转，门重新被打开。

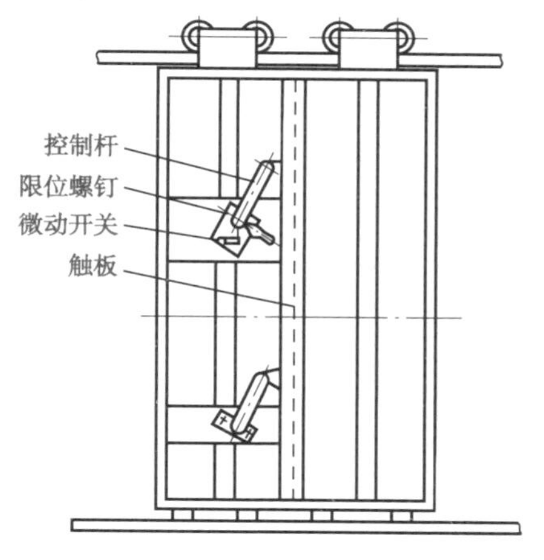

（a）安全触板的结构图

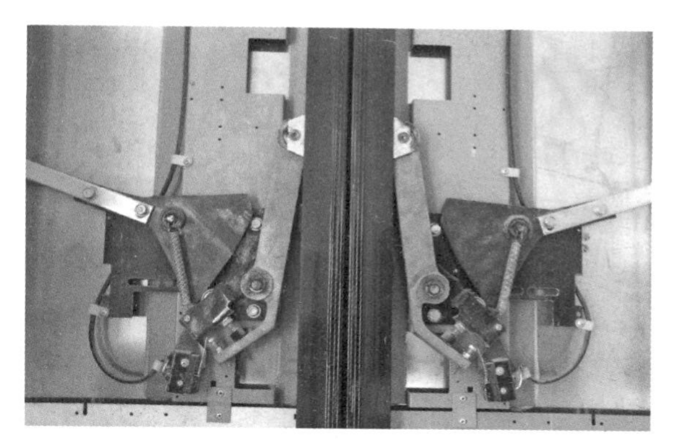
（b）安全触板的实物图

图 3-23　安全触板

安全触板常用于中分门，门的闭合面双侧均有触发，如图 3-24 所示。

（a）触板未被触动前的状态

（b）触板被触动后的状态

图 3-24　中分门安全触板

2. 光幕

光幕由红外发射器和接收器、电源盒及专用电缆组成，如图 3-25 所示。

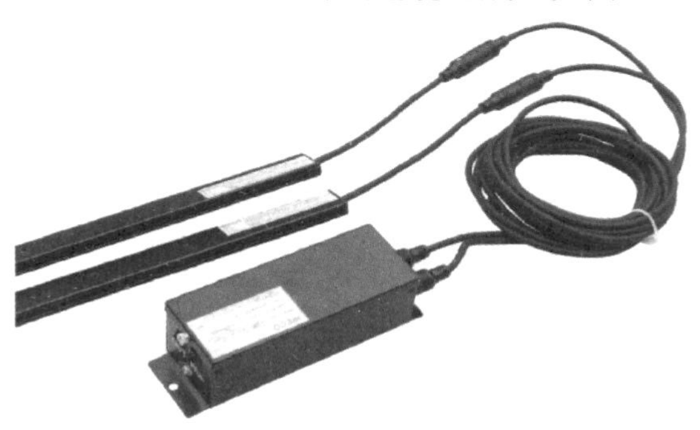

图 3-25　光幕实物图

光幕通常都安装在轿门的门框边沿上，其安装位置如图 3-26 所示。

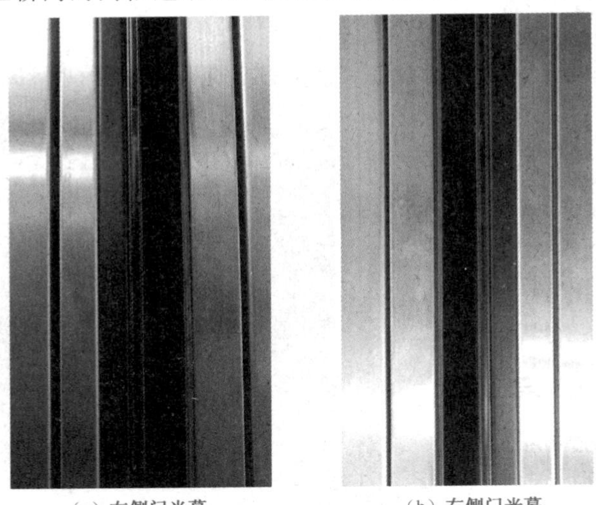

（a）左侧门光幕　　（b）右侧门光幕

图 3-26　光幕的安装位置

如图 3-27 所示，在微处理器的控制下，光幕的红外发射管和接收管依次打开，自上而下连续扫描轿门区域，形成一个密集的红外线保护光幕。当其中任何一束光线被阻挡时，控制系统立即输出开门信号，轿门即停止关闭并反转开启，直至乘客离开警戒区域后电梯门方可正常关闭，从而达到安全保护的目的。

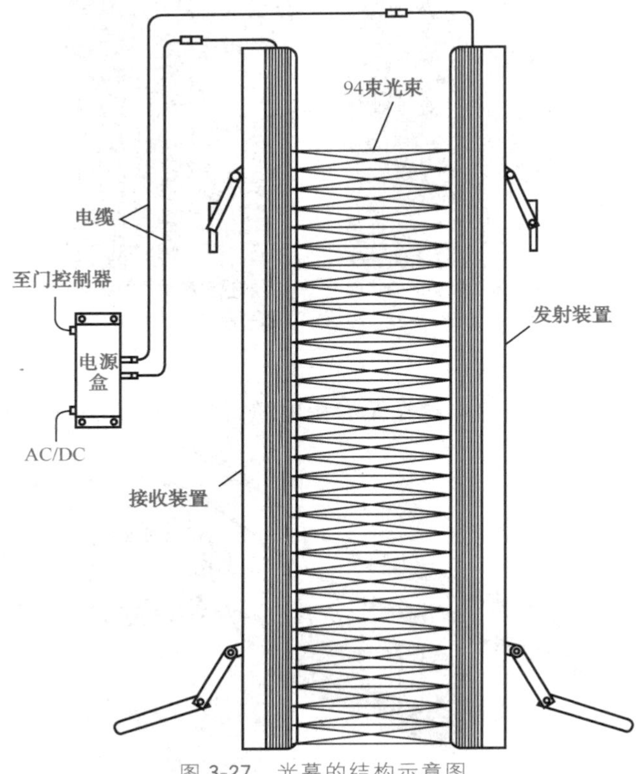

图 3-27　光幕的结构示意图

3. 多重保护装置

门保护装置采用多重保护能够提高安全性和可靠性。例如，采用双重保护装置，如图 3-28所示，该装置同时具有光幕门保护和安全触板保护功能。

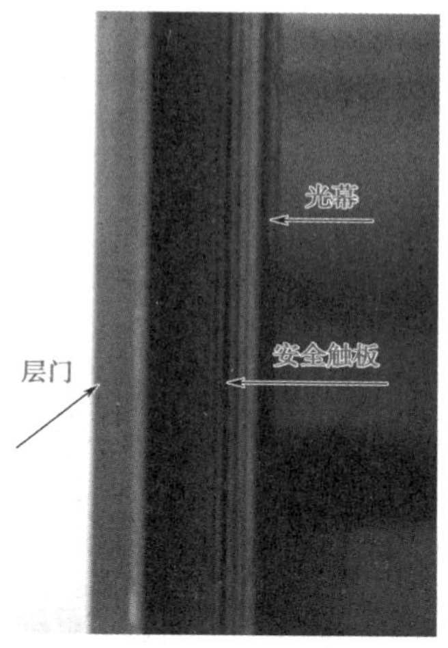

图 3-28 双重保护装置

3.6 限位开关装置

限位装置

为了防止电梯超越行程发生“冲顶”或“墩底”事故，通常在井道的上下终端区域都安装限位开关装置。限位开关装置由强迫减速开关、限位开关、极限开关和开关支架等组成，其结构如图 3-29 所示。限位开关装置的实物图如图 3-30 所示。

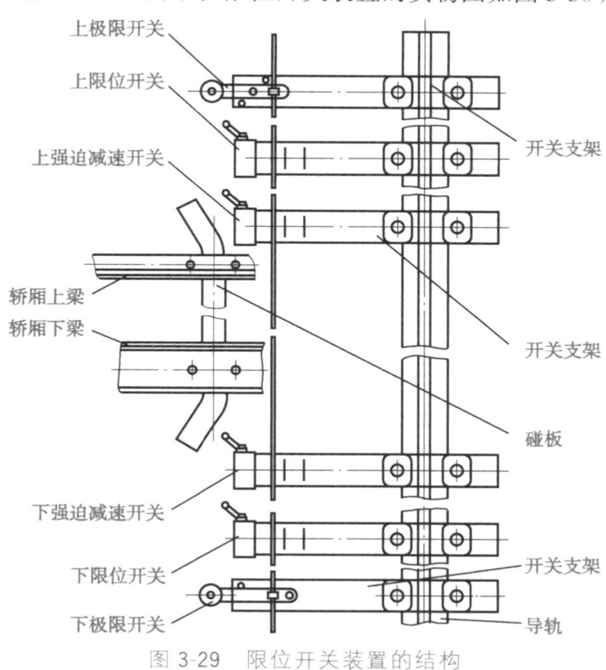

图 3-29 限位开关装置的结构

（a）上限位开关装置

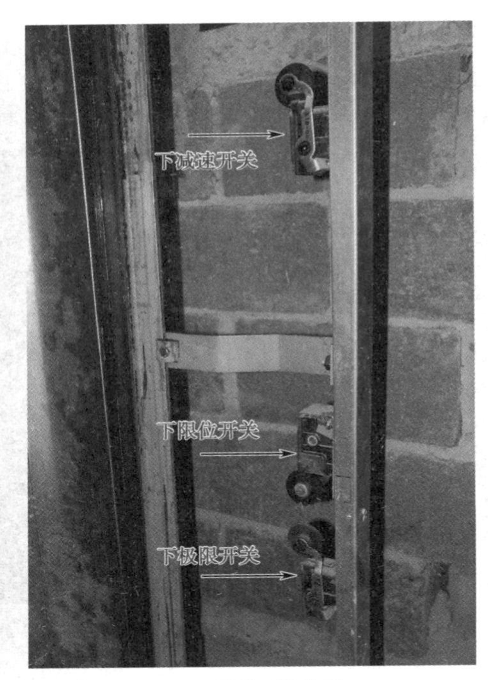

（b）下限位开关装置

图 3-30　限位开关装置实物图

下面以电梯上行为例，介绍一下限位开关装置的作用。

假设电梯当前已经超越了上端站，而且还在向上运行。

当轿厢上的碰板碰到强迫减速开关时，强迫减速开关就会向控制系统发出一个信号，使电梯改为慢速运行。

当轿厢上的碰板碰到限位开关时，限位开关的常闭触点就会立即断开，切断电梯的控制电路，迫使电梯停止运行。

如果限位开关失灵或控制失效，那么轿厢不会停止运行，反而会继续向上运行。在这种情况下，轿厢上的碰板一旦碰到极限开关，极限开关的常闭触点就会立即断开，切断电梯的主电路，迫使电梯最终停止运行。

工程要求

当终端限位开关动作而迫使电梯停驶后，电梯仍能应答呼梯信号，向相反方向继续运行。当终端限位保护装置动作后，应由专职的维修人员检查，排除故障后，方能投入运行。终端限位开关的作用点与端站楼面的距离不得大于 100mm，终端极限开关的作用点与端站楼面的距离不得大于 150mm。

3.7　底坑电气装置

为了保证进入电梯井道底坑的电梯检修人员的安全，在底坑当中应设置紧急停止开关，紧急停止开关应装于检修人员方便摸到的位置。紧急停止开关一般为红色，且采用非自动复位开关，如图 3-31 所示。当按下此开关时，电梯能立即停止运行，欲使电梯恢复运行，必须由人工操作后才能恢复。

【注意】 在底坑工作时，应切断底坑检修箱的安全开关。爬出底坑时，一定要保证厅门在打开状态下，方能接通底坑的安全回路，然后迅速爬出底坑（如果在厅外能操作安全开关，则应在人爬出底坑后再接通安全开关，然后再关门）。

电梯井道内设置亮度适当的永久性照明装置，供检修电梯和应急使用，如图 3-32 所示。

图 3-31 底坑紧急停止开关

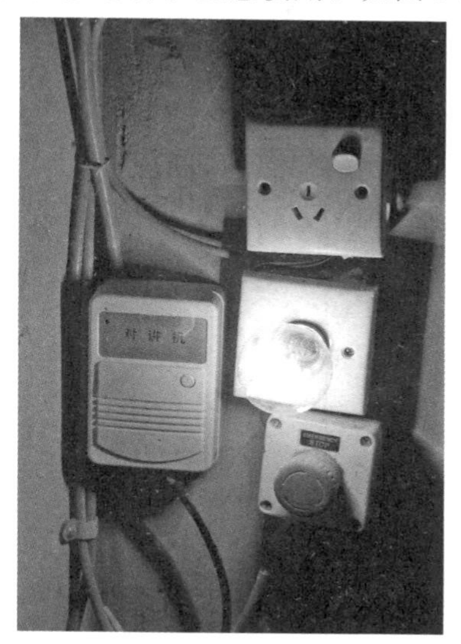

图 3-32 井道照明灯

3.8 断相和错相保护装置

当供电系统因为某种原因导致三相动力线的相序与原相序不同时，就会使电梯原定的运行方向变为相反的方向，这会给电梯运行带来极大的危险。同时，为了防止电梯曳引电动机在电源断相下不正常运转而导致电动机过热烧损，在电梯控制系统中设置断相和错相保护装置，即使用断相与相序保护继电器，如图 3-33 所示。

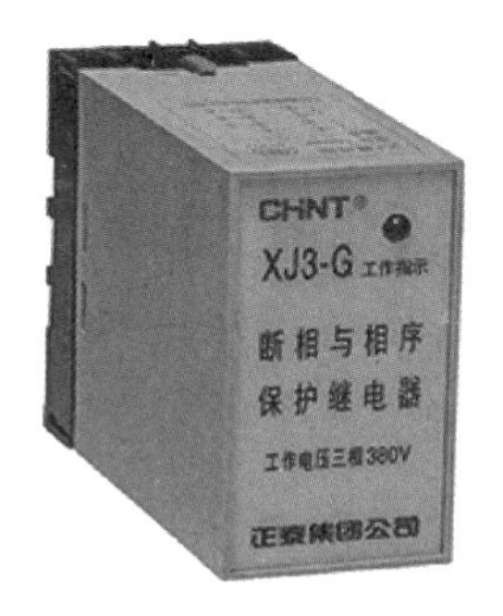

图 3-33 断相与相序保护继电器

3.9 控 制 柜

控制柜由钣金框架结构、螺栓拼装组成，钣金框架尺寸统一，并能够用塑料销钉很方便地挂上或取下。正面的面板装有可旋转的销钩，形成可以锁住的转动门，从前面可以接触到装在控制柜内的全部元器件，所以控制柜可以靠近墙壁安装。常见的两种控制柜的外形如图 3-34所示。

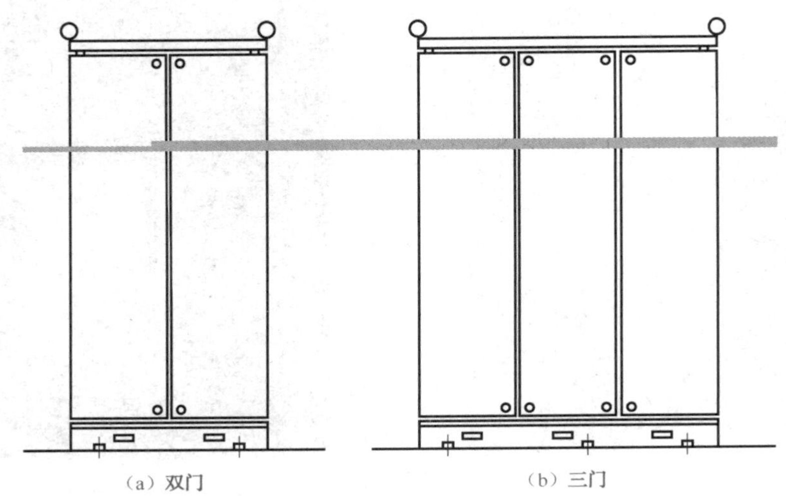

图 3-34 常见控制柜的外形

控制柜安装时应按图纸规定的位置施工，如无规定，应根据机房面积、形式进行合理安排，以“维修方便、巡视安全”为原则，并且满足以下要求。

① 应与门、窗保持足够的距离，门、窗与控制柜正面距离不小于 1000mm。

② 控制柜成排安装时，当其宽度超过 5m 时，两端应留有出入通道，通道宽度不小于 600mm。

③ 控制柜与机房内机械设备的安装距离不宜小于 500mm。

④ 控制柜安装后的垂直度不大于 3/1000，并用弹性销钉或采用墙用固定螺栓紧固在地面上。

3.10 变频门机控制器

随着变频调速技术的不断发展，变频调速技术已经越来越广泛地应用于电梯开关门的驱动控制环节上，其调速方法也从模拟调速变为数字调速，提高了门机的速度控制精度，且在低速时有较大的力矩输出，使电梯开关门过程的可靠性和噪声水平大大改善。常见的数字式 VVVF（变频变压调速）门机控制器如图 3-35 所示。

在电梯开关门过程中，通过门机控制器对交流电动机的启动、运行、停止过程进行驱动速度调节和过程管理控制，实现电梯按预定要求开门和关门，使电梯的自动开关门机械结构更简单，而且具有开关门速度易于调节、过程噪声低、节能效果好、可靠性高等优点。

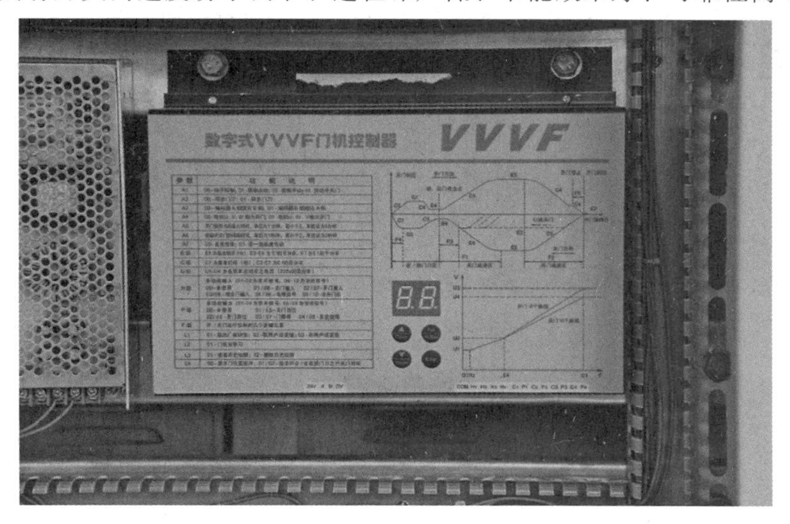

图 3-35 数字式 VVVF 门机控制器

项目实训 3 电梯电气部件操作训练

实训目标

（1）认识操纵箱的外部结构。

（2）掌握操纵箱端子的排列顺序和标记。

（3）认识召唤按钮的外部结构。

（4）掌握召唤按钮端子的排列顺序。

（5）掌握永磁式干簧管的结构。

实训器材

（1）操纵箱，白钢面板嵌入式，数量 1 个。

（2）呼梯盒，白钢面板嵌入式，数量 4 个。

（3）控制柜，单开门立式，数量 1 个。

（4）电工常用工具，数量 1 套。

实训步骤

（1）测试操纵箱。操纵箱内的端子排结构如图 3-36 所示。从图 3-36 中可知，指层器有 7 个输入端子，代号分别为 A、B、C、D、E、F、G；运行方向灯有 2 个输入端子，代号分别为 X 和 S；指层器和运行方向灯共用一个公共端子，代号为 M。

操作步骤 1：判断指层器和运行方向灯所对应的发光二极管的接法。

操作方法：将直流 24V 稳压电源正极端与公共端子 M 相接，把直流 24V 稳压电源负极端与 G 端子相接，观察指层器和运行方向灯是否被点亮，如图 3-37 所示。将直流 24V 稳压电源负极端与公共端子 M 相接，把直流 24V 稳压电源正极端与 G 端子相接，观察指层器和运行方向灯是否被点亮，如图 3-38 所示。

图 3-36　操纵箱内的端子排结构

（a）测试点

（b）测试现象

图 3-37　判断发光二极管接法之一

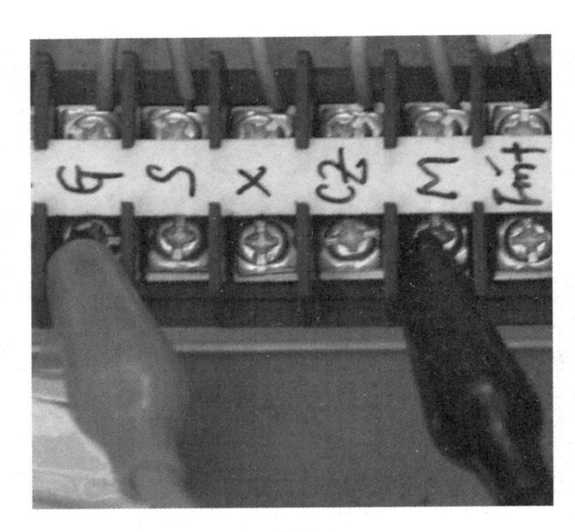

（a）测试点

（b）测试现象

图 3-38　判断发光二极管接法之二

操作步骤 2：测试指层器和运行方向灯的点亮状况。

操作方法：将直流 24V 稳压电源正极端与 M 端子相接，把直流 24V 稳压电源负极端分别与 A、B、C、D、E、F、G 端子相接，观察指层器对应的数字字段是否被点亮；把直流 24V 稳压电源负极端分别与 S、X 端子相接，观察运行方向灯对应的箭头字段是否被点亮，如图 3-39 所示。

相关要求：根据测试现象，确定发光二极管的接法；确认指层器端子的排列顺序和标记；确认运行方向灯端子的排列顺序和标记；给出指层器和运行方向灯的质量鉴定结论。

（a）测试点

（b）测试现象

图 3-39　判断发光二极管接法之三

（2）测试召唤按钮。

操作步骤 1：测试召唤按钮的触点。

操作方法：使用万用表×10Ω 挡位测量，把万用表的红、黑两表笔分别接在召唤按钮的 1、4 端上，揿压召唤按钮，观察万用表的指针偏转情况，读出电阻示数。

操作步骤 2：测试召唤按钮的指示灯。

操作方法：将直流 24V 稳压电源正极端接在召唤按钮的 2 端上，负极端接在召唤按钮的 3 端上，观察指示灯的发光情况；将直流 24V 稳压电源正极端接在召唤按钮的 3 端上，负极端接在召唤按钮的 2 端上，观察指示灯的发光情况。

相关要求：根据测试现象，确认召唤按钮端子的排列顺序；给出召唤按钮的质量鉴定结论。

（3）测试永磁式干簧管（磁开关）。

操作步骤 1：观察磁开关。

操作方法：拆开磁开关的外壳，观察干簧管及磁开关触点结构。

操作步骤 2：测试磁开关的触点。

操作方法：用万用表×10Ω 挡位测量，在隔磁板插入磁开关之前，测量磁开关的常开触点和常闭触点的状态，观察万用表的指针偏转情况，读出电阻示数。在隔磁板插入磁开关之后，再次对上述触点进行测量，观察万用表的指针偏转情况，读出电阻示数，如图 3-40 所示。

相关要求：根据测试现象，确定磁开关的动作条件；给出磁开关的质量鉴定结论。

针对实训现象，探讨工程实际问题

问题：在实际电梯中，指层器和召唤按钮指示灯都需要直流24V电源驱动，如果电梯采用PLC控制方式，因为PLC能提供一组直流24V、0.3A电源输出，如图3-41所示，那么指层器和召唤按钮指示灯能否直接使用PLC的电源作为驱动电源呢？

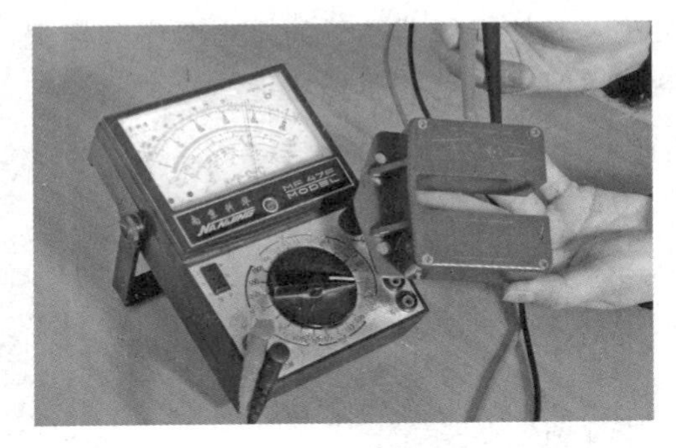

图3-40　测试磁开关

图3-41　PLC的直流24V电源

答案：一般情况下是不可以的。因为如果电梯层站较多，那么指层器和召唤按钮指示灯的使用数量也较多，对应所需要的驱动电流就较大，而PLC的24V直流电源只能提供最大0.3A的电流输出，显然不能满足驱动电流指标要求，所以必须使用24V直流专用电源为其提供驱动电流，如图3-42所示。

图3-42　24V直流专用电源

实训考核方法

该项目采取单人逐项考核方法，教师（或是已经考核优秀的学生）对每个同学都要进行如下5项考核。

（1）能否准确描述操纵箱的外部特征？

（2）能否识别操纵箱端子的排列顺序和标记？

（3）能否准确描述召唤按钮的外部特征？

（4）能否识别召唤按钮的排列顺序？

（5）是否会检查磁开关？

项目4　电梯的电力拖动系统

【知识目标】

（1）了解电梯的电力拖动方式。

（2）了解电梯主驱动速度曲线。

（3）熟悉电梯设备的用电要求及电源主电路。

（4）掌握变频器的组成、工作原理、额定值和频率指标。

【技能目标】

认识变频器的外部结构，能进行功能预置。

在19世纪中期，直流驱动是当时电梯唯一的驱动方式。到了19世纪末期，交流驱动方式在电梯上开始得到应用，从20世纪80年代后期开始，变频器逐步应用于电梯的交流驱动系统，使得交流驱动系统的调速实现了无级化，从而彻底取代了直流驱动。

本项目以电梯的主流驱动方式为学习对象，就电梯对电力拖动系统的要求、交流驱动的特点及应用场合、主驱动速度曲线、电梯的供电等做简要介绍。对大多数用户来说，变频器是作为整体设备使用的，因此，可以不必探究其内部电路的深奥原理，但对变频器有个基本了解还是必要的，把这部分学习重点放在认识变频器上，以能对变频器进行简单操作为学习目标。

4.1　电梯的电力拖动方式

1. 电梯的电力拖动系统

拖动方式分析

电力拖动系统是电梯的动力来源，它驱动电梯部件完成相应的运动。电梯主要有两个运动：轿厢的升降运动和电梯门的开关运动。

（1）轿厢的升降运动。轿厢的升降运动由曳引电动机产生动力，通过曳引机构实现驱动。该运动所需要的驱动功率大，通常在几千瓦到几十千瓦范围内，是电梯的主驱动。

（2）电梯门的开关运动。电梯门的开关运动由开门电动机产生动力，通过开门机构实现驱动，该运动所需要的驱动功率小，通常在200W以下，是电梯的辅助驱动。

（3）电梯对电力拖动系统的要求。该系统应具有足够的驱动力和制动力，能够驱动轿厢、轿门及厅门完成必要的运动和可靠的停止；在运动中有正确的速度控制，有良好的舒适性和平层准确度；动作灵活、反应迅速，在特殊情况下能够迅速制停；系统工作效率高，节省能源；运行平稳、安静，噪声符合国家标准要求；对周围电磁环境低污染；动作可靠，维修量小，寿命长。

2. 电梯的主驱动

电梯主驱动系统主要由 4 部分组成，其系统框图如图 4-1所示。它对电梯的启动加速、稳速运行、制动减速起着重要作用。

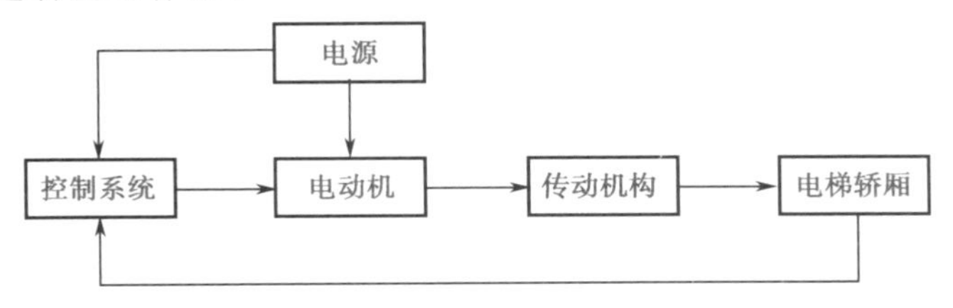

图 4-1 电梯主驱动系统框图

其中，电梯轿厢是电梯主驱动控制的对象；传动机构是电梯的机械传动装置；电动机是驱动电梯的动力设备；控制系统是电梯主驱动的电气控制部分。

任何电梯的运行均有“快、稳、准”的要求，也就是说，乘客总希望很快地到达目的楼层（“快”）；在乘梯过程中要感到舒适平稳而无任何“跳动”或“失重”等不适感（“稳”）；当电梯到达目的楼层时要求停得准确，以避免乘客出入轿厢时发生摔跤等意外事故（“准”）。这三个指标均要达到的话，在以往的交流电梯主驱动系统中是很难做到的。变频变压主驱动系统可以在电梯的启动加速、稳速运行和减速制动三个阶段，对曳引电动机进行速度自动调节控制，从而满足电梯运行“快、稳、准”的要求。

变频变压主驱动系统原理图如图 4-2 所示。变频器的输入端（R、S、T）接至频率固定的三相交流电源上，输出端（U、V、W）输出频率在一定范围内连续可调的三相交流电，接至曳引电动机上。在这个系统中，曳引电动机的启动、加速、减速及停止等运行状态完全受变频器控制。

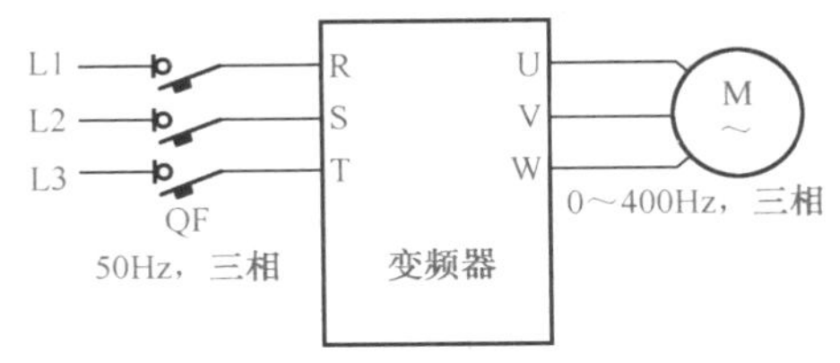

图 4-2 变频变压主驱动系统原理图

4.2 电梯主驱动速度曲线

电梯的速度曲线

科学实验和生活经历表明，人体对垂直升降速度的变化相比水平运动要敏感得多。电梯主驱动速度曲线的陡坡、斜率、拐弯，即启动与制动阶段的加、减速度及其变化率对人体的生理冲击和震撼最大。因此，理想的主驱动速度曲线最终归结为对启动与制动阶段的控制，使在追求效率的前提下注重舒适、在讲究舒适的基础上提高效率的对立统一模式达到最佳的融合与和谐。

1. 对电梯的快速性要求

电梯作为一种交通工具，对于快速性的要求是必不可少的。快速可以节省时间，这对于处在快节奏的现代社会中的乘客是很重要的。快速性主要通过以下方法实现。

（1）提高电梯额定速度。提高电梯额定速度，缩短运行时间，从而达到为乘客节省时间的目的。目前，电梯额定速度最高可达 14m/s。

在提高电梯额定速度的同时，应采取保证安全性和可靠性的措施。此外，梯速提高，造价也随之提高。

（2）集中布置多台电梯。通过增加电梯台数来节省乘客候梯时间，这种方法不是直接提高梯速，但是为乘客节省时间的效果是一样的。电梯台数的增加不是无限制的，通常认为使乘客的平均候梯时间少于 30s 即可。

（3）尽可能减少电梯启、停过程中的加、减速时间。电梯是一种频繁启动、制动的设备，它的加、减速所用时间往往占运行时间的很大比重，电梯单层运行时，几乎完全在加、减速运行中，如果加、减速阶段所用时间缩短，便可以为乘客节省时间。

在GB/T 10058—1997《电梯技术条件》中规定了电梯平均加、减速度应不小于 $0.5m/s^2$。

在上述三种方法中，前两种方法需要增加设备投资，第三种方法通常不需要增加设备投资，因此在电梯设计时，应尽量减少启动、制动时间，但是启动、制动时间缩短意味着加、减速度的增大，而加、减速度的过分增大和不合理的变化将造成乘客的不适感，因此，对电梯又提出了舒适性的要求。

2. 对电梯的舒适性要求

（1）由加速度引起的不适。人在加速上升或减速下降时，加速度引起的惯性叠加到重力之上，使人产生超重感，各器官承受更大的重力；而在加速下降或减速上升时，加速度产生的惯性力抵消了部分重力，使人产生上浮感，感到内脏不适，头晕目眩。

考虑到人体生理上对加、减速度的承受能力，GB/T 10058—1997《电梯技术条件》中规定：电梯的启动、制动应平稳、迅速，加、减速度应不大于 $1.5m/s^2$。

（2）由加速度变化率引起的不适。实验证明，人体不但对加速度敏感，对加加速度（或称加速度变化率）也很敏感。若用 α 来表示加速度，用 ρ 来表示加加速度，则当加加速度 ρ 加大时，人的大脑感到晕眩、痛苦，其影响比加速度 α 还严重。通常称加加速度为生理系数，在电梯行业一般限制生理系数 ρ 不超过 $1.3m/s^3$。

3. 电梯的速度曲线

为了满足舒适感、运输效率及正确平层的要求，电梯的速度曲线是一个关键环节。人们对于速度变化的敏感度主要是加速度的变化率，舒适感就意味着要平滑地加速和减速。

电梯理想的运行速度曲线主要由启动加速、稳定匀速、制动减速三个阶段组成，如图 4-3 所示。当轿厢静止或匀速升降时，轿厢的加速度、加加速度都是零，乘客不会感到不适；而在轿厢启动加速过程中，或制动减速过程中，既要考虑快速性的要求，又要兼顾舒适感的要求，也就是说，在加、减速过程中，既不能过猛，也不能过慢：过猛时，快速性变好了，而舒适性变差；过慢时，舒适性变好了，而快速性却变差。因此，有必要设计电梯运行的速度曲线，让轿厢按照这样的速度曲线运行，既能满足快速性的要求，也能满足舒适性的要求，科学、合理地解决快速性与舒适性的矛盾。图 4-3 中曲线 $ABCD$ 就是这样的速度曲线。其中，$AEFB$ 段是由静止启动到匀速运行的加速段速度曲线；BC 段是匀速运行段，其梯速为额定梯速；$CF'E'D$ 段是由匀速运行制动到静止的减速段速度曲线，通常是一条与启动段对称的曲线。

加速段速度曲线 $AEFB$ 的 AE 段是一条抛物线，EF 段是一条在 E 点与抛物线 AE 相切的直线，而 FB 段则是一条反抛物线，它与 AE 段抛物线以 EF 段直线的中点相对称。设计电梯的速度曲线，主要就是设计启动加速段 $AEFB$ 段曲线，而 $CF'E'D$ 曲线与 $AEFB$ 段镜像对称，很容易由 $AEFB$ 段的数据推出，BC 段为恒速段，其速度为额定速度，无须计算。

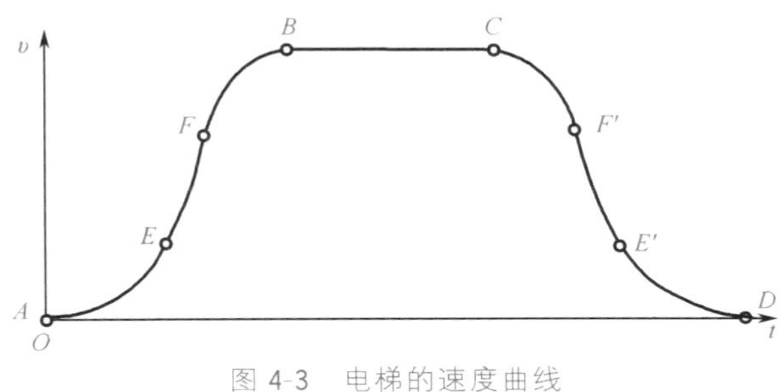

图 4-3　电梯的速度曲线

4.3　电梯的供电

电梯的供电

电梯应从产权单位指定的电源接电，使用专用的电源配电箱，配电箱应能上锁。配电箱内的开关、保险、电缆等应与所带负荷相匹配。

1. 电梯的用电要求

（1）动力电源。电梯的曳引机及其控制系统需要使用动力电源，一般采用交流 380V 供电，其电压波动应在额定电压值 ±7% 的范围内。

电源进入机房后通过各熔断器或总电源开关再分接到各台电梯的主电源上。对于主电源开关的要求有：主电源开关应安装在机房的入口处，易识别，容量适当，高度符合要求；具有稳定的分断和闭合位置，能切断电梯正常使用情况下的最大电流；在分断位置应能挂锁或其他等效装置锁止，以防误操作；在分断位置不应切断照明、通风、插座及报警电路。

（2）照明电源。机房、轿顶、轿厢和井道需要照明电源。机房照明可由配电室直接提供；轿厢照明可由相应的主开关进线侧获得，并应设开关进行控制；轿顶照明可采用直接供电或安全电压供电；井道照明应设置永久性电气照明装置，在机房和底坑设置井道灯控制开关。在井道最高和最低处 0.5m 内各设一灯，中间灯的设置间隔不超过 7m；井道作业照明线路应使用 36V 以下的安全电压。

（3）电梯线缆敷设要求。电梯线缆要使用金属或软管保护，要具备相应的强度，且有阻燃特性；导线弯角受力处应垫绝缘垫加以保护，垂直敷设应可靠固定；电线保护外皮应完整进入开关和设备的壳体内。

（4）电气安全性要求。动力电路和电气安全装置的绝缘电阻不小于 0.5MΩ；其他电路（控制、照明、信号等）的绝缘电阻不小于 0.25MΩ。

2. 电源主电路

电源主电路如图 4-4 所示。

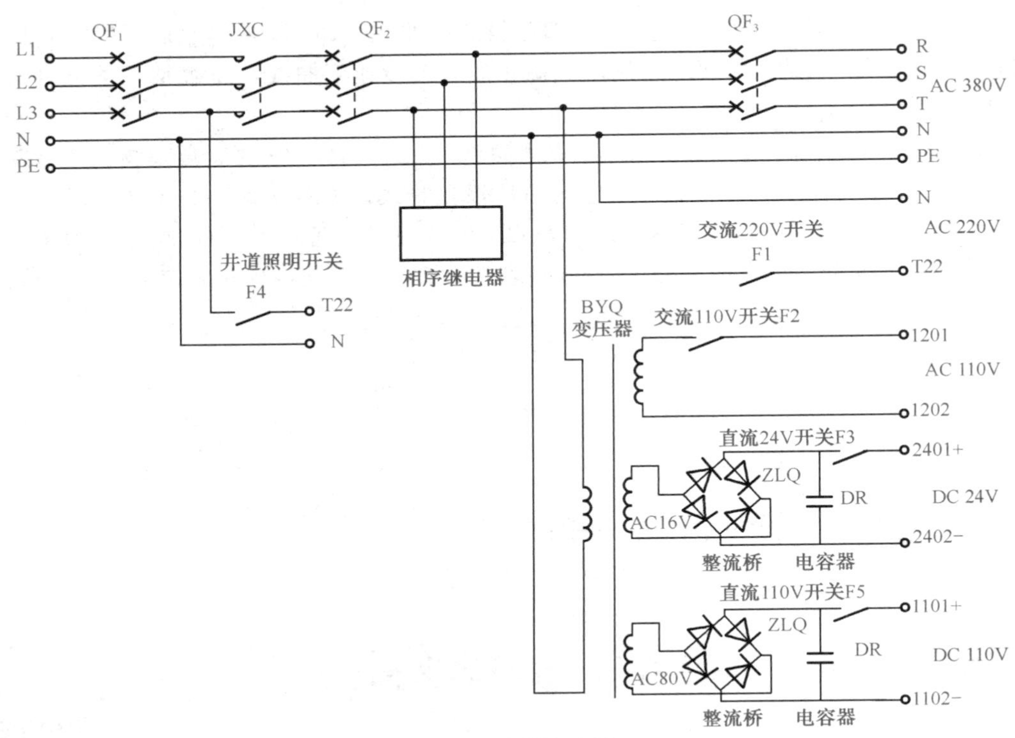

图 4-4 电源主电路

电梯供电采用三相五线制供电系统（即 TN－S 系统）。接地线和零线应始终分开，电梯设备中外露的金属外壳均应可靠接地。

交流 380V 作为电梯动力电源，为电梯曳引电动机及其控制系统供电；交流 220V 作为井道照明、PLC 工作和 PLC 输出的驱动电源；直流 24V 作为 PLC 输入的驱动电源和输出信号灯驱动电源。

QF_1 为电梯供电电源开关（即建筑物电源开关）。

QF_2 为电梯主开关（即控制柜中的电源开关）。QF_2 的操作不应切断下列电路：轿顶照明或通风，报警装置，机房、底坑、滑轮、井道照明及轿顶电源插座。

QF_3 为交流 380V 电源开关（R、S、T）。

F1 为交流 220V 电源开关（T22、N）；F2 为交流 110V 电源开关（1201、1202）；F3 为直流 24V 电源开关（2401＋、2402－）；F4 为井道照明电源开关（T22、N）；F5 为直流 110V 电源开关（1101＋、1102－）。

4.4 变 频 器

变频器的结构介绍

变频器是利用电力半导体器件的通断作用，将工频电源变换为另一频率电源的电能控制装置。电梯作为变频器的典型应用领域，引领电梯驱动技术向交流无级化方向发展。

三菱公司是日本研发和生产变频器最早的企业之一，其产品规格齐全、使用简单、调试容易、可靠性高，因此，三菱品牌的变频器在电梯行业中占有很大的市场份额，其中，三菱FR-700系列变频器是主力机型，其整体性能已经接近交流伺服驱动。

本书以三菱FR-A740变频器为目标机型，详细介绍三菱FR-A740变频器的相关内容。

1. 变频器的结构

（1）外形结构。三菱FR-A700系列变频器的外形采用半封闭式结构，从外观上看，它主要由操作单元、护盖、器身和底座组成，如图4-5所示。

图4-5　三菱FR-A700系列变频器的结构

（2）接口结构。三菱FR-A740变频器的外部接口如图4-6所示，它主要由主电路端子、控制电路端子和通信接口组成。

① 主电路端子。如图4-7（a）所示，变频器的输入端（R、S、T）接至频率固定的三相交流电源，输出端（U、V、W）输出频率在一定范围内连续可调的三相交流电，接至电动机。变频器与电源、电动机的实际连接如图4-7（b）所示。三菱FR-A740变频器的主电路端子如图4-8所示。

案例剖析

案情：变频器因接线问题“炸机”。

问题描述：广东东莞某胶带厂用户反映使用一台TD1000—4T0015G变频器，在使用一段时间后，运行时突然“炸机”；协调深圳一代理商做联保处理，更换备机一台，在运行了10小时后变频器又“炸机”。

问题处理：现场检查发现变频器的电源输入侧交流接触器有一相螺钉松动，拆下后发现螺钉都已受热变色，与之连接的变频器输入电源线接头烧断，且所有电源线无接线“鼻子”（压接端子）；测量发现变频器内部模块整流桥部分参与工作的两相二极管上下桥臂均开路。更换变频器外部输入电源线及接触器螺钉，重新紧固输入进线端的所有接点，再次更换变频器备机一台后恢复正常。

案例分析：由于接触器螺钉松动导致变频器只有两相输入，即变频器的三相整流桥仅两相工作，在正常负载情况下，参与工作的四个整流二极管上的电流比正常时的大70%多，整流桥因过电流导致几小时后PN结温度过高而损坏。建议用户使用变频器时一定要注意接线规范并定期维护，代理商去现场处理问题时也应仔细检查相关电路、找出故障原因，不要只管换变频器。

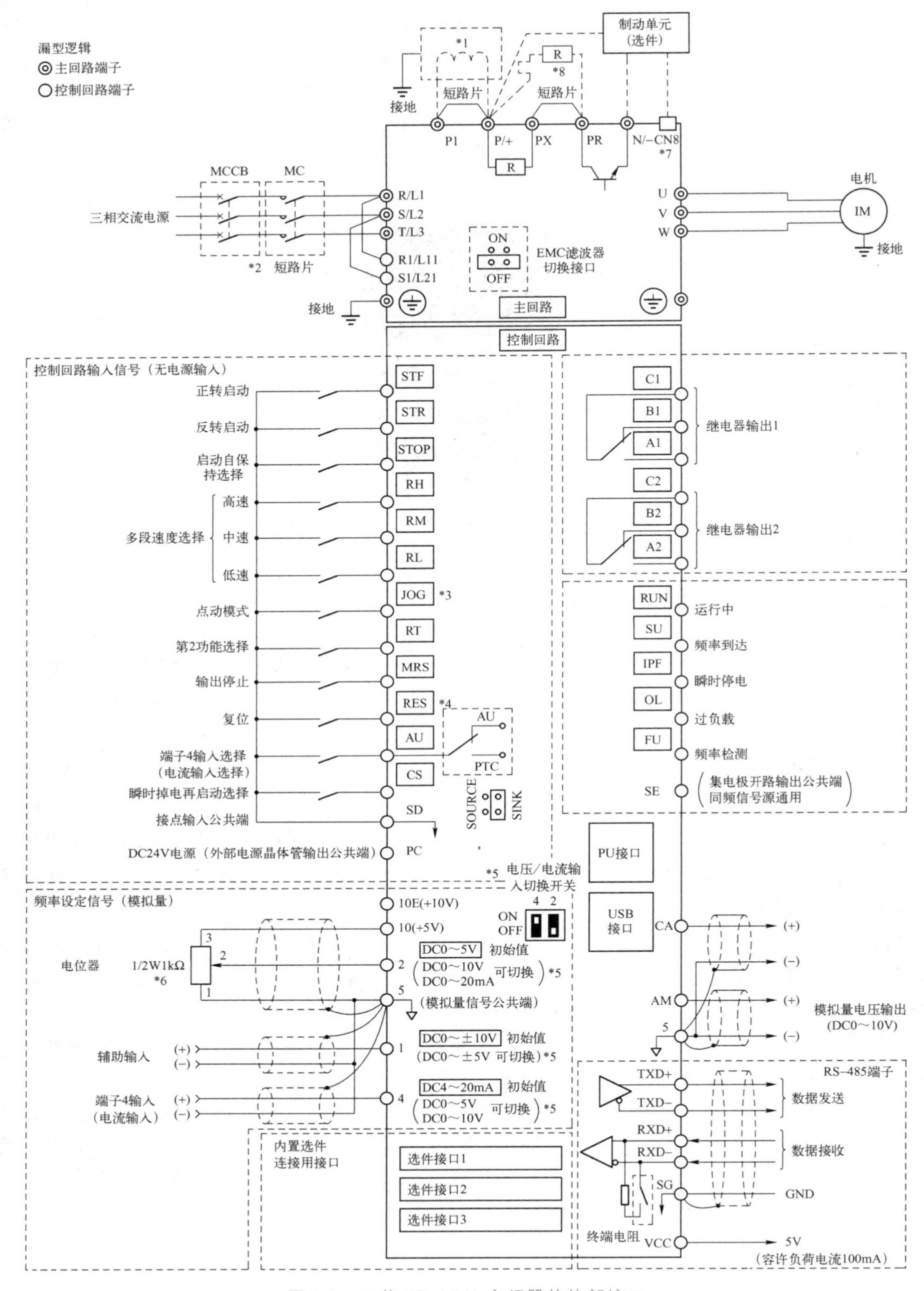

图 4-6　三菱 FR-A740 变频器的外部接口

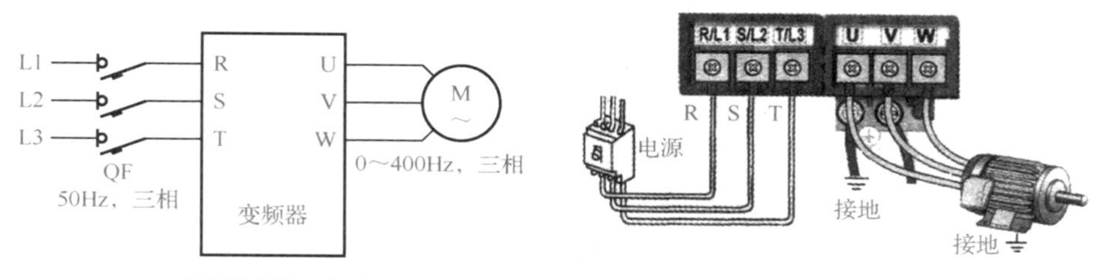

（a）变频器连接示意图　　（b）变频器连接实物图

图 4-7　变频器的连接

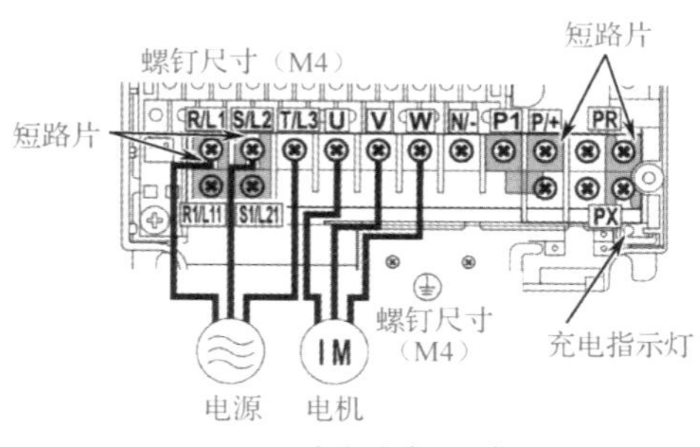

（a）主电路端子示意图

（b）主电路端子实物图

图 4-8　三菱 FR-A740 变频器的主电路端子

工程经验

变频器是生产线中最容易损坏的部件之一，电气人员除了对其做好日常保养，还要弄清楚是否有变频器的代理商、维修商，改用其他变频器是否方便，如何接线及调整参数。

② 控制电路端子。三菱 FR-A740 变频器的控制端子如图 4-9 所示，变频器的控制端子分为 3 部分，分别是输入信号端子、输出信号端子和 RS-485 通信端子。

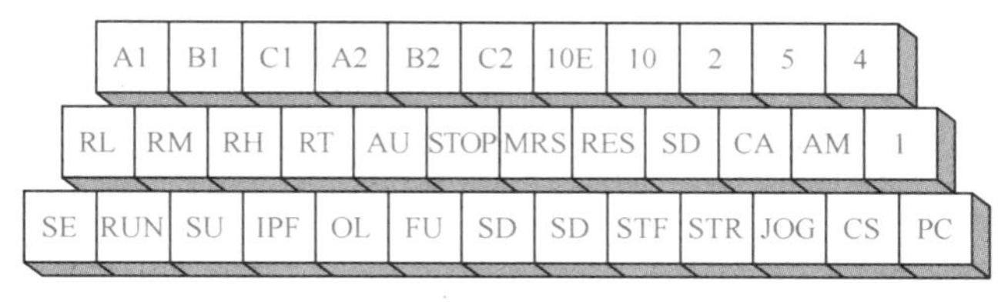

（a）控制端子示意图

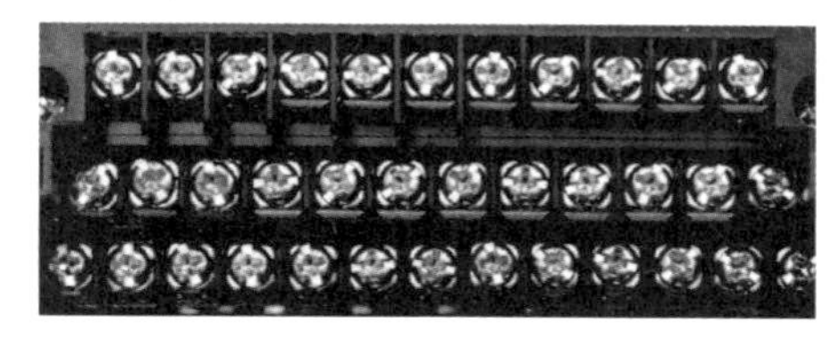

（b）控制端子实物图

图 4-9　三菱 FR-A740 变频器的控制电路端子

工程经验

在维修更换变频器时，为了提高工作效率、减少人为停机时间，可以保持控制电路连线不动，将原变频器控制电路的端子板拆下，直接替换到新变频器上。

③ 操作面板。三菱 FR-A740 变频器的操作面板如图 4-10 所示。它分为数据显示、状态指示和操作按键三个区域。数据显示区用于显示功能参数、频率、电压、电流等信息；状态指示区用于指示变频器的工作状态；操作按键区用于进行面板操作控制。

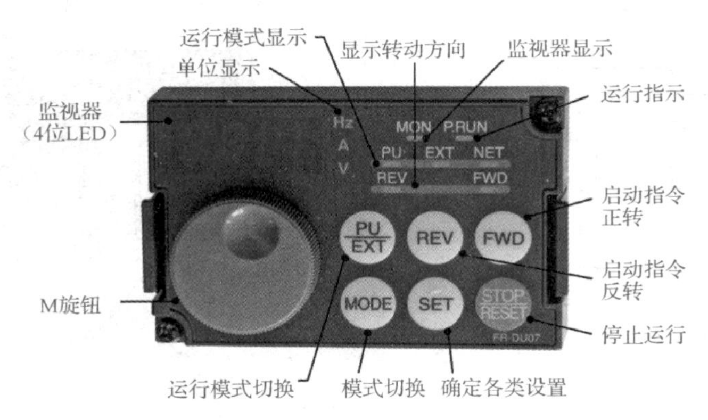

图 4-10　三菱 FR-A740 变频器的操作面板

2. 额定值和频率指标

（1）输入侧的额定值。变频器输入侧的额定值主要是指输入侧交流电源的相数和电压参数。在我国中小容量变频器中，输入电压的额定值有以下几种（均为线电压）。

① 380V/（50Hz～60Hz），三相：主要用于绝大多数设备中。

② 230V/50Hz，两相：主要用于某些进口设备中。

③ 230V/50Hz，单相：主要用于民用小容量设备中。

此外，对变频器输入侧电源电压的频率也都做了规定，通常都是工频 50Hz。

（2）输出侧的额定值。

① 额定输出电压。由于变频器在变频的同时也要变压，所以输出电压的额定值是指变频器输出电压中的最大值。在大多数情况下，它就是输出频率等于电动机额定频率时的输出电压值。

② 额定输出电流。指变频器允许长时间输出的最大电流，它是用户在选择变频器时的主要依据。

③ 额定输出容量。指变频器在正常工况下的最大容量，一般用 kVA 表示。

④ 配用电动机容量。变频器规定的配用电动机容量适用于长期连续负载运行。

⑤ 过载能力。指变频器输出电流超过额定电流的允许范围和时间，大多数变频器都规定为 1.5 倍额定电流、60s 或 1.8 倍额定电流、0.5s。

（3）频率指标。

① 频率范围：变频器输出的最高频率和最低频率。

② 频率精度：变频器输出频率的准确度。

③ 频率分辨率：变频器输出频率的最小改变量，即每相邻两挡频率之间的最小差值。

现场讨论

变频器输出的频率是有极差的，通常取值为 0.015～0.5Hz。在某些场合，级差的大小对被控对象影响较大，如造纸厂的纸张连续卷取控制，如果分辨率为 0.5Hz，4 极电机 1 个级差对应电动机的转速差就高达 15rpm，结果使纸张卷取时张力不匀，容易造成纸张卷取“断头”现象。如果分辨率为 0.01Hz，4 极电机 1 个级差对应电动机的转速差仅为 0.3rpm，显然这样极小的转速差不会影响卷取工艺要求。

3. 变频器的组成

变频器的组成框图如图 4-11 所示，其主电路原理图如图 4-12 所示。当固定频率、固定电压的交流电源接入变频器后，先由变频器的整流电路将交流电变换成直流电，然后再通过逆变电路，按照一定的规律控制六个逆变管的导通与截止，再把直流电逆变成交流电。逆变后的电流频率可以在上述导通规律不变的前提下，通过改变控制信号的变化周期来进行调节。在每个周期中，逆变桥中各逆变管的导通时间如图 4-13 中阴影部分所示。

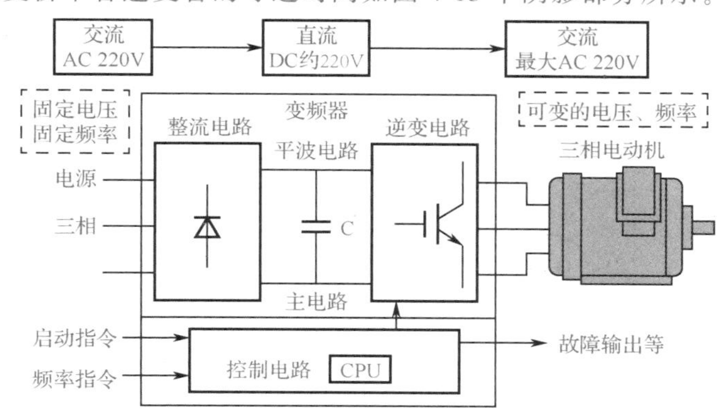

图 4-11 变频器的组成框图

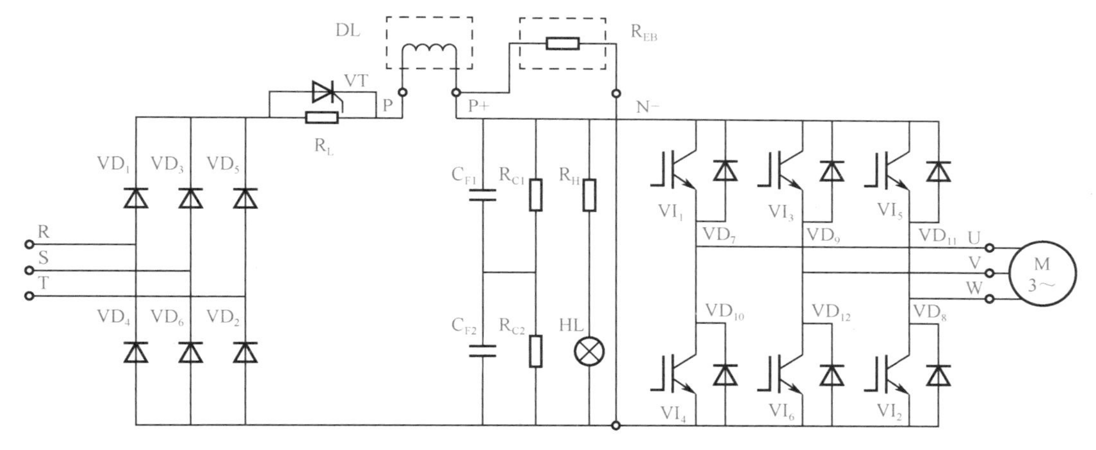

图 4-12 变频器主电路原理图

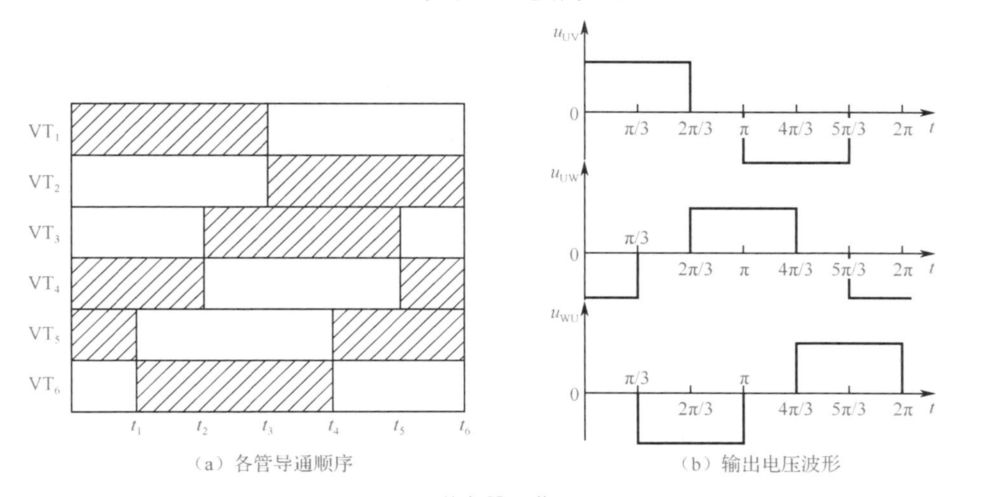

图 4-13 逆变器工作原理图

4. 变频器的工作原理

由《电机学》可知，变频驱动必须同时改变定子的电压和频率，要使变频器在频率变化的同时，电压也随之变化，并且维持 U_1/f_1 = 常数，技术上可采用脉宽调制方法。脉宽调制是按一定规律改变脉冲列的脉冲宽度，以调节输出量和波形的一种调制方式。它的指导思想是将输出电压分解成很多的脉冲，调频时控制脉冲的宽度和脉冲间隔时间就可以控制输出电压的幅值，其输出波形如图 4-14 所示。

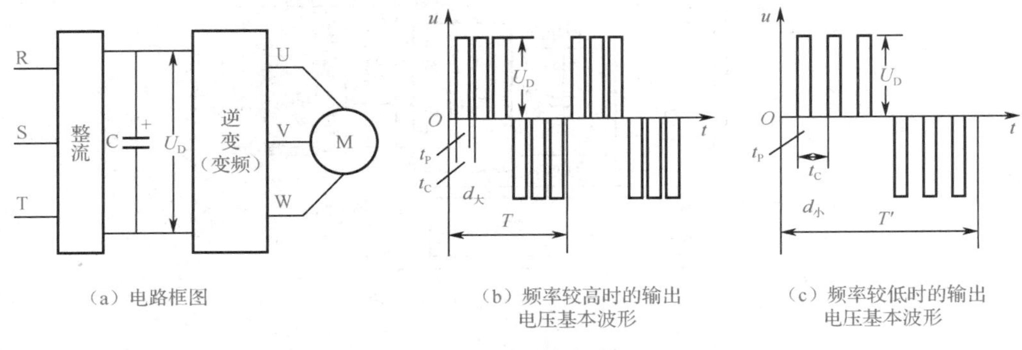

图 4-14 脉宽调制

在图 4-15（a）中，将一个正弦半波分成 n 等份，每一份可以看作是一个脉冲，很显然这些脉冲宽度相等，幅值不等，各脉冲幅值按正弦规律变化。若把上述脉冲系列用同样数量的等幅不等宽的矩形脉冲序列代替，并使矩形脉冲的中点和相应正弦等分脉冲的中点重合，且使二者的面积相等，就可以得到图 4-15（b）所示的脉宽调制波形。由此可以看出，各脉冲的宽度是按正弦规律变化的，根据面积相等、效果相同的原理，脉宽调制波形和正弦半波是等效的。

形成脉宽调制波形最基本的方法是利用三角形调制波和控制波比较。控制系统通过比较电路将调制三角波与各相的控制波进行比较，变换为逻辑电平，并通过驱动电路使功率器件交替导通和关断，则变频器输出各相电压波形，如图 4-16 所示。

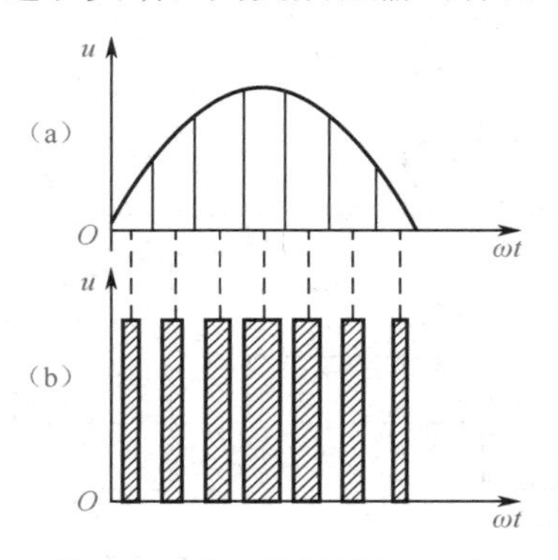

图 4-15 脉宽调制原理示意图

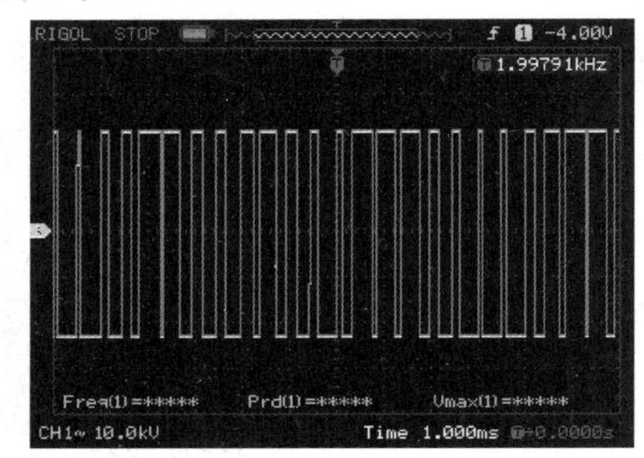

图 4-16 变频器输出各相电压波形

5. 变频器的功能参数预置

为了充分发挥变频器的作用，不仅需要了解其功能，还要在其投入正常运行前，对其各种功能参数进行预置，这样才能使驱动系统的性能指标满足生产机械的要求。

（1）功能码与数据码。功能码指的是变频器的功能编码，而在功能码中所设定的数据就是数据码。在三菱变频器中，功能码改称功能参数，数据码改称参数值。尽管各种变频器的功能设定方法大同小异，但在功能编码方面，它们之间的差异却是很大的。

（2）变频器的功能预置。变频器有多种供用户选择的功能，在和具体的生产机械配用时，需根据该机械的特性与要求，预先进行一系列的功能设定（如基准频率、上限频率、加速时间等），这称为功能预置设定，简称预置。预置一般通过手动操作完成，尽管各种变频器的功能各不相同，但功能预置的步骤十分相似，预置过程框图如图 4-17 所示。

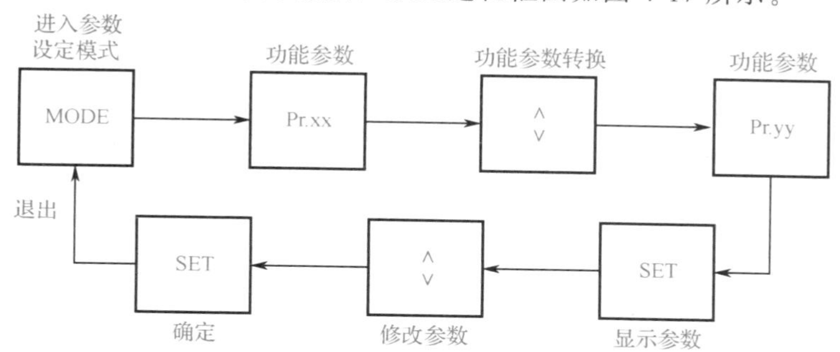

图 4-17　功能预置过程框图

预置举例

以设置操作单元锁定为例，其操作流程如图 4-18 所示。

① 查功能参数表，查找需要预置的功能参数。

对照三菱 FR-A700 使用手册上的功能参数表查找，确定对应的功能参数为 Pr. 161。

② 在 PU 模式下，读出该功能参数中的原设定值。

待机状态→点动按压【MODE】键→进入编程模式，屏显“Pr. 0”→连续右旋 M 旋钮→屏显“Pr. 161”→点动按压【SET】键→屏显“0”（初始值）。

③ 修改设定值，写入新数据。

连续右旋 M 旋钮→屏显“10”（设定值）→点动按压【SET】键，确定设定值功能参数 Pr. 161 与新设定值交替闪烁→点动按压【MODE】键→退出编程模式→设置完成。

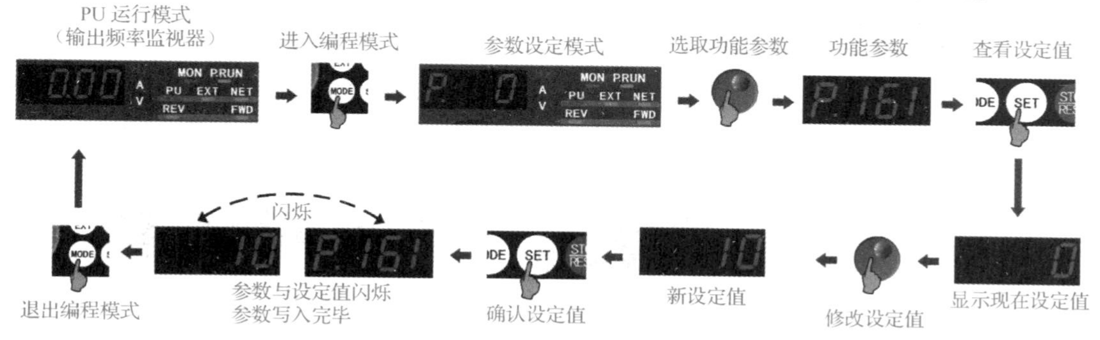

图 4-18　锁定设置操作

6. 变频器的运行模式和监视模式

变频器默认的运行模式是外部控制，当系统接通电源后，变频器会自动进入外部控制运行状态，即 EXT 指示灯亮。通过操作【PU/EXT】键可以切换变频器的运行模式，使变频器的运行模式在外部控制、PU 控制、点动控制（JOG）三者之间转换，如图 4-19 所示。

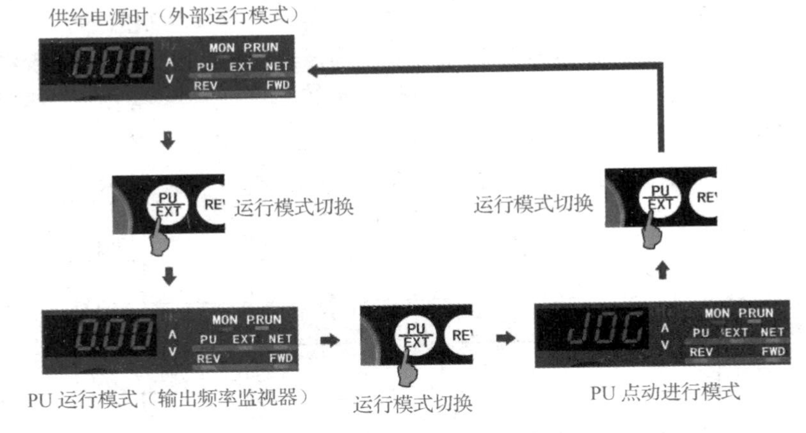

图 4-19　运行模式的转换操作流程

变频器的监视模式用于显示变频器运行时的频率、电流、电压和报警信息，使用户了解变频器的实时工作状态。变频器的监视模式有三种选择，分别是频率监视、电流监视和电压监视，如图 4-20 所示。

图 4-20　监视模式

变频器默认的监视模式是频率监视，当系统接通电源后，变频器会自动进入频率监视状态，即 Hz 指示灯亮起。在监视模式下，按【SET】键可以循环显示输出频率、输出电流和输出电压，如图 4-21 所示。

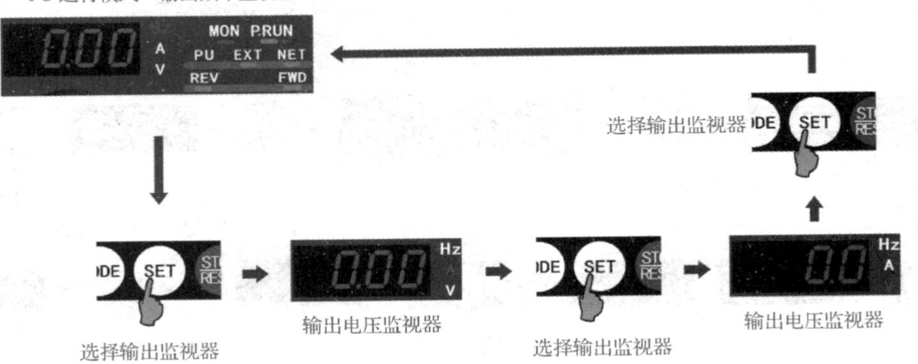

图 4-21　监视模式的转换操作

项目实训4　变频器操作训练

实训目标

（1）认识变频器的外部结构。

（2）掌握变频器的接线及使用注意事项。

（3）掌握变频器的操作方法。

实训器材

（1）变频器，型号为三菱 FR-A740-0.75K-CHT 变频器，每组1台。

（2）三相异步电动机，型号为 A05024，功率为60W，每组1台。

（3）维修电工常用工具，每组1套。

（4）对称三相交流电源，线电压为380V，每组1个。

现场安全教育

由于教学采用理实一体方式，学习情境就是实训现场，所以针对变频器操作，特别提醒注意以下事项。

（1）上电前注意事项。输入必须接 R、S、T 端子，输出必须接 U、V、W 端子；变频器必须接地；端子和导线的连接应牢靠。

相关要求：反复核对输入、输出端子，并予以确认；检查接地端子是否压接；检查端子的压接状态。

（2）断电后注意事项。变频器通电后如果需要改接线，应关断电源，待充电指示灯熄灭后再操作。

相关要求：观察充电指示灯状态。

实训步骤

题目1：变频器的拆装操作

（1）操作单元的拆卸与安装。

操作步骤1：拆卸操作单元。

操作要求：松开操作单元上的两处固定螺钉（螺钉不能拆下），如图4-22所示；按住操作单元两侧的插销，把操作单元往前拉出后卸下，如图4-23所示。

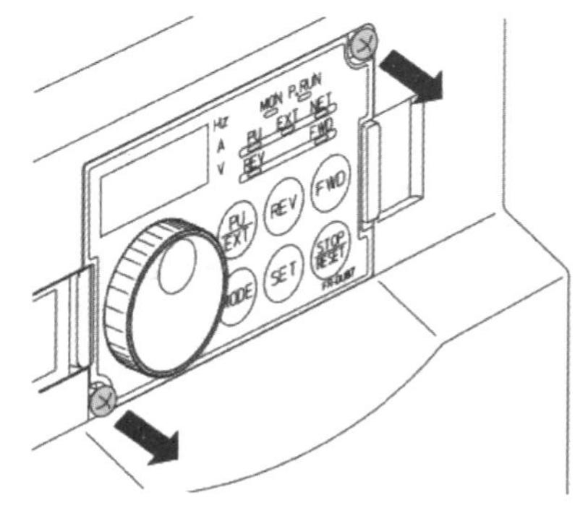

（a）松脱螺钉示意图

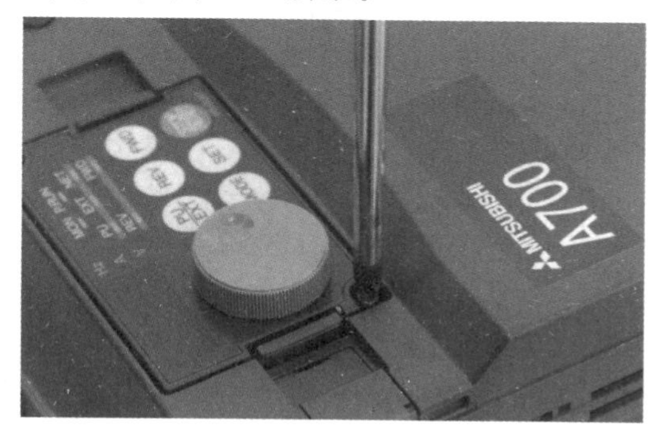

（b）松脱螺钉现场图

图4-22　松脱操作单元螺钉

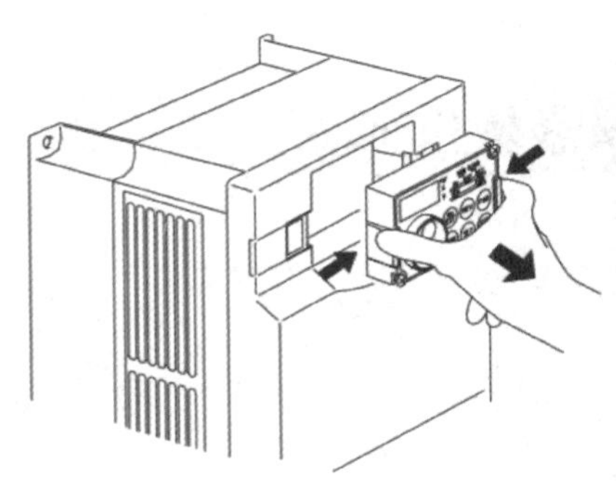

（a）拉出操作单元示意图

（b）拉出操作单元现场图

图 4-23　拉出操作单元

操作步骤 2：安装操作单元。

操作要求：将操作单元笔直地插入并安装牢靠，旋紧螺钉即可。

（2）前盖板的拆卸与安装。

操作步骤 1：拆卸前盖板。

操作要求：旋松安装前盖板用的螺钉，如图 4-24 所示；一边按住前盖板上的安装卡爪，一边以左边的固定卡爪为支点向前拉取下前盖板，如图 4-25 所示。

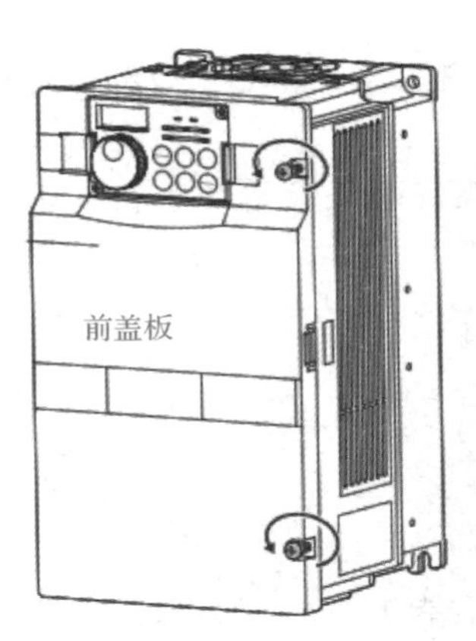

（a）松脱螺钉示意图

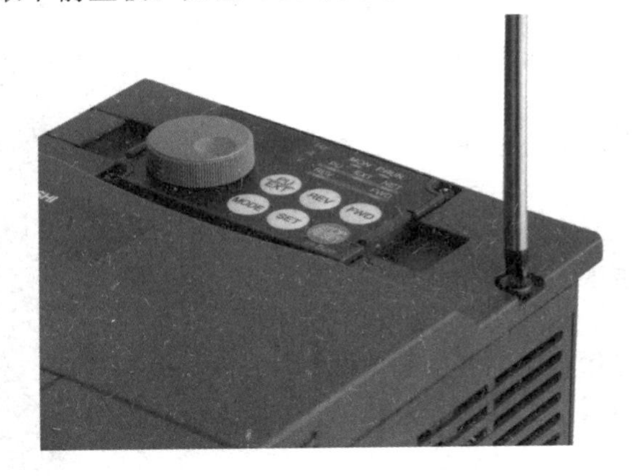

（b）松脱螺钉现场图

图 4-24　松脱前盖板紧固螺钉

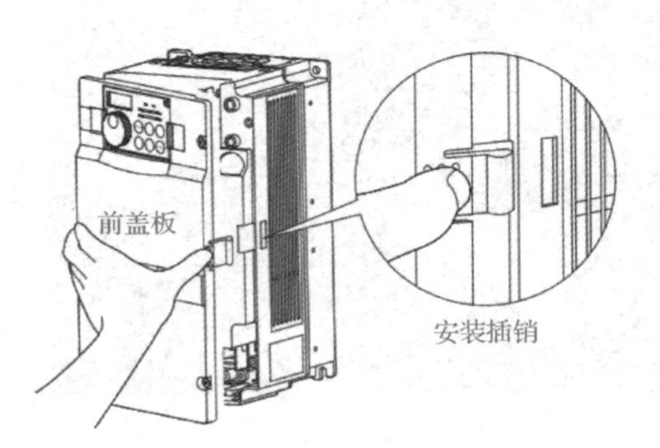

（a）拉取下前盖板示意图

（b）拉取下前盖板现场图

图 4-25　拉取下前盖板

操作步骤 2：安装前盖板。

操作要求：将前盖板左侧的两处固定卡爪插入机体的接口，如图 4-26 所示；以固定卡爪部分为支点将前盖板压进机体，如图 4-27 所示；拧紧安装螺钉，如图 4-28 所示。

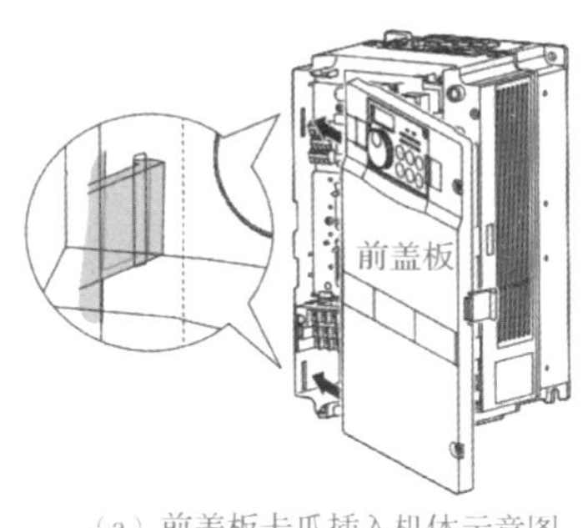

（a）前盖板卡爪插入机体示意图

（b）前盖板卡扑插入机体现场图

图 4-26　前盖板卡爪插入机体

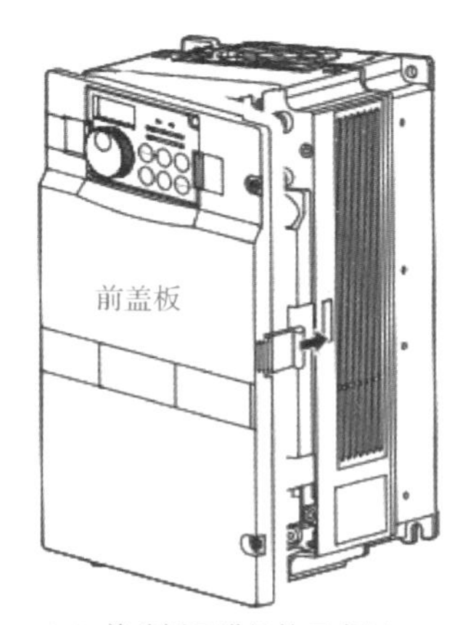

（a）前盖板压进机体示意图

（b）前盖板压进机体现场图

图 4-27　前盖板压进机体

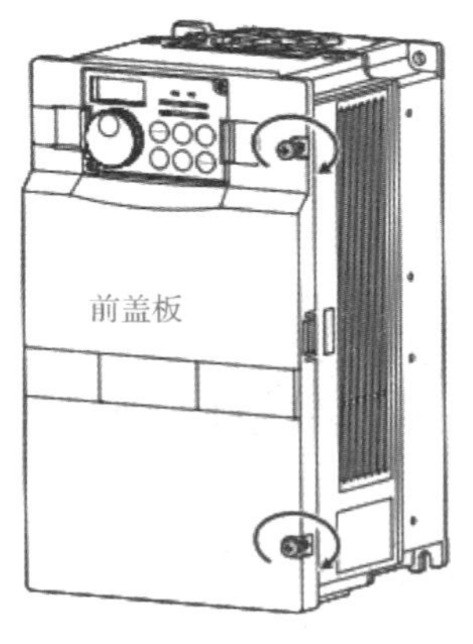

（a）拧紧螺钉示意图

（b）拧紧螺钉现场图

图 4-28　拧紧前盖板安装螺钉

（3）变频器外部端子的识别。

操作步骤：掀开配线盖板。

操作要求：配线盖板如图 4-29 所示，对照《FR-A740 使用手册》和配线盖板，识别每个端子的符号标记；分别画出主、控端子排列图。

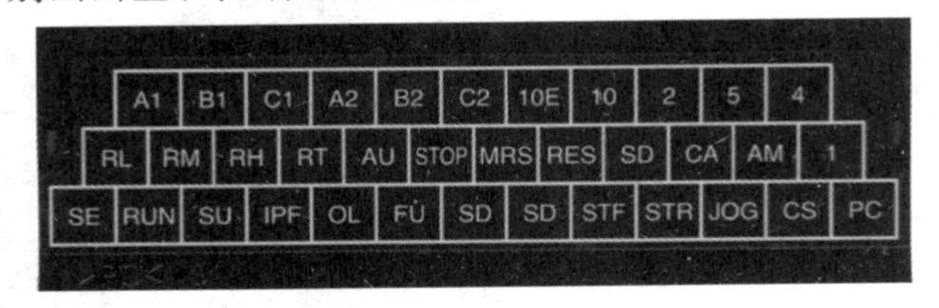

图 4-29　配线盖板

【小知识】　配线盖板设置在控制电路端子排的上方，如图 4-30 所示。它有两个用途，当掀开盖板时，控制端子的排列图能够清晰可见，如图 4-29 所示，为接线和查线带来了方便；当合上盖板时，盖板紧密贴合在端子排上，又为端子防尘、防水提供了有效保护。

图 4-30　配线盖板与端子排

（4）更换控制电路端子板。

操作步骤 1：拆卸控制电路端子板。

操作要求：松开控制电路端子板底部的两个安装螺钉（螺钉不能被卸下），如图 4-31 所示；用双手把端子板从控制电路端子板背面拉下，注意不要把控制电路上的跳线插针弄弯，如图 4-32 所示。

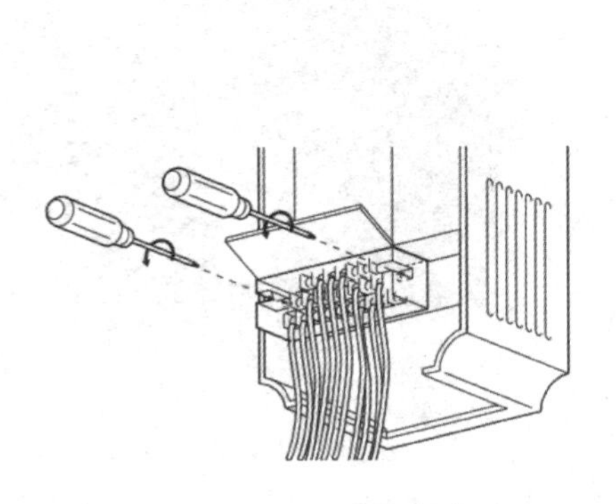

（a）松开螺钉示意图

（b）松开螺钉现场图

图 4-31　松开端子板底部安装螺钉

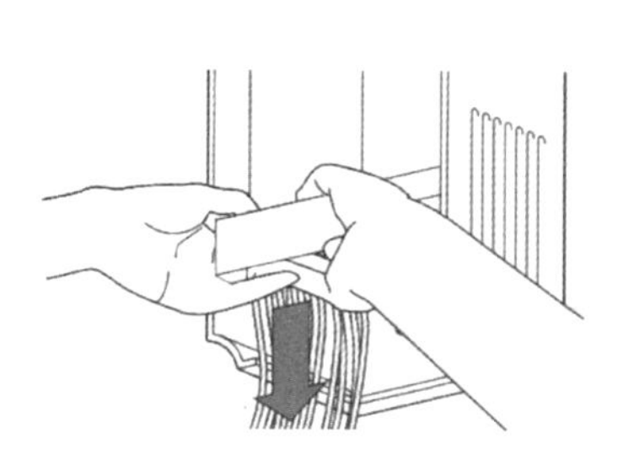

（a）拉下端子板示意图

（b）拉下端子板现场图

图 4-32 拉下控制电路端子板

操作步骤 2：安装控制电路端子板。

操作要求：将控制电路端子板重新安装上，如图 4-33 所示；拧紧端子板底部的两个安装螺钉，如图 4-34 所示。

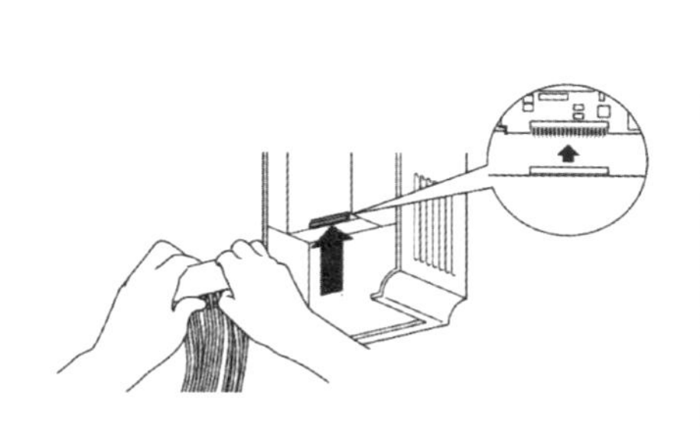

（a）安装端子板示意图

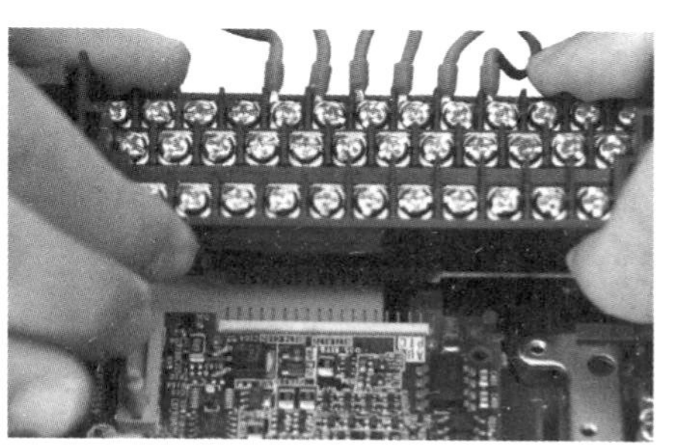

（b）安装端子板现场图

图 4-33 重新安装端子板

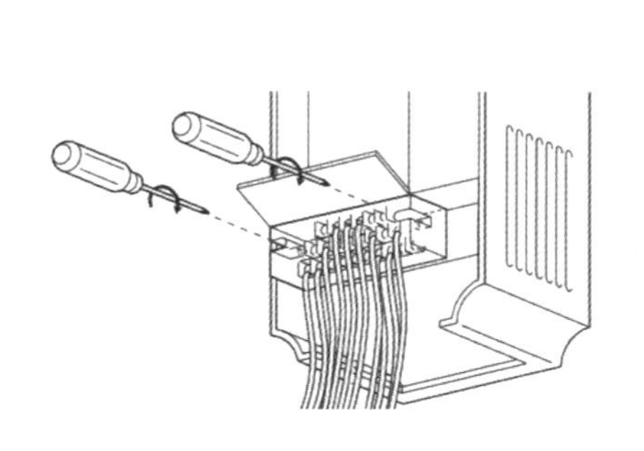

（a）拧紧螺钉示意图

（b）拧紧螺钉现场图

图 4-34 拧紧端子板安装螺钉

题目 2：变频器功能预置

假设变频器处于待机状态，当前工作模式为 PU 控制、频率监视。利用操作面板将变频器上限频率的设定值由 120Hz 变更为 50Hz，其操作流程如图 4-35 所示。

第一步：进入编程模式。

操作过程：点动按压【MODE】键，进入编程模式。

观察项目：观察显示器上显示的字符。

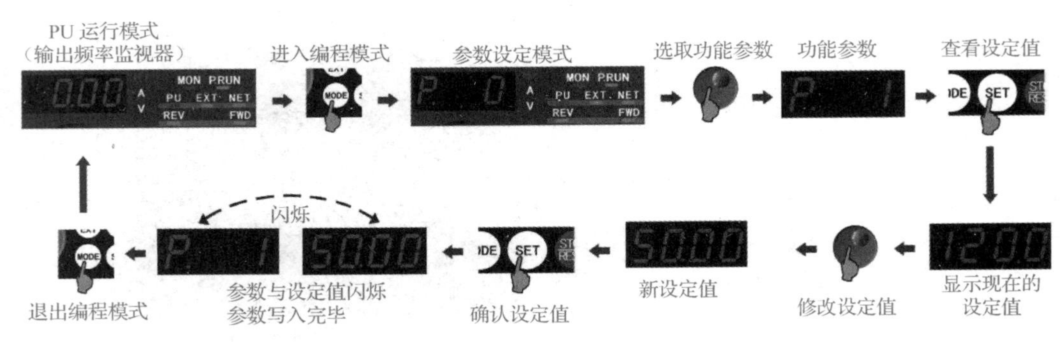

图 4-35　上限频率变更操作

现场状况：显示器上显示的字符为“P. ××”。

第二步：选择功能参数。

操作过程：旋转 M 旋钮，选取功能参数 Pr. 1。

观察项目：观察显示器上显示的字符。

现场状况：显示器上显示的字符为“P. 1”。

第三步：查看设定值。

操作过程：点动按压【SET】键，查看设定值。

观察项目：观察显示器上显示的字符。

现场状况：显示器上显示的字符为“120. 0”。

第四步：修改设定值。

操作过程：左旋 M 旋钮，将设定值修改为 50。

观察项目：观察显示器上显示的字符。

现场状况：显示器上显示的字符为“50. 00”。

第五步：确认设定值。

操作过程：点动按压【SET】键。

观察项目：观察显示器上显示的字符。

现场状况：显示器上显示的字符在“P. 1”和“50. 00”之间转换闪烁。

第六步：退出编程模式。

操作过程：点动按压【MODE】键。

观察项目：观察显示器上显示的字符。

现场状况：显示器上显示的字符为“0. 00”。

题目 3：变频器的运行操作

（1）选择运行模式操作。

第一步：选择 PU 控制。

操作过程：点动按压【PU/EXT】键一次。

观察项目：观察运行模式指示灯和显示器上显示的字符。

现场状况：变频器的 PU 指示灯点亮，EXT 指示灯熄灭；显示器上显示的字符为“0. 00”。

第二步：选择点动控制。

操作过程：点动按压【PU/EXT】键一次。

观察项目：观察变频器的运行模式指示灯和显示器上显示的字符。

现场状况：变频器的 PU 指示灯点亮，EXT 指示灯熄灭；显示器上显示的字符为“JOG”。

第三步：选择 EXT 控制。

操作过程：点动按压【PU/EXT】键一次。

观察项目：观察变频器的运行模式指示灯和显示器上显示的字符。

现场状况：变频器的 EXT 指示灯点亮，PU 指示灯熄灭；显示器上显示的字符为“0.00”。

（2）选择监视模式操作。

第一步：选择电流监视。

操作过程：点动按压【SET】键一次。

观察项目：观察显示器旁边的单位指示灯和显示器上显示的字符。

现场状况：电流“A”指示灯点亮，频率“Hz”指示灯熄灭，电压“V”指示灯熄灭；显示器上显示的字符为“0.00”。

第二步：选择电压监视。

操作过程：点动按压【SET】键一次。

观察项目：观察显示器旁边的单位指示灯和显示器上显示的字符。

现场状况：电压“V”指示灯点亮，电流“A”指示灯熄灭，频率“Hz”指示灯熄灭；显示器上显示的字符为“0.0”。

第三步：选择频率监视。

操作过程：点动按压【SET】键一次。

观察项目：观察显示器旁边的单位指示灯和显示器上显示的字符。

现场状况：频率“Hz”指示灯点亮，电压“V”指示灯熄灭，电流“A”指示灯熄灭；显示器上显示的字符为“0.00”。

（3）点动运行操作。

第一步：设定点动控制。

操作过程：点动按压【PU】键一次。

观察项目：观察变频器操作单元上的指示灯和显示器上显示的字符；观察电动机的转向及转速。

现场状况：PU 指示灯点亮，显示器上显示的字符为“JOG”；电动机没有旋转。

第二步：正向点动运行。

操作过程：持续按压【FWD】键。

观察项目：观察变频器操作单元上的指示灯和显示器上显示的字符；观察电动机的转向及转速。

现场状况：PU 和 FWD 指示灯点亮，显示器上显示的字符为“5.00”；电动机正向低速旋转。

第三步：停止正向点动。

操作过程：松脱按压【FWD】键。

观察项目：观察变频器操作单元上的指示灯和显示器上显示的字符；观察电动机的转向及转速。

现场状况：PU 指示灯点亮，FWD 指示灯熄灭，显示器上显示的字符由“0.00”跳转到“JOG”；电动机停止旋转。

（4）连续运行操作。

第一步：设定正向连续运行。

操作过程：点动按压【FWD】键。

观察项目：观察变频器操作单元上的指示灯和显示器上显示的字符；观察电动机的转向及转速。

现场状况：PU 和 FWD 指示灯点亮，显示器上显示的字符为“50.00”；电动机正向高速旋转。

第二步：反向连续运行。

操作过程：点动按压【REV】键。

观察项目：观察变频器操作单元上的指示灯和显示器上显示的字符；观察电动机的转向及转速。

现场状况：PU 和 REV 指示灯点亮，显示器上显示的字符为“50.00”；电动机由正向旋转→停止→反向旋转。

第三步：停止运行。

操作过程：点动按压【STOP】键。

观察项目：观察变频器操作单元上的指示灯和显示器上显示的字符；观察电动机的转向及转速。

现场状况：PU 指示灯点亮，REV 指示灯熄灭，显示器上显示的字符为“50.00”；电动机停止旋转。

工程素质培养

1. 职业素质培养要求

在松脱或上紧螺钉时，一定要沿着面板的对角线均匀用力，防止操作单元因受力不均而翘起；螺钉也不要拧得过紧，以防塑料面板碎裂。

变频器在上电前，必须反复核对输入、输出端子，输入必须接 R、S、T 端子，输出必须接 U、V、W 端子，并予以确认；变频器必须可靠接地，检查接地端子压接状态；端子和导线的连接应牢靠；检查主端子压接状态。

变频器在上电后，不要打开前盖板，否则可能会发生触电。在前盖板及配线盖板拆下时，不要运行变频器，否则可能会接触到高压端子和充电部分而造成触电事故。即使电源处于断开状态，除了接线检查，请不要拆下前盖板，否则，由于接触变频器带电回路可能造成触电事故。在进行接线或检查时，须先断开电源，等待十分钟以后，务必在观察到充电指示灯熄灭或用万用表等检测剩余电压以后方可进行。不要用湿手操作开关、碰触底板或拔插电缆，否则可能会发生触电。

2. 专业素质培养问题

如图 4-36 所示，为了防止接线错误和信号间彼此干扰，三菱 FR-A700 系列变频器主、控端子板常采用分层布置。由于主电路流过的是大电流，所以端子形态相对比较大，端子螺钉尺寸为M4，拧紧转矩为1.5N·m，配用的导线线径为0.75～2mm^2。控制电路流过的是小电流，所以端子形态相对稍小，端子螺钉尺寸为M3.5，拧紧转矩为1.2N·m，配用的导线线径为0.75～1mm^2。

图4-36　变频器的端子板

为了防止触电和减小电磁噪声，在变频器主端子排上设有接地端子，如图4-37所示。接地端子必须单独可靠接地，接地电阻要小于1Ω，而且接地线应尽量用粗线，接线应尽量短，接地点应尽量靠近变频器。当变频器和其他设备或有多台变频器一起接地时，每台设备都必须分别和地线相接，如图4-38（a）和（b）所示，不允许将一台设备的接地端和另一台设备的接地端相接后再接地，如图4-38（c）所示。

图4-37　接地端子

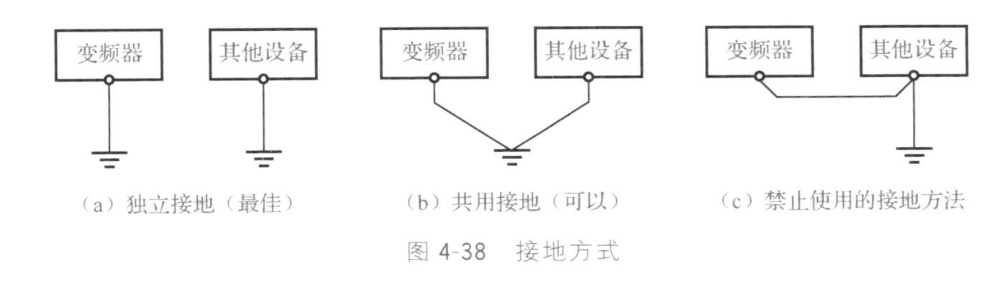

图4-38　接地方式

工程经验

夏天有很多变频器被雷电光顾，损坏严重，大多主板也坏掉，会被雷电光顾的变频器多数是因为没有接地或接地不良。当你看到维修报价单时才知道地线的重要性！检查地线接地是否良好也很简单，用一个100W/220V的灯泡接到相线与地线试一下，看其亮度就知道。

3. 解答工程实际问题

问题情境1：各小组验证变频器功能码Pr.72。要求每个小组将自己的组别号作为Pr.72

的设定数值。从第一小组开始，全班同学逐台聆听每组电动机发出的运转声音。

趣味问题：Pr. 72 选取不同的值，电动机运转的声音就不同，这些声音如同悦耳的机器音乐，那么 Pr. 72 这个功能在实际工程上有什么用处呢？

趣味答案：

① 在实际生产现场，可能有多台变频器驱动多台电动机同时工作。电工师傅在进行设备巡检时，不需要进行烦琐的检查，只需直观地聆听电动机发出的声音，就可以初步判定电动机的工作状态是否正常。这种方法既能提高工作效率，又方便简单。

② 没有变频器驱动的电动机运转噪声往往很大，特别是低频噪声既会严重伤害身体，又会造成现场工人师傅精神疲劳。能够聆听悦耳的机器音乐，可以极大地改善生产现场的噪声环境。

问题情境 2：在变频器铭牌上有这样一条文字信息，如图 4-39 所示。

OUTPUT : 3PH AC380-480Vmax 0.2-400Hz

图 4-39 铭牌信息

趣味问题：由铭牌上的文字信息可知，变频器输出频率的调节范围是 0. 2～400Hz，那么频率在 0. 2Hz 以下变频器就没有频率和功率输出了吗？

现场演示：由指导教师执行操作，将变频器的输出频率慢慢调整到 0. 15Hz，观察变频器的显示屏以及负载电机的运行状态。

讨论结果：现场演示证明，变频器输出频率在 0. 2Hz 以下时仍然可以输出功率。如果电机温升不高、启动转矩又较小，即使最低使用频率取 0. 2Hz 左右，变频器也可输出额定转矩，电动机也不会出现严重发热问题。

实训考核方法

该项目采取单人逐项考核方法，教师（或是已经考核优秀的学生）对每个同学都要进行如下考核。

（1）说明变频器面板的外部特征及功能。

（2）能否熟练进行键盘操作？

（3）能否实时监视变频器的运行状态？是否会查看变频器的实时运行参数？

（4）能否掌握面板控制过程？

（5）说明变频器功能码的作用。

（6）任意抽取 3 个功能码进行设定测验。

（7）能否根据生产工艺要求进行功能码的设定和修改？

项目5 电梯的电气控制系统

【知识目标】

(1) 了解电梯电气控制系统的分类。
(2) 了解电梯电气控制系统的组成。
(3) 熟悉电梯运行的控制过程。
(4) 掌握PLC的基本结构、工作原理及分类。

【技能目标】

认识PLC，能确定和使用其I/O接口，能进行简单的操作。

电梯的电气控制系统决定着电梯的性能、自动化程度和运行可靠性。随着技术的发展，电气控制系统发展迅速，目前，已经淘汰了继电器控制，普遍采用PLC和微机控制。

本项目以实用为原则，对电梯的电气控制系统不做详细分析，仅对系统的分类、组成及运行控制过程做简要介绍。由于PLC品牌众多、机型各异，所以这里只针对PLC基础知识做简单介绍，各学校可根据自己所使用的机型，后续再加强有关指令的学习和编程训练。

5.1 电梯电气控制系统的分类和组成

1. 电梯电气控制系统的分类

按照中间逻辑控制方式分类，电梯的电气控制系统可分为继电器—接触器控制系统、半导体逻辑控制系统及微机控制系统。

(1) 继电器—接触器控制系统。这种控制系统结构简单，易于理解和掌握。但从使用角度看，该系统故障率高、通用性差、体积大、使用成本高，因此，现阶段该控制系统已经被淘汰了。

(2) 半导体逻辑控制系统。随着半导体技术的发展，电梯的电气控制系统实现了无触点，解决了触点磨损和接触不良等问题，但是，该系统还是以硬件逻辑运算为基础，即根据控制算法进行布线，各控制元器件的布线均必须单独进行，若需要更改控制要求，则必须改变布线。

(3) 微机控制系统。随着信息技术的发展，电梯的电气控制系统普遍采用微机控制。该系统使控制算法不再用硬件逻辑来固定，而是用程序来固定。如果更改控制要求，只要修改程序即可，无须变更硬件布线。

2. 电梯电气控制系统的组成

电梯电气控制系统一般由开关门控制，层楼控制，自动定向控制，启动、加速和满速运行控制，减速制动，停站控制，自动平层和停车控制，检修运行控制，直驶控制及消防控制等环节组成。

（1）开关门控制环节。过去的开关门电路通过开门继电器和关门继电器来改变直流伺服电动机电枢电压的极性，实现轿门的自动开启和关闭。现在的开关门电路则通过门机专用变频器控制开门电动机，实现轿门的智能开启和关闭。

在检修工作状态下，利用开门按钮和关门按钮来实现轿门的开启和关闭。

（2）层楼控制环节。通过轿厢上的隔磁板或遮光板插入或离开装在每个层楼的干簧式永磁继电器来实现层楼继电器的动作，从而控制电梯的运行方向、停站和层楼显示等。

（3）自动定向控制环节。通过指令信号或召唤信号所指的层楼与轿厢所处的层楼比较来确定电梯的运行方向。在检修工作状态下，直接利用向上、向下启动按钮来确定电梯的运行方向。

（4）启动、加速和满速运行控制环节。先确定运行方向，当所有层门及轿门关好后，通过此控制电路控制电梯加速并进入满速运行。

（5）停站控制环节。当轿厢接近要停靠的层站时，通过停站继电器的动作来切断快速运行控制电路，使减速制动和慢速运行控制电路开始工作。

（6）减速制动环节。电梯换速的瞬间，由于电动机的机械惯性作用，转速不能突变，所以电动机进入反馈制动状态。通过减速制动电路控制，使减速制动过程平滑，从而改善乘梯舒适性。

（7）自动平层和停车控制环节。当轿厢慢速运行达到某层位置时，通过该层感应插板与轿顶上的平层感应器配合，使轿厢准确停车。

（8）检修运行控制环节。电梯出现故障不能正常运行或平时常规检修时，转动钥匙开关使电梯处于检修工作状态，此时可利用轿厢操纵箱上的启动按钮或轿顶检修箱上的启动按钮来点动控制电梯上、下慢速运行。

（9）直驶控制环节。电梯在有司机工作状态下，如果轿厢已满载，司机可以控制直驶电路不应答召唤信号，直接运行到轿内指令所指的层楼。

（10）消防控制环节。有些电梯设置消防电路，以便在发生火灾时将乘客立即送到基站，供消防人员用电梯来救灾和灭火。

5.2 电梯运行的控制过程

1. 载货电梯的运行控制过程

载货电梯一般由专职司机操作，其运行控制过程如下所述。

① 首先，接通电梯的总电源及控制电源、照明电源。

② 把电梯的层门和轿门打开。

③ 司机进入电梯轿厢内，合上轿厢内操纵箱上应该合上的各种开关，并点亮轿厢内的照明灯。

④ 按规定的额定载重量装载货物。

⑤ 货物装满后，司机通过操纵箱上的手柄开关或按钮把电梯的内、外门关闭。

⑥ 扳动操纵箱上的手柄开关或揿按货物欲达楼层所对应的指令按钮。

⑦ 电梯启动并分级加速直至稳速运行。

⑧ 电梯接近目的楼层时，松开手柄开关（或井道内永磁开关动作）而自动分级减速制动。

⑨ 自动平层、停车。

⑩ 开启电梯的内、外门，把货物搬运出电梯轿厢。

⑪ 可以再装货物，重复上述过程。

⑫ 如若该层没有货物可装，则司机应根据其他楼层的厅外召唤信号去该召唤的楼层。

⑬ 如若各层运送货物相当繁忙，各层均有召唤信号，此时司机应按顺序完成各个楼层的召唤任务。

2. 有司机乘用梯运行控制过程

在有专职司机操作情况下，乘用梯运行控制过程如下所述。

① 前三个过程与载货电梯一样。

② 司机根据轿内乘客欲往楼层或轿厢内无乘客时根据某个楼层的厅外召唤信号，司机揿按操纵箱上相应的一个楼层或几个楼层的指令按钮。

③ 自动定出电梯的运行方向。

④ 司机揿按启动开车按钮。

⑤ 自动开门。

⑥ 自动启动，分级加速至稳速运行。

⑦ 在接近目的楼层时，井道内该层永磁开关自动发出减速信号。

⑧ 自动分级减速制动。

⑨ 自动平层停车。

⑩ 自动开门，让乘客出入电梯轿厢。

⑪ 司机再次揿按启动开车按钮，重复⑤～⑩的步骤，若此时轿厢内无乘客，也无事先按其他楼层厅外召唤信号而选定的指令信号，则此时电梯应无运行方向；若以后出现某个楼层的厅外召唤信号，则重复上述②～⑩的步骤。

3. 无司机乘用梯的运行控制过程

在没有专职司机操作的情况下，乘用梯运行控制过程如下所述。

此种电梯的运行控制过程基本上与有司机控制的乘用电梯类似。它们的主要区别是：有司机乘用电梯由专职司机操纵电梯的运行；而无司机的乘用电梯可以由专职司机操作，也可以由进入轿厢内的乘客自己操作，还可以由某个或几个楼层的厅外召唤信号召唤电梯，而且在运行应答完最后一个（即最远一个）召唤信号后，电梯可自动换向。但是，楼层厅外召唤信号的作用只有在电梯门关闭后方可起作用，即电梯轿厢内的指令信号“优先”于厅外召唤信号，因此，无司机乘用电梯的运行控制过程较有司机的乘用电梯多了一个无司机状态时的运行控制过程，所以，总的运行控制过程较为复杂。现就无司机时的运行控制过程进行说明。

正常情况下，电梯无人使用时总是关着门停于底层（基站）或某层，当其他层有厅外召唤信号时，电梯即自动启动运行，以后过程同有司机信号控制时一样，但当在某一方向运行过程中，在未到达目的楼层的前方出现与电梯运行方向相一致的顺方向厅外召唤信号时，电梯也予以应答停车，并把某层厅外乘客捎走（如果此时轿厢没有满载），这就是“顺向截梯”。电梯到达目的楼层停车开门后经一定延时（一般为6～8s）后即自动关门。当电梯所停层厅外有乘客想乘梯时，只要揿按该层厅外任一方向召唤按钮即可使关闭着门的电梯把门自动打开（此即所谓的“本层开门”），然后乘客进入轿厢内即可自行操作电梯运行；如若进入轿厢内的乘客不揿按操纵箱上欲去楼层相应的指令按钮，则经6～8s延时后电梯自动关门，待门完全关闭后就有可能被其他层的召唤信号所召唤而自动定向运行，而这一运行方向很可能与进入轿厢内的乘客欲去的方向相反，因此，进入轿厢内的乘客应在电梯自动关门前揿按欲去楼层相对应的指令按钮。

5.3 PLC的基本知识

1. PLC的定义

国际电工委员会（IEC）于1985年1月对可编程序控制器做了如下的规定：“可编程序控制器是一种数字运算操作的电子系统，专为在工业环境下的应用而设计。它采用可编程序的存储器，用来在其内部存储执行逻辑运算、顺序控制、定时、计数和算术运算等操作的指令，并通过数字式或模拟式的输入/输出接口，控制各种类型的机械设备或生产过程。可编程序控制器及其有关设备，都应按易于与工业控制系统形成一个整体，易于扩充其功能的原则设计。”

2. PLC的产生及发展

PLC产生的原因主要是对继电器控制的一种替代。PLC的正式产品于1969年由美国数据设备公司生产，并成功应用在通用公司的生产线上。从1970～1980年，经过不断地改进与发展，PLC结构定型，主要应用于机床设备和生产线上。从1980年开始，PLC开始向顺序控制的各个工业领域扩展。2000年至今，PLC继续向高性能与网络化方向发展，应用面向全部工业自动化控制领域。未来的PLC将朝着两极化、多功能化、智能化和网络化的方向发展。

3. PLC的特点

在工业控制方面，PLC具有许多优点，它较好地解决了控制系统的可靠性、安全性、灵活性、方便性、经济性等问题，其主要特点是可靠性高，抗干扰能力强；适应性好，具有柔性；功能完善，接口多样；易于操作，维护方便；编程直观，简单易学。

4. PLC的外形结构

目前，世界上有200多个厂家生产PLC，这些PLC的外形如图5-1所示。目前，三菱品牌的电梯占据市场主流地位，更是行业的领跑者，具有广泛的代表性，所以本书以三菱品牌FX_{3U}系列PLC为对象，介绍PLC在电梯控制系统中的编程技术，望读者能够举一反三。

5. PLC的内部结构

PLC实质上是一种专用于工业控制的计算机，其内部结构如图5-2所示。

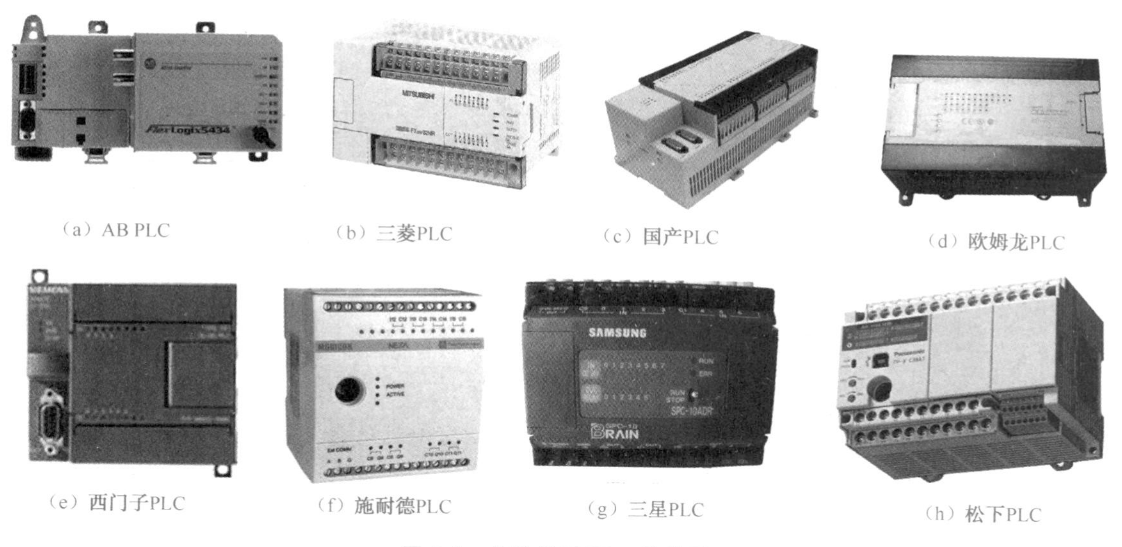

（a）AB PLC　（b）三菱PLC　（c）国产PLC　（d）欧姆龙PLC　（e）西门子PLC　（f）施耐德PLC　（g）三星PLC　（h）松下PLC

图 5-1　几种常用 PLC 的外形

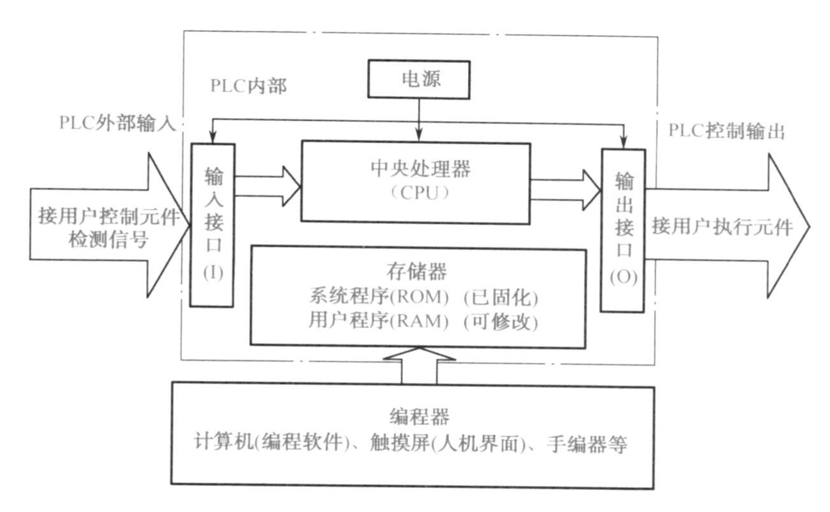

图 5-2　PLC 的内部结构

（1）中央处理器（CPU）。CPU 负责指挥信号和数据的接收与处理、程序执行、输出控制等系统工作。

（2）系统存储器（ROM）。ROM 内部固化了厂家的系统管理程序与用户指令解释程序，不能删改。

（3）用户存储器（RAM）。RAM 用于存储用户编写的程序，可由用户根据控制需要进行删改。

（4）输入接口（I）。输入接口用于连接各类开关、按钮和传感器等，接收外来元件输入的信号。该接口通常有直流输入和交流输入两种类型，如图 5-3 所示。

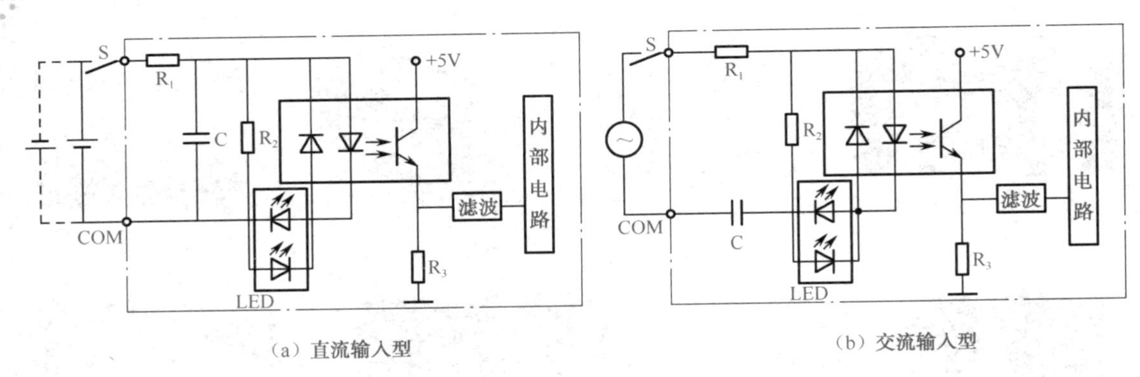

（a）直流输入型　　（b）交流输入型

图 5-3　PLC 输入接口类型

（5）输出接口（O）。输出接口用于连接指示灯、接触器线圈、电磁阀线圈等执行元件，输出 PLC 的程序指令并驱动执行元件。该接口通常有继电器输出、晶体管输出和晶闸管输出三种类型，如图 5-4 所示，其中继电器输出型最为常用。

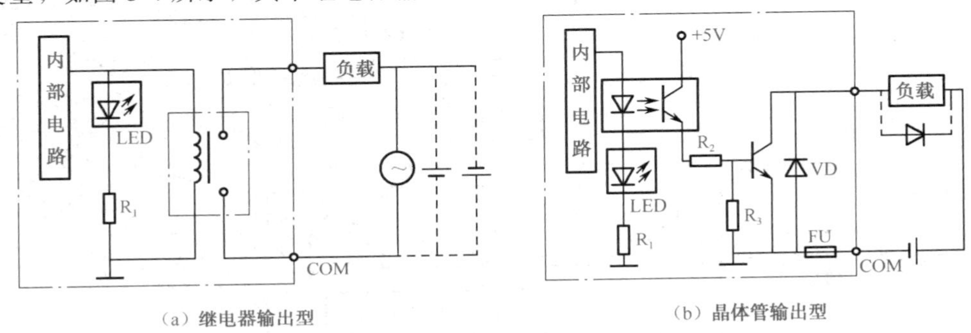

（a）继电器输出型　　（b）晶体管输出型

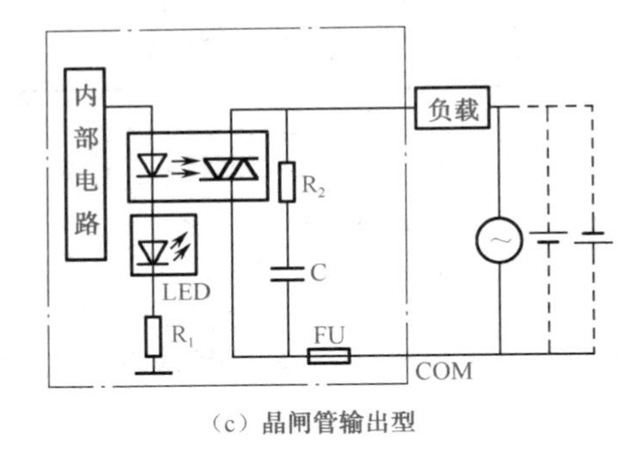

（c）晶闸管输出型

图 5-4　PLC 输出接口类型

（6）电源。PLC 使用 220V 交流电源或 24V 直流电源。

6．PLC 的工作原理

PLC 是通过执行用户程序来完成各种不同控制任务的，因此 PLC 采用循环扫描的工作方式，整个扫描过程如图 5-5 所示。

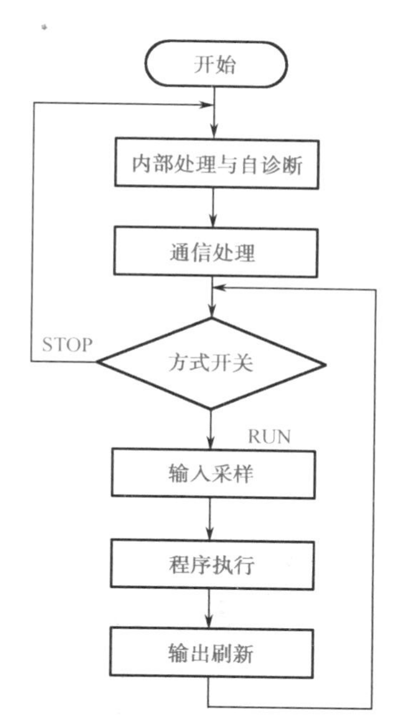

图 5-5 PLC 扫描过程框图

课堂讨论

问题：从工作原理角度分析，为什么 PLC 适于在工作现场使用？

答案：PLC 采用集中采样、集中输出的工作方式，使得 CPU 工作时大多数时间与外设隔离，因而从根本上提高了它的抗干扰能力，增强了可靠性。

7. PLC 的编程语言

PLC 的编程语言有梯形图、指令表、顺序功能图及其他高级语言等。其中，梯形图编程语言是在继—接逻辑控制基础上简化了符号演变而来的，这种编程语言形象、直观、实用，是 PLC 编程的第一语言。

8. PLC 的性能指标

PLC 的性能指标主要有用户程序存储容量、I/O 点数、扫描速度、指令的功能与数量、内部元件的种类与数量等。

9. PLC 的分类

① 按结构形式分类，PLC 可分为整体式和模块式两类。

② 按 I/O 点数和存储容量分类，PLC 可分为小型机、中型机和大型机三类。

③ 按功能分类，PLC 可分为低档机、中档机和高档机三类。

项目实训 5 PLC 的操作训练

实训目标

（1）认识 PLC 的外部结构。

（2）掌握三菱 GX-Works 编程软件的使用。

（3）掌握 PLC 的编程方法。

实训器材

（1）PLC，型号为 FX_{3U}-64MR。

（2）计算机，串行口形式的通信线。

（3）PLC 智能实训箱，自制设备。

（4）电工常用工具。

实训步骤

1. 认识 PLC

（1）题目 1：观察 PLC 铭牌。

三菱 FX_{3U}-64MR PLC 的铭牌如图 5-6 所示。观察 PLC 铭牌，记录信息，包括品牌、系列、型号、出厂编号、工作电压、输入/输出点数、触点容量、输出触点类型等。

图 5-6 三菱 FX_{3U}-64MR PLC 的铭牌

相关要求：整理 PLC 铭牌记录并填写在表 5-1 中。

表 5-1 PLC 铭牌记录表

	品牌	系列	型号	出厂编号	工作电压	I/O 点数	触点容量	触点类型
1＃PLC								
2＃PLC								

（2）题目 2：观察 PLC 的外形及特征。

本实训所使用的 PLC 其外形如图 5-7 所示。从外观上看，PLC 采用了整体式结构，体积小，使用方便灵活。对用户来说，需要观察 PLC 的两个重点部位，分别是面板和电路接口。

相关要求：画出 PLC 的外形结构图，并对重点部位的名称用文字进行标注。

（3）题目 3：PLC 外部端子的识别。

对照《安装使用手册》，根据外部端子形态及分布区分输入端子和输出端子，识别每个端子的符号标记。

相关要求：根据外部端子特征及分布，分别画出输入、输出端子排列图，标注输出端子分组情况说明。

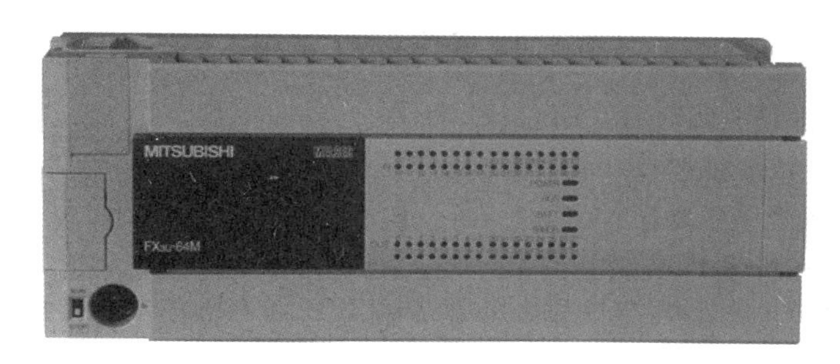

图 5-7 实训用 PLC 的外形

（4）题目 4：观察 PLC 的面板。

对照图 5-7，观察面板上各功能区、指示灯及开关的符号。

相关要求：画出面板的平面图，并用文字进行功能标注。

2. 基本操作训练

（1）题目 1：用功能键操作法编辑如图 5-8 所示的梯形图程序。

相关要求：完成梯形图程序录入操作；完成程序注释及程序下载操作；以“启保停控制方法 1”为文件名保存该程序。

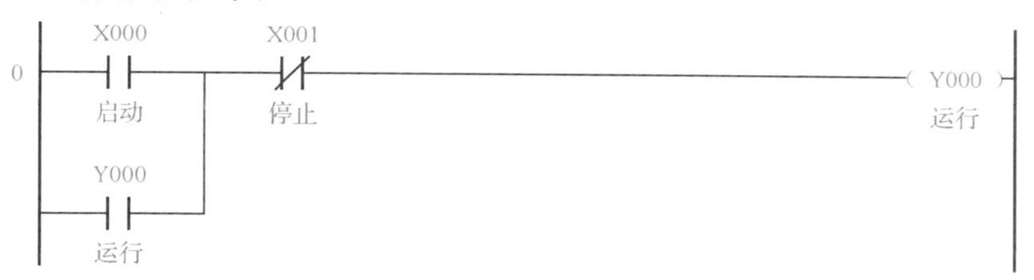

图 5-8 启保停控制方法 1

（2）题目 2：用单击图符操作法编辑如图 5-9 所示的梯形图程序。

相关要求：调取文件名为“启保停控制方法 1”的程序；通过插入空行、修改、删除等操作，完成图 5-9 所示梯形图程序的录入，完成程序注释、程序转换及程序下载操作；以“顺序启停控制方法”为文件名保存该程序。

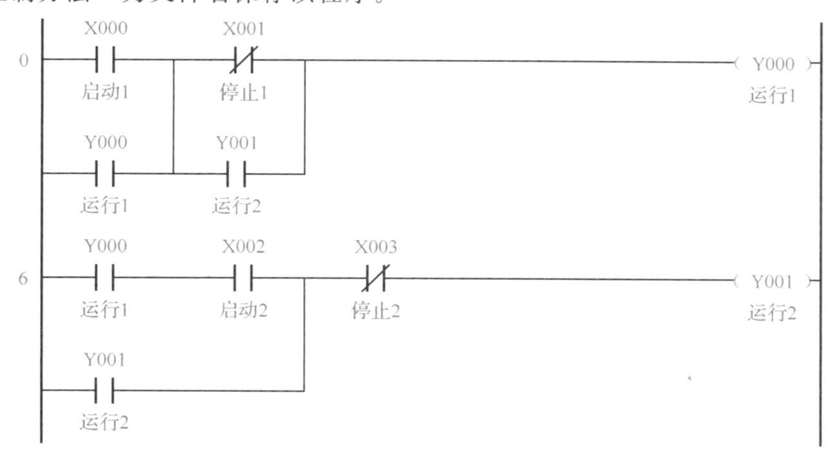

图 5-9 顺序启停控制方法

3. 实训故障现象及分析

故障现象1：电源开关闭合后，PLC没有工作。

应对措施：检查PLC电源接线是否正确、开关接触是否良好；检查供电电源是否停电；检查PLC的熔断器是否动作熔断。

故障现象2：计算机与PLC无法通信。

应对措施：出现这种故障现象的原因并不是PLC工作不正常，很可能是由于通信电缆在与计算机或PLC插接时松动或虚接造成的；也可能是由计算机通信设置错误造成的。

故障现象3：在对PLC下传程序时，出现如图5-10所示的故障。

应对措施：这种故障属于计算机与PLC之间的硬件故障，出现这种故障的原因主要是通信电缆接触不良，甚至是断路，还可能是PLC没有上电，造成无法通信。

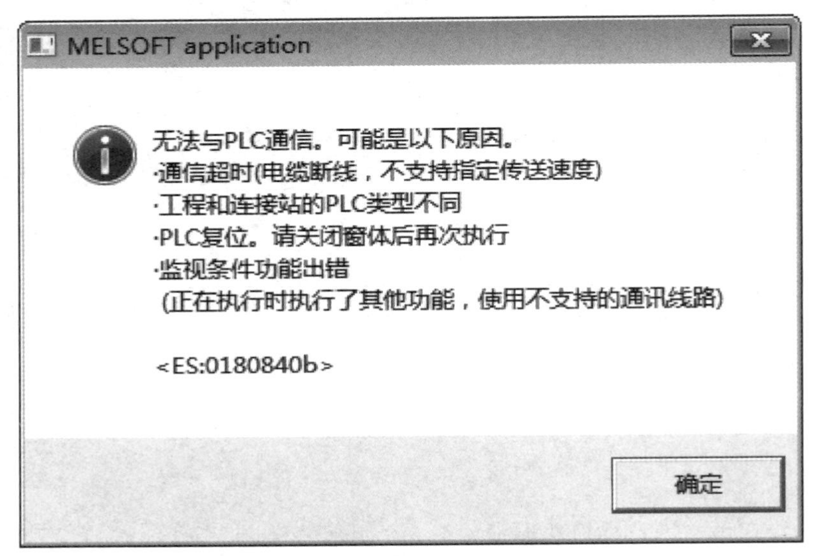

图5-10 PLC通信故障提示对话框

针对实践现象、联系工程实际问题

问题情境：三菱FX_{3U}-64MR机型PLC的第一个输出单元的地址为Y0～Y7，对应端子的排列如图5-11所示，通过观察发现，本来该单元只有8个输出端子，却要将这8个输出端子分成两个组，即Y0～Y3一组，共同使用COM1端，Y4与Y7自成一组，各自独立使用自己的COM2端。

工程问题：PLC的输出端子为什么要分组，为什么不能像输入端子那样使用同一个COM端，即“共地”呢？

答案：因为在实际工程中，PLC的输出端子所对应的输出可能是多回路的，负载性质可能是交流的，也可能是直流的，如图5-12所示。为了使每个输出回路保持电气独立，确保电气设备使用安全，也为用户使用PLC提供方便，所以PLC的输出端子必须分组设立，不能“共地”。

⏚	S/S	0V	0V	X0	X2	X4	X6	X10	X12	X14	X16	X20	X22	X24	X26	X30	X32	X34	X36	•
L	N	•	24V	24V	X1	X2	X5	X7	X11	X13	X15	X17	X21	X23	X25	X27	X31	X33	X35	X37

FX_{3U}-64MR

Y0	Y2	•	Y4	Y6	•	Y10	Y12	•	Y14	Y16	•	Y20	Y22	Y24	Y26	Y30	Y32	Y34	Y36	COM6
COM1	Y1	Y3	COM2	Y5	Y7	COM3	Y11	Y13	COM4	X15	X17	COM5	Y21	Y23	Y25	Y27	Y31	Y33	Y35	Y37

（a）输入端子/输出端子分布图

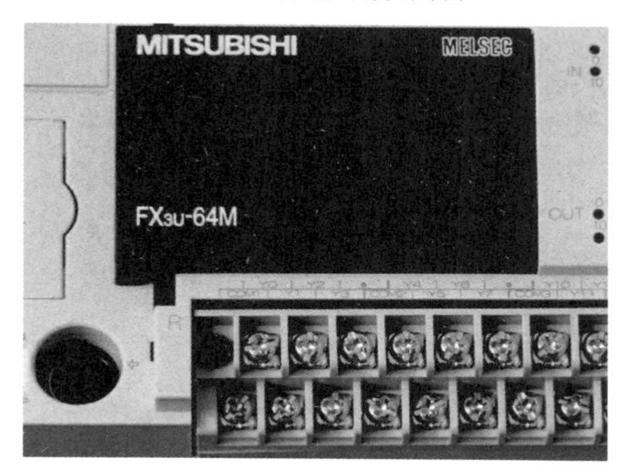

（b）输出端子局部图

图 5-11　输出端子的分布图

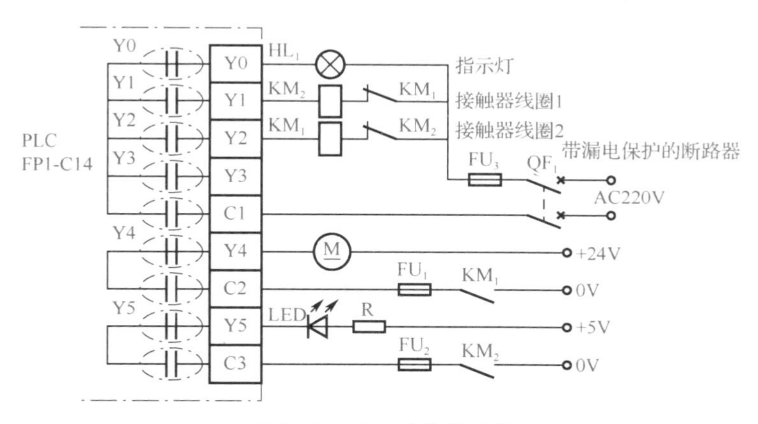

图 5-12　PLC 的输出回路

项目实训考核方法

该项目采取单人逐项考核方法，教师（或是已经考核优秀的学生）对每个同学都要进行如下 4 项考核。

（1）能否说明实训用 PLC 面板的外部特征及功能？

（2）能否准确读取 PLC 的铭牌信息？

（3）能否辨识 PLC 的输入、输出端子？

（4）能否掌握 GX-Works 编程软件的使用，包括梯形图编辑、追加指令、修改触点编号、插入空行、删除空行等操作？

项目6　PLC和微机在电梯控制系统中的应用

【知识目标】

（1）了解常用电梯的功能、工作状态及运行控制要求。

（2）熟悉电梯PLC控制系统的结构，掌握电梯PLC控制的编程方法。

（3）了解微机在电梯控制系统中的应用。

【技能目标】

编写PLC控制程序，完成以下工作任务。

（1）掌握轿厢位置信息的处理方法，判定和指示电梯当前的位置。

（2）掌握内指令信息和外召唤信息的处理方法，判定和指示电梯当前的工作状态，实现顺向"截停"、反向"记忆"功能。

（3）掌握电梯开关门信息的处理方法，实现手动和自动控制电梯开关门。

无论何种电梯，无论其运行速度有多快，自动化程度有多高，电梯所要达到的目标都是相同的，即要求电梯的控制系统能根据轿厢内指令信号和各层厅外召唤信号要求进行逻辑判断，决定响应哪一个召唤信号，自动定出电梯的运行方向，并按程序要求完成预定的控制目标。PLC和微机具有很强的逻辑处理能力，把它们应用在电梯运行控制中，能够发挥其优势，实现电梯的智能化控制。目前，国产电梯已经广泛采用了PLC智能控制，正在朝着微机智能控制方向发展。

不管使用何种控制手段，仅就电梯的控制方法而言，由于这种控制属于随机控制，各种输入信号之间、输出信号之间以及输入信号和输出信号之间相互关联，逻辑关系处理起来非常复杂，给控制系统的编程带来很大困难。从某种意义上说，编程水平的高低决定了电梯运行状态的好坏，因此在电梯控制中编程技术就成为控制电梯运行的关键技术。

PLC的编程工作主要是针对各种信号进行逻辑判断和处理。如何学好针对电梯的PLC控制方法，重点在于将整个控制系统分成若干个控制环节，并充分利用PLC内部的资源和指令系统，对这些控制环节进行PLC编程。电梯的主要控制环节包括指层显示环节、呼梯信号登记环节、呼梯信号综合环节、呼梯信号优先级比较排队环节、呼梯信号选中环节、判断电梯运行方向环节、电梯顺向截停环节、电梯换向控制环节和自动开关门控制环节等。其中，呼梯信号优先级比较排队环节是编程的重点，判断电梯运行方向环节是编程的难点。学好了本项目知识，对于分析电梯的PLC控制程序、完成旧电梯的技术升级和改造、在用电梯的功能扩展都非常有帮助。

电梯的微机智能控制系统一般由专业的电梯生产厂商自主研制开发，其技术性、专用性及保密性都较强。由于涉及知识产权问题，所以不同生产厂商开发的微机控制板基本不通用，甚至同一生产厂商开发的微机控制板也可能不通用，因此针对电梯微机控制这部分知识，只对微机在电梯控制系统中的应用做简单介绍，其他内容有待读者在具体接触厂商产品时再深入学习。

本项目采用PLC控制方式，以四层站电梯为背景，对电梯的主要控制环节进行程序设计分析。本项目中介绍的电梯PLC控制程序具有简单易读、普适性强、易扩展和可移植性好等特点，是一种非常典型的应用程序。希望读者能认真领会编程思想，从中得到启发和帮助，为将来的实际应用打下良好的基础。

6.1 常用电梯的功能

常用电梯的功能包括标准功能和选配功能，它们能反映出电梯的自动化程度。

1. 标准功能

(1) 自动定向功能。电梯按照先入为主的原则，自动确定运行方向。

(2) 顺向截梯，反向记忆功能。顺向截梯指的是某层乘客呼梯方向与电梯运行方向一致时，电梯在该层停车载上乘客后继续同向运行；方向记忆指的是某层乘客呼梯方向与电梯运行方向不一致时，电梯在该层不停车，应答完同向信号后，再应答反向信号。

(3) 最远反方向截停功能。应答最远反方向乘客用梯需要的功能。

(4) 自动换向功能。当电梯完成全部顺向指令后，能自动换向，应答反方向的呼梯信号。

(5) 自动开关门功能。电梯到站平层停车后，能自动开门和延时关门。

(6) 本层呼梯开门功能。当电梯没有运行信号时，本层呼梯，电梯开门。

(7) 锁梯功能。一般在基站的呼梯盒上设有锁梯开关，当使用者想关闭电梯时，不论电梯在哪一层，电梯接到锁梯信号后，就自动返回基站，自动开关门一次，延时后切断显示、内选及外呼功能，最后切断电源。

(8) 司机功能。在轿厢操纵箱内，设有一个转换开关，当电梯司机将该开关转换到司机位置时，此时电梯转入司机控制运行状态。在司机操作电梯期间，电梯自动开门、手动关门。

(9) 直驶功能。在司机操作运行状态下，按住操纵盘上的直驶按钮，当门关好后电梯开始运行，此时电梯不会应答外呼指令，而是执行内选指令，直接到内选楼层停车，直驶期间外呼不截停。

(10) 防夹功能。安全触板和光幕都可以防止门夹人。当轿厢关门时，触板和光电装置检测到电梯门口有人或物体时，轿厢门反向开启。

(11) 检修功能。检修运行时，系统应取消轿厢自动运行和门的自动控制。多个检修运行装置中应保证轿顶优先，且轿顶优先于轿厢，轿厢优先于机房。检修运行只能在电梯有效行程范围内，且各安全装置应起作用。检修运行是点动运行，检修运行速度不大于0.63m/s。

2. 选配功能

随着社会的进步和科技的发展，电梯生产厂家为了满足不同用户和不同使用场合的要求，常在各种标准电梯性能的基础上，提供部分可选功能，如消防功能、防捣乱功能、独立服务功能、停电应急功能、轿内指令误登记消除功能等。

(1) 消防功能。当电梯的控制系统收到消防信号时，处于上行时，立即就近停靠，但不开门，立即返回基站，停靠开门；处于下行时，直驶至基站，停靠开门；处于基站以外停靠开门的电梯立即关门，返回基站，停靠开门；处于基站关门待命的电梯立即开门。

（2）防捣乱功能。防捣乱功能主要是防止在轿厢内只有一个人的情况下，将所有的内选信号都选上。为此，如果轿厢内质量小于 80kg，且轿厢内有多个内选登记，则内选登记全部自动解除，防止电梯无效运行。

（3）独立服务功能。电梯管理人员或电梯司机通过操作操纵箱下方暗盒内的开关或按钮，实现特殊专用运行服务。

（4）停电应急功能。当处于运行中的电梯遇到突然停电事故时，通过增设的停电应急救援装置和电梯的称重装置结合，就近至相邻的层楼平层停靠开门，放出乘用电梯的人员，防止因停电造成电梯关人情况的发生。

（5）轿内指令误登记消除功能。乘客在轿厢内连续两次按下某楼层层站内呼按钮时，第一次按下的时候，该呼梯信号将被登记，第二次按下的时候，该呼梯信号的登记将被解除。

6.2 电梯的操控模式

电梯有三种操控模式，分别是司机操控、自动运行和检修操控。

1. 司机操控

在司机操控模式下，司机只需要操作启动按钮和内呼按钮，电梯就能自动开关门、启动、加速运行、减速运行、满速运行、自动换向，并按预先登记要求逐一自动停靠。

2. 自动运行

在自动运行模式下，乘客需要按下指令按钮或召唤按钮，电梯才能自动开关门、启动加速、减速平层和满速运行，并按预先登记要求逐一自动停靠。在完成顺向召唤信号后，电梯自动换向应答反向召唤信号。当无指令信号和召唤信号时，电梯自动关门，门关好后就地等待。

3. 检修操控

在检修操控模式下，检修人员按轿厢操纵箱上的启动按钮或轿顶检修箱上的启动按钮，可控制电梯点动、上/下运行和慢速运行。

6.3 基于 PLC 控制的客梯编程技术

由于电梯在运行过程中各种输入信号是随机出现的，即信号的出现具有不确定性，同时信号需要自锁保持、互锁保护、优先级排队及数据比较等，因此信号之间就存在复杂的逻辑关系，在电梯运行过程中，PLC 的工作主要是针对各种信号进行逻辑判断和处理。这里介绍一种 PLC 的编程方法，为简便起见，以四层站电梯、三菱 FX_{3U}-64MR 机型为例介绍一下主程序的设计过程。

1. 四层站电梯的控制要求

电梯采用自动运行模式，具体控制要求如下所述。

① 电梯初始位置在一楼层站，指层器显示数字为“1”，此时允许进行选层操作。

② 当电梯在一楼层站待机时，如果有呼梯信号，则轿厢上行。

③ 轿厢在上行过程中允许顺向截停，直至运行到“最高”目标层站。

④ 轿厢在下行过程中允许顺向截停，直至运行到一楼层站。

⑤ 在运行过程中，电梯只响应顺向呼梯信号，对反向呼梯信号不响应，只作“记忆”。

⑥ 当电梯运行到“最高”目标层站后，若没有高于当前层站的呼梯信号出现，则轿厢自动下降，目标层站是一楼。

⑦ 电梯具有手动和自动开关门功能。当电梯平层后，电梯门能自动或手动开启；在开门等待 8s 后，电梯门能自动关闭。在关门过程中，按下本层站顺向外呼梯按钮，电梯门能再次开启。

⑧ 首次按下呼梯按钮时，该呼梯信号被登记；再次按下呼梯按钮时，该呼梯信号被解除。

⑨ 电梯具有指层显示和运行指示功能。

⑩ 电梯在运行过程中应具有指层显示、状态指示、极限位置保护等功能。

客梯

2. PLC 控制系统结构

电梯采用 PLC 控制的系统框图如图 6-1 所示。

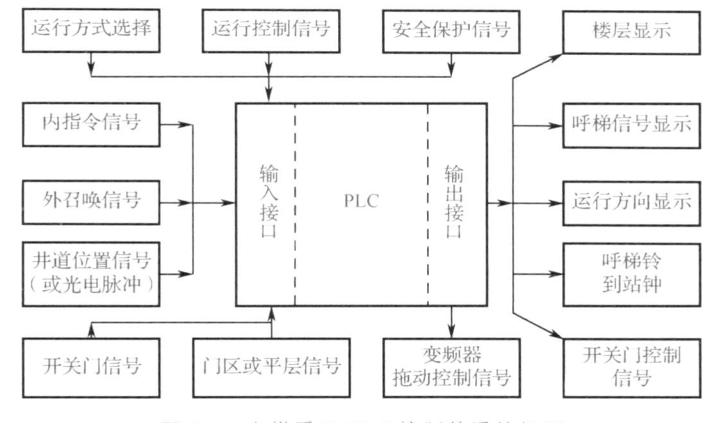

图 6-1 电梯采用 PLC 控制的系统框图

PLC 的输入信号有运行方式选择、运行控制信号、安全保护信号、内指令信号、外召唤信号、井道位置信号、门区或平层信号和开关门信号等。

PLC 的输出信号有变频器驱动控制信号、开关门控制信号、呼梯信号显示、运行方向显示、楼层显示和呼梯铃/到站钟等。

PLC 对输入信号进行运算，以实现召唤信号登记、轿厢位置判断、选层定向、顺向停车、反向最远截停及信号消除等功能，并控制电梯自动关门、启动加速、减速平层和自动开关门等过程。

根据系统框图可知，电梯要想实现上述功能，就必须在软件方面进行设计。软件方面的设计主要包括指层显示环节、呼梯信号登记环节、呼梯信号综合环节、呼梯信号优先级比较排队环节、呼梯信号选中环节、运行方向判断环节、顺向截停环节及换向控制环节等。

PLC 的输入/输出地址分配如表 6-1 所示，PLC 控制系统的电气原理图如图 6-2 所示。

表 6-1　PLC 的输入/输出地址分配

说　明	PLC 软元件	元件符号	元件名称	控制功能
输入	X001	SQ_1	行程开关	一楼层站检测
	X002	SQ_2	行程开关	二楼层站检测
	X003	SQ_3	行程开关	三楼层站检测
	X004	SQ_4	行程开关	四楼层站检测
	X005	SB_1	按钮	一楼层站上行呼梯
	X006	SB_2	按钮	二楼层站下行呼梯
	X007	SB_3	按钮	二楼层站上行呼梯
	X010	SB_4	按钮	三楼层站下行呼梯
	X011	SB_5	按钮	三楼层站上行呼梯
	X012	SB_6	按钮	四楼层站下行呼梯
	X013	SB_7	按钮	一楼层站内呼梯
	X014	SB_8	按钮	二楼层站内呼梯
	X015	SB_9	按钮	三楼层站内呼梯
	X016	SB_{10}	按钮	四楼层站内呼梯
	X017	SB_{11}	按钮	手动开门控制
	X020	SB_{12}	按钮	手动关门控制
	X021	SQ_5	行程开关	开门到位检测
	X022	SQ_6	行程开关	关门到位检测
输出	Y000	FWD	正转端子	电梯上行控制
	Y001	REV	反转端子	电梯下行控制
	Y002	H1	开门端子	电梯开门控制
	Y003	H2	关门端子	电梯关门控制
	Y004	HL_1	指示灯	电梯开门指示
	Y005	HL_2	指示灯	电梯关门指示
	Y006	HL_3	指示灯	一楼层站上行呼梯登记指示
	Y007	HL_4	指示灯	二楼层站下行呼梯登记指示
	Y010	HL_5	指示灯	二楼层站上行呼梯登记指示
	Y011	HL_6	指示灯	三楼层站下行呼梯登记指示
	Y012	HL_7	指示灯	三楼层站上行呼梯登记指示
	Y013	HL_8	指示灯	四楼层站下行呼梯登记指示
	Y014	HL_9	指示灯	轿厢内去一楼层站呼梯登记指示
	Y015	HL_{10}	指示灯	轿厢内去二楼层站呼梯登记指示
	Y016	HL_{11}	指示灯	轿厢内去三楼层站呼梯登记指示
	Y017	HL_{12}	指示灯	轿厢内去四楼层站呼梯登记指示
	Y020	HL_{13}	指示灯	电梯上行指示
	Y021	HL_{14}	指示灯	电梯下行指示
	Y030～Y037		指层显示器	当前层站显示

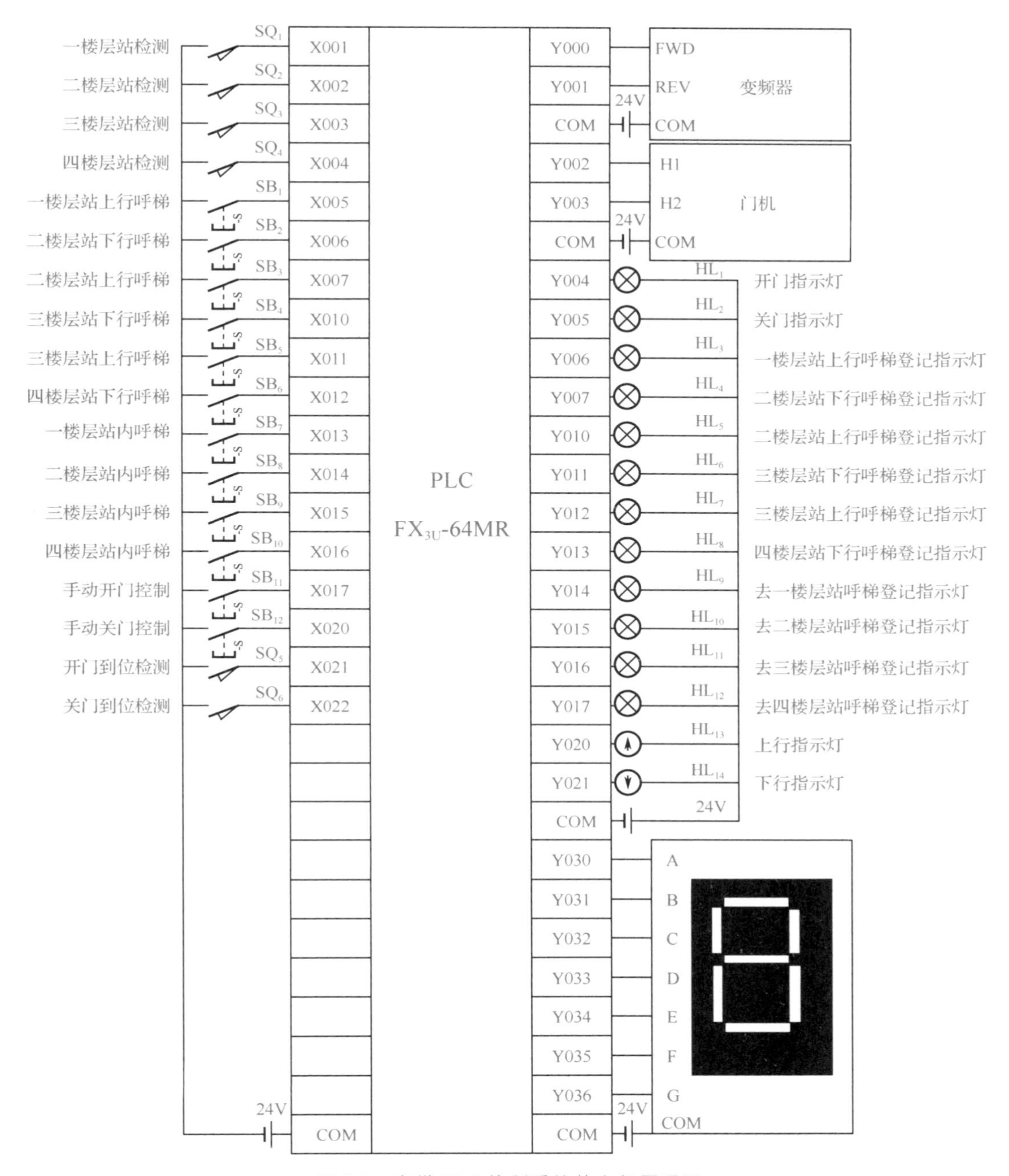

图 6-2 客梯 PLC 控制系统的电气原理图

3. PLC 的程序设计思想

客梯控制程序设计

（1）设置数据寄存器。根据实际控制需要，设置两个数据寄存器，第一个数据寄存器用来“记录”电梯当前所在的位置，地址是 D0；第二个数据寄存器用来“存放”当前呼梯信号对应的最大立即数，地址是 D1。

（2）呼梯信号处理及优先级排队。若某个层站有呼梯信号，则该信号被登记并保持，直到这个信号被执行后才可以被自动解除。把所有可能使电梯上行的呼梯信号（包括外上呼信号、高于当前楼层的外下呼信号和内呼信号）进行综合，产生对应层站的综合呼梯信号，然后按照高楼层优先的原则进行信号优先级排队，信号优先级排队用来保证数据寄存器 D1 中存放的立即数始终是当前的最大值。

（3）判断电梯运行方向及停靠层站。使用比较指令，通过判断的方式来确定电梯的运行方向。总的原则是把数据寄存器 D1 中的数据与数据寄存器 D0 中的数据相比较。若比较的结果是“大于”，则电梯上行；若比较的结果是“小于”，则电梯下行；若比较的结果是“等于”，则电梯在“最远”层站停靠。

4. 电梯的程序设计

（1）指层显示程序设计。轿厢位置检测电路的接线如图 6-3 所示，轿厢位置显示电路的接线如图 6-4 所示。

电梯指层显示程序设计

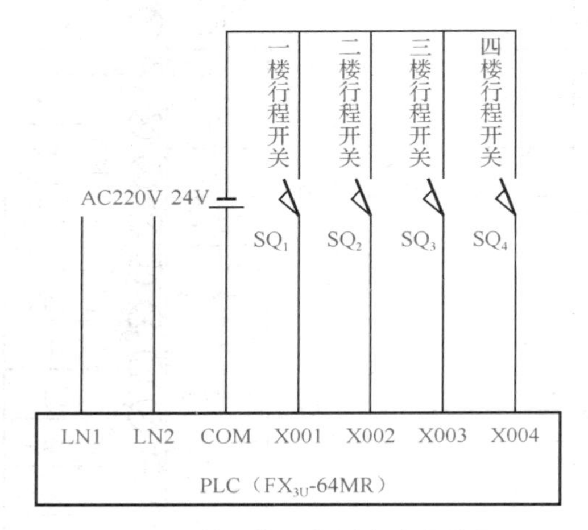

图 6-3　轿厢位置检测电路的接线

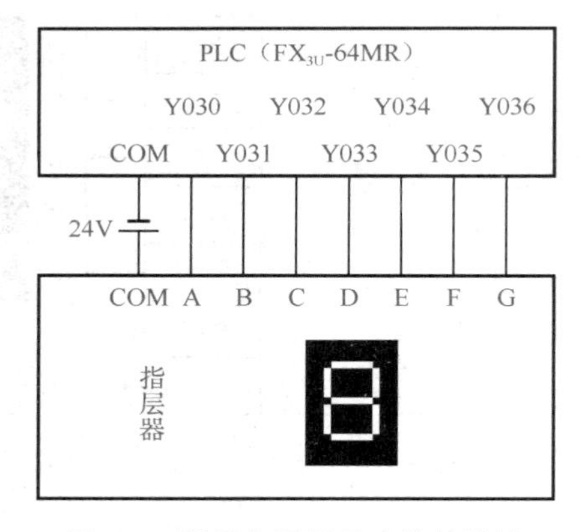

图 6-4　轿厢位置显示电路的接线

指层显示程序如图 6-5 所示。在 M8002 的作用下，PLC 执行批量传送指令，对程序进行初始化设置，使电梯轿厢停在基站。

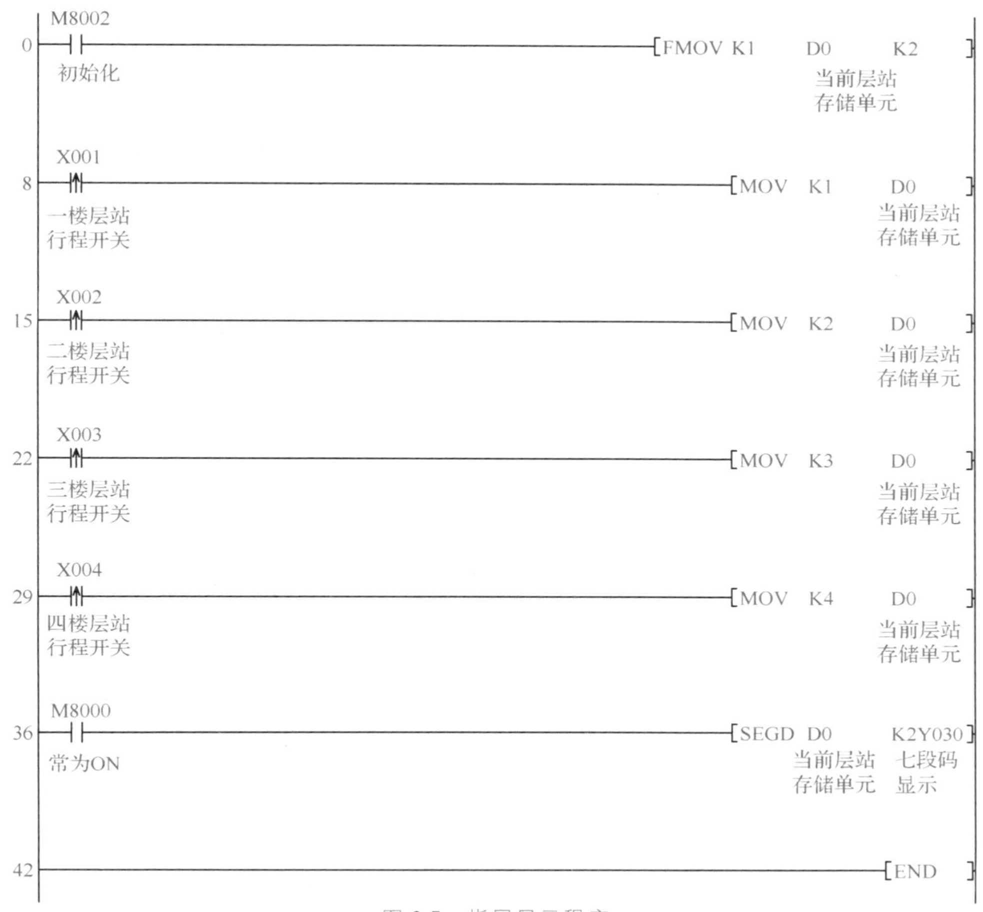

图 6-5 指层显示程序

如果轿厢在运行过程中压合了某个层站的行程开关，则该层站所对应的数据（层站号）就会通过数据传送指令送到数据寄存器 D0 中存放。

应用举例

如果电梯运行到二楼层站，怎样“记忆”轿厢当前所处的位置呢？

程序分析：当轿厢压合到二楼行程开关 SQ_2 时，二楼行程开关 SQ_2 的常开触点 X002 闭合，驱动 PLC 执行［MOV K2 D0］指令，这样二楼层站所对应的数据（立即数 2）就以二进制的形式被存放在数据寄存器 D0 中，如图 6-6 所示。

0	0	0	0	0	0	0	0	0	0	0	0	0	0	1	0

图 6-6 D0 通道的数据存放

应用举例

怎样用数码管显示轿厢当前所处的位置呢？

程序分析：在 M8000 的驱动下，PLC 执行［SEGD　D0　K2Y030］指令，将数据寄存器 D0 中存放的数据（立即数 2）译成七段码，并将译出的结果存放在组合位元件 K2Y030 中，如图 6-7 所示。因为组合位元件 K2Y030 是 PLC 的输出通道，可以驱动外接的数码管，所以轿厢所在的当前位置就通过数码管显示出来了。

Y037	Y036	Y035	Y034	Y033	Y032	Y031	Y030
0	1	0	1	1	0	1	1

图 6-7　输出通道数据存放形式

（2）呼梯信号登记程序设计。呼梯信号输入接线如图 6-8 所示，呼梯指示灯接线如图 6-9 所示。

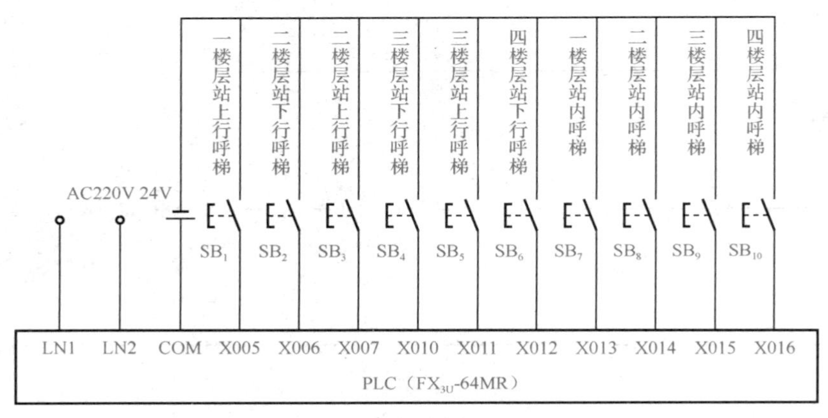

图 6-8　呼梯信号输入接线

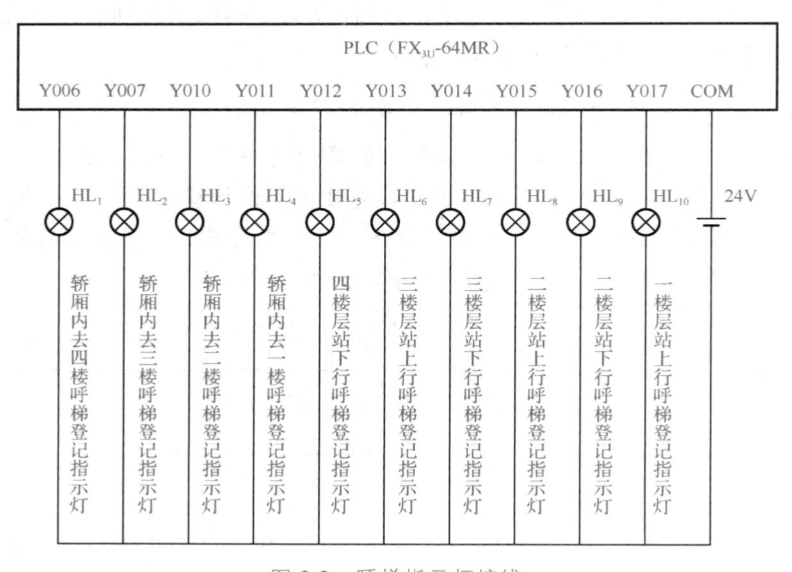

图 6-9　呼梯指示灯接线

① 内呼梯信号登记程序设计。内呼梯信号登记程序如图6-10所示，每个内呼梯信号都分别对应一个自保持逻辑电路，用以登记内呼梯信号，只有在内呼梯信号所对应的动作被执行了以后，才可解除该内呼梯信号的登记。

应用举例

如何实现二楼层站的内呼信号登记？

程序分析：如果有乘客在轿厢内按下二楼层站的内呼按钮SB_8，则X014的常开触点闭合，驱动PLC执行［ALT　Y015］指令，使Y015线圈得电，二楼层站内呼梯指示灯HL_{10}被点亮，表明该信号登记成功。

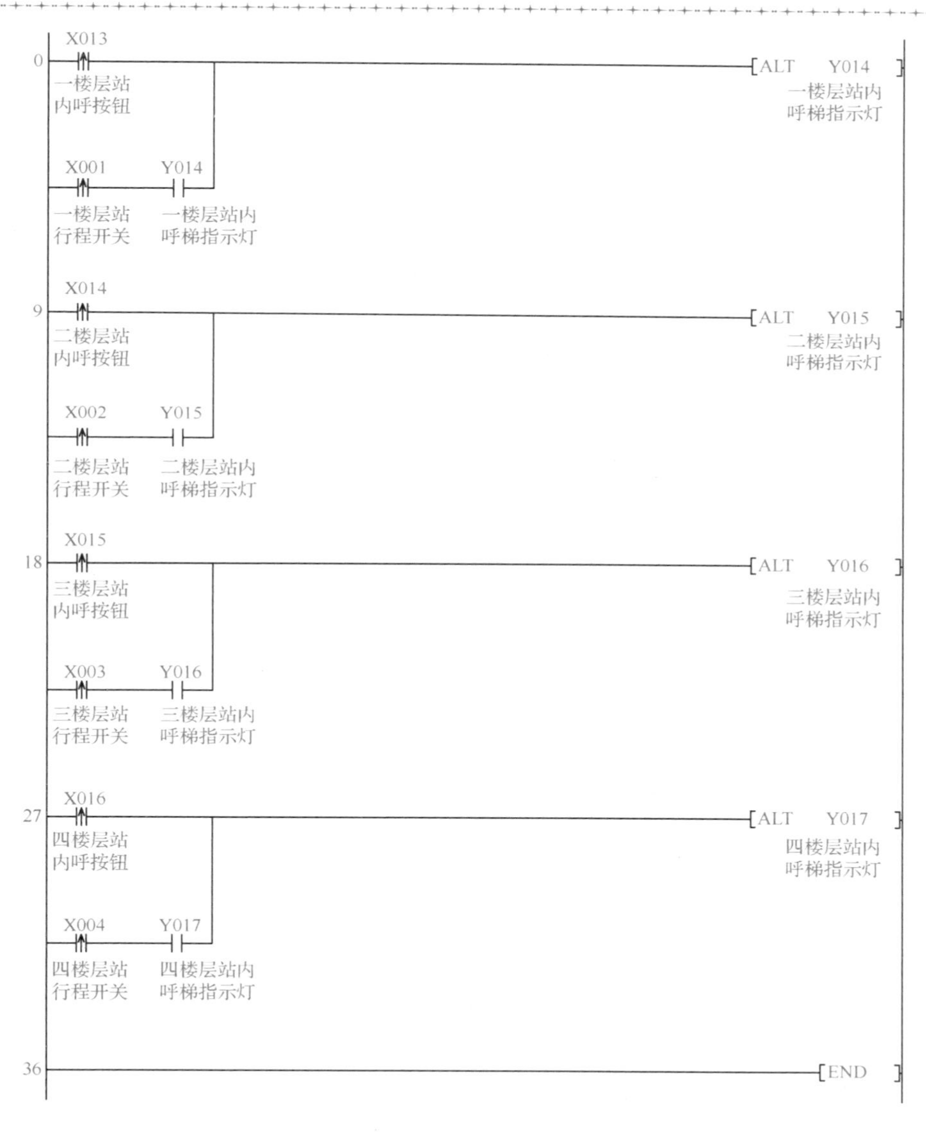

图6-10　内呼梯信号登记程序

② 外呼梯信号登记程序设计。外呼梯信号登记程序与内呼梯信号登记程序类似，程序如图 6-11 所示。值得注意的是，所有中间层站的外呼梯信号必须用电梯的“反方向”运行标志位加以保护，以防止当轿厢反方向运行到该层站时，误将“正方向”的外呼梯登记信号解除。

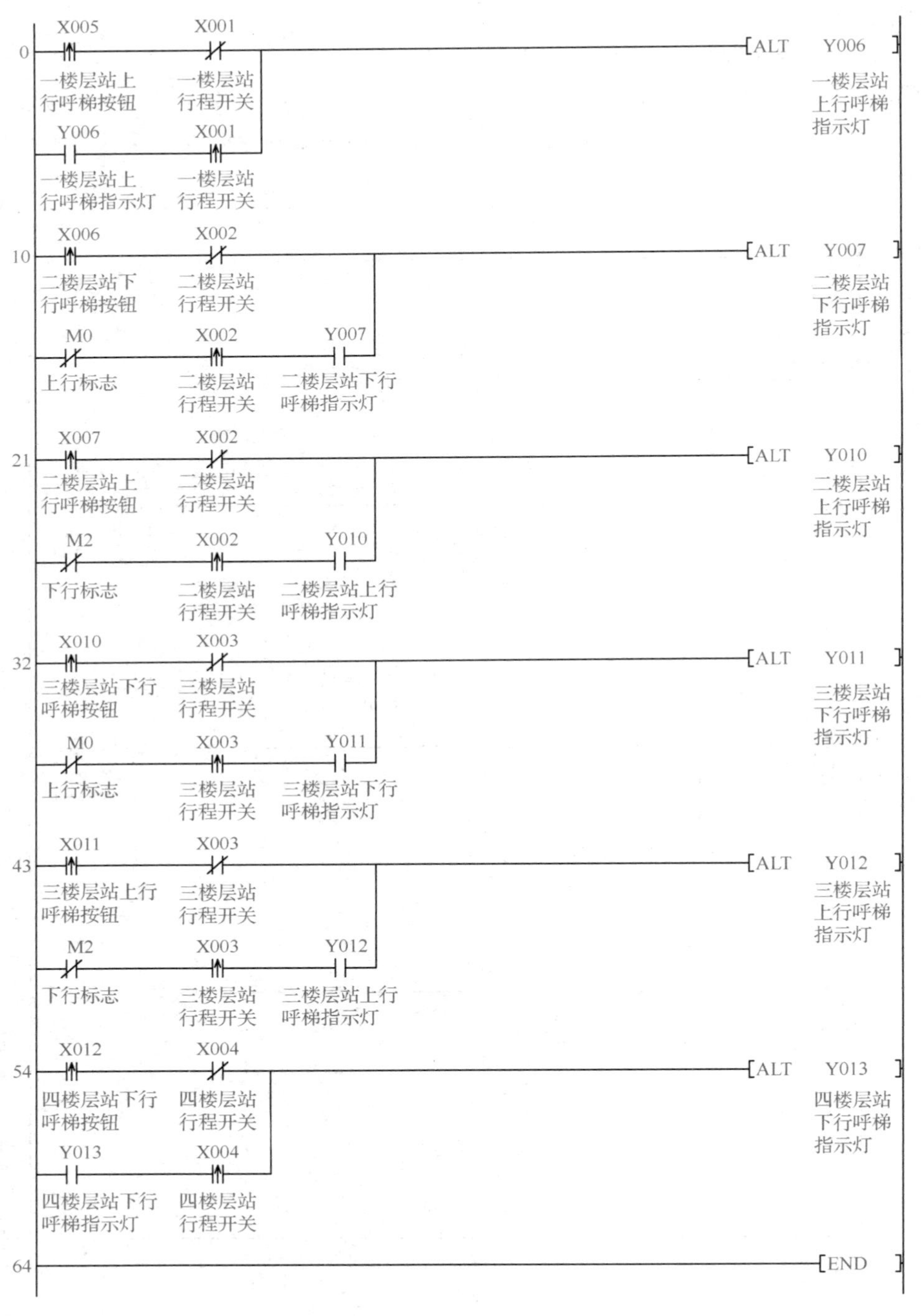

图 6-11　外呼梯信号登记程序

应用举例

如何实现二楼层站外上呼信号的登记?

程序分析：如果有乘客在二楼厅门外按下上行呼梯按钮 SB_3，则 X007 的常开触点闭合，驱动 PLC 执行［ALT Y010］指令，使 Y010 线圈得电，二楼层站内呼梯指示灯 HL_5 被点亮，表明该信号登记成功。为了保护已经登记成功的上呼信号不被误解除，即保护 Y010 线圈不被误失电，将二楼层站行程开关 X002 的常开触点与下行标志继电器 M2 的常闭触点串联在一起，这样即使轿厢从高楼层下行到二楼层站把行程开关 SQ_2 压开，Y010 线圈也会继续得电，二楼层站外上呼登记信号就始终被保持，不会被误解除。

③ 呼梯信号综合程序设计。呼梯信号综合就是把所有能驱使轿厢到达同一目标层站的呼梯信号综合在一起，为呼梯信号优先级排队做准备。呼梯信号综合程序如图 6-12 所示。

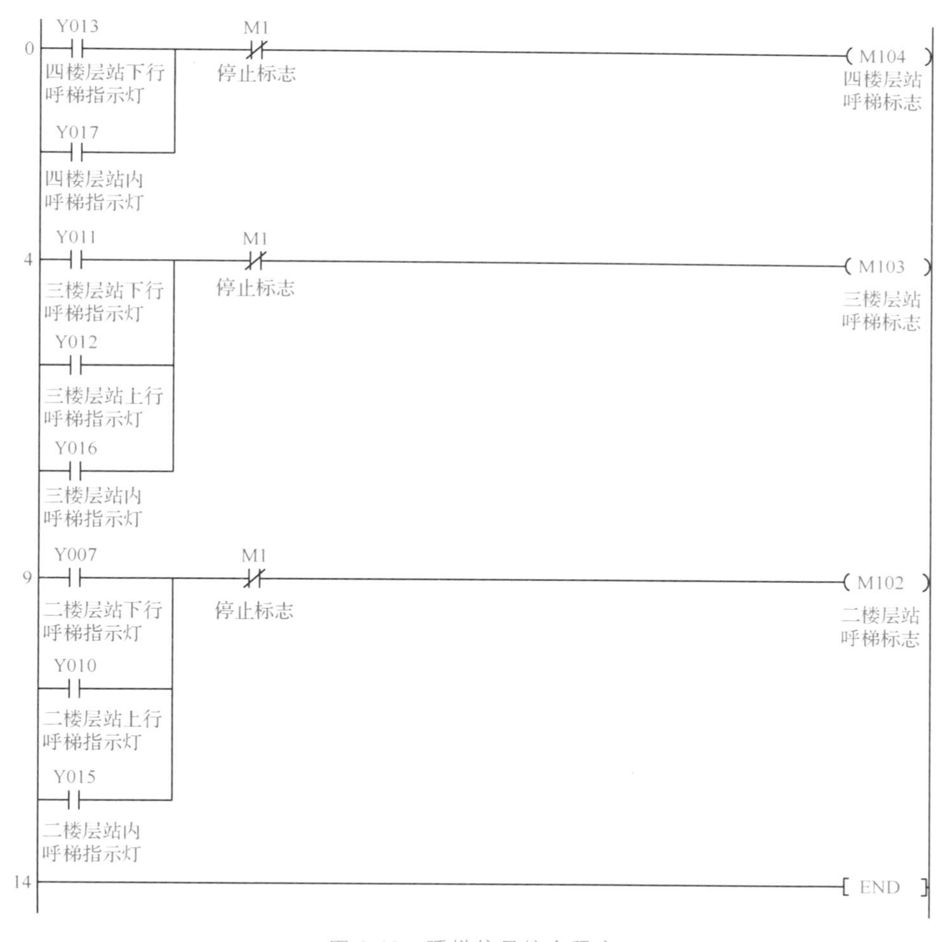

图 6-12 呼梯信号综合程序

应用举例

哪些呼梯信号对应的目标层站为三楼？如何对这些呼梯信号进行综合？

程序分析：能驱使轿厢到达三楼的呼梯信号有三个，分别是三楼层站的内呼信号、上呼信号和下呼信号，它们对应的呼梯信号登记继电器分别是Y011、Y012和Y016，把这三个继电器的常开触点并联起来，共同驱动中间继电器M103线圈得电，这样就形成了目标层站为三楼的信号大综合。

④ 呼梯信号优先级排队程序设计。在电梯上行过程中，为了使电梯能够顺利上行到呼梯信号所对应的“最高层站”，必须保证数据寄存器D1中存放的数据始终是当前的“最大值”，而这必须通过信号优先级排队才能实现。呼梯信号优先级比较排队程序如图6-13所示。由图6-13可知，四楼层站的综合呼梯信号优先级最高，三楼层站的综合呼梯信号优先级次之，二楼层站的综合呼梯信号优先级最低。

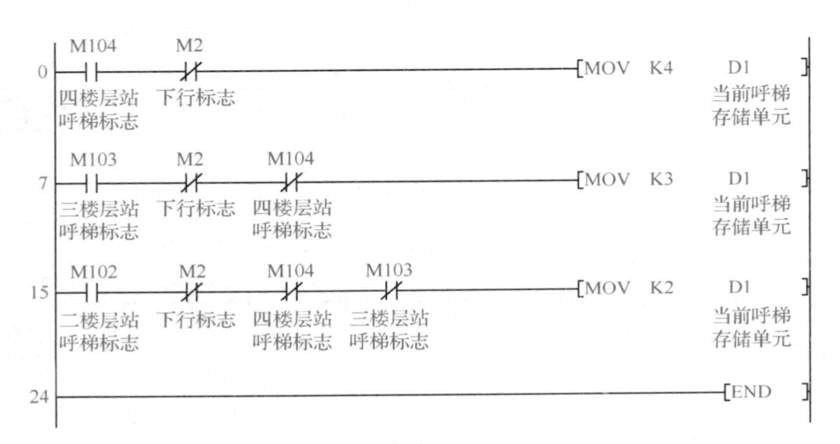

图6-13　呼梯信号优先级比较排队程序

应用举例

如果二楼层站、三楼层站和四楼层站的综合呼梯信号同时存在，那么该如何进行呼梯信号的优先级比较排队呢？

程序分析：因为四楼层站有综合呼梯信号，所以四楼层站综合呼梯信号所对应的中间继电器M104的常闭触点变成常开，封锁了三楼层站和二楼层站的综合呼梯信号的输入。此时只有四楼层站的综合呼梯信号可以执行数据传送指令，从而保证了四楼层站综合呼梯信号的优先级最高。同理，如果二楼层站和三楼层站的综合呼梯信号同时存在，则三楼层站综合呼梯信号所对应的中间继电器M103的常闭触点变成常开，封锁了二楼层站的综合呼梯信号的输入，从而保证了三楼层站比二楼层站综合呼梯信号的优先级高。

⑤ 呼梯信号选中程序设计。电梯在运行过程中，如何能顺向截停，使轿厢停靠在中间经停层站呢？答案就是通过呼梯信号选中来实现。呼梯信号选中就是把所有能驱使轿厢到达同一目标层站的顺向呼梯信号综合在一起。呼梯信号选中程序如图6-14所示。

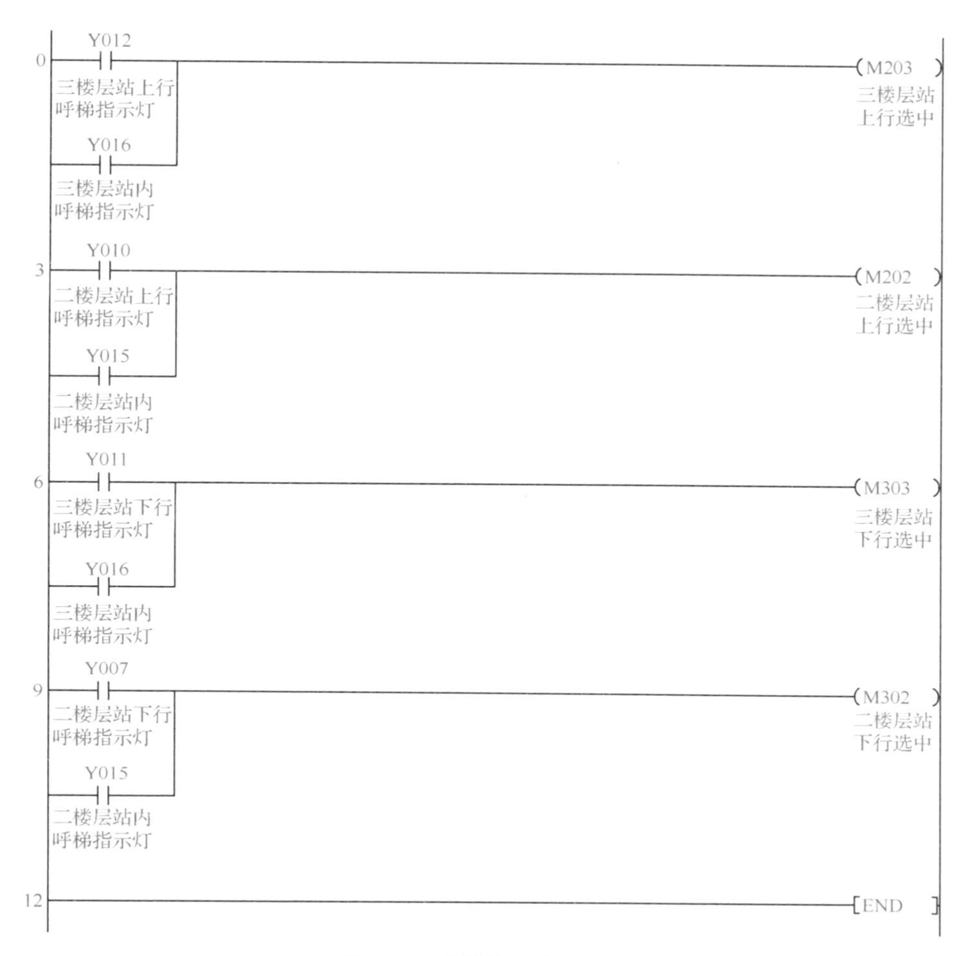

图 6-14 呼梯信号选中程序

应用举例

假设电梯现在从一楼层站开始向四楼层站运行，那么二楼层站上呼梯信号如何选中呢？

程序分析：如果乘客在二楼厅门外按下上行呼梯按钮 SB_3，则 X007 的常开触点闭合，使 Y010 线圈得电，表明该信号登记成功。由于 Y010 的常开触点变成常闭，使中间继电器 M202 线圈得电，故 M202 的常闭触点变成常开，使其与 X002 并联的路径断开，从而完成二楼上呼梯信号的选中。

⑥ 判断电梯运行方向程序设计。用数据寄存器 D1 中的数据和数据寄存器 D0 中的数据进行比较，比较的结果如果是“大于”，则大于标志继电器的常开触点闭合，电梯保持上行状态，直至上行到当前已有呼梯信号所对应的“最高层站”。如果电梯在上行过程中有更高层站的呼梯信号，则数据寄存器 D1 中的数据将被刷新，变为更大的立即数。判断电梯运行方向的程序如图 6-15 所示。

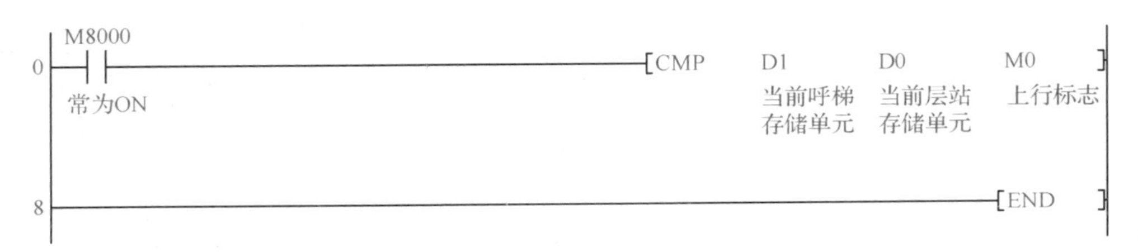

图 6-15 判断电梯运行方向的程序

应用举例

假设电梯初始位置在一楼层站，轿厢内有乘客要去四楼层站，那么电梯该如何运行？

程序分析：因为轿厢内的乘客要去四楼层站，所以该乘客按下四楼层站内呼按钮 SB_{10}，则 X016 的常开触点闭合，使 Y017 线圈得电，该信号登记成功。通过呼梯信号综合环节和呼梯信号优先级排队处理，使数据寄存器 D1 中的数据更新为立即数 4。用比较指令来比较数据寄存器 D1 中的数据和数据寄存器 D0 中的数据的大小，显然结果是“大于”，电梯上行标志继电器 M0 的常开触点变成常闭，则电梯上行继电器 Y000 得电，电梯处于上行工作状态。当电梯上行到达四楼层站时，轿厢压合四楼行程开关，使 X004 的常开触点变成常闭，数据寄存器 D0 中的数据更新为立即数 4，此时电梯上行标志继电器 M0 的常开触点恢复为常开状态，电梯上行继电器 Y000 失电，电梯停止上行。

⑦ 电梯顺向截停程序设计。如果电梯在运行途中经过的中间层站有顺向的呼梯信号，则该层站就是电梯的经停层站，此时经停层站对应的选中继电器得电，该层站就被选中，当轿厢运行到该层站时，轿厢压合该层站的行程开关，使控制电梯运行的输出继电器“暂时”失电，电梯就能顺向截停在对应的中间层站上。电梯顺向截停程序如图 6-16所示。

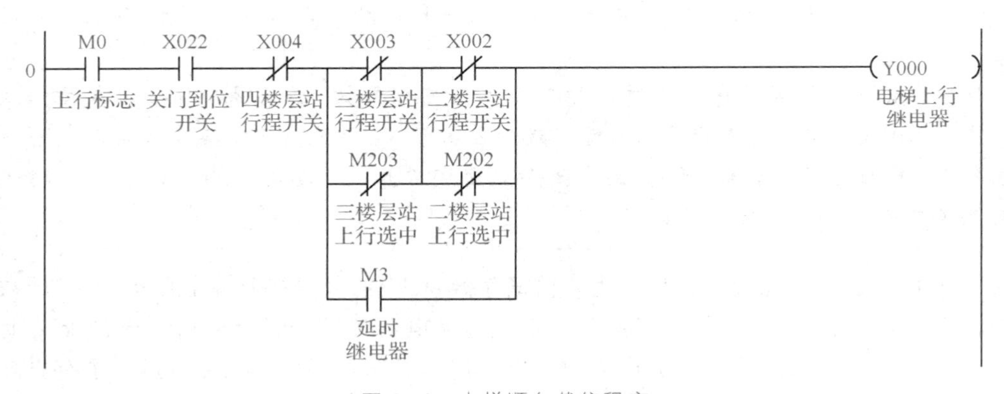

图 6-16 电梯顺向截停程序

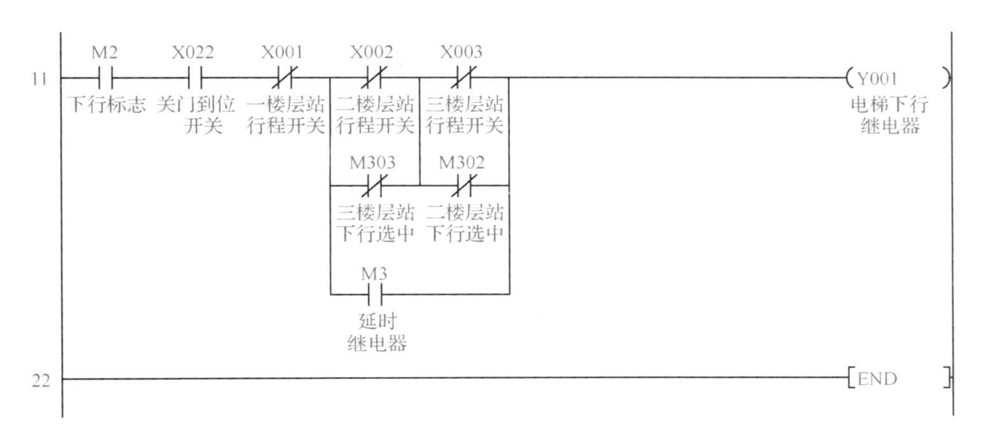

图 6-16 电梯顺向截停程序（续）

应用举例

电梯的初始位置在一楼层站，轿厢内有乘客要去四楼层站。在电梯上行过程中，二楼层站厅门外有乘客要上楼，三楼层站厅门外有乘客要下楼，试分析电梯该如何运行。

程序分析：电梯首先响应四楼层站内呼信号的控制要求，因为数据寄存器 D1 中的数据为 4，所以电梯上行。

在电梯由一楼层站向二楼层站运行的过程中，因为二楼层站有乘客要上楼，所以该乘客要按下二楼层站上呼按钮 SB_3，此时 X007 的常开触点闭合，使 Y010 线圈得电，表明二楼层站上呼梯信号登记成功。由于 Y010 线圈得电，其常开触点变成常闭，使中间继电器 M202 线圈得电，此时 M202 的常闭触点变成常开，使其与 X002 并联的路径断开，从而完成二楼上呼梯信号的选中。当轿厢到达二楼时，二楼行程开关 X002 的触点由常开变为常闭，使 Y000 线圈失电，电梯就能停靠在二楼层站。经过一段延时后，由于中间继电器 M3 得电，故中间继电器 M3 的常开触点闭合，使 Y000 再次得电，此时电梯由二楼继续上行。

在电梯由二楼层站向三楼层站运行的过程中，因为三楼层站有乘客要下楼，所以该乘客要按下三楼层站下呼按钮 SB_4，此时 X008 的常开触点闭合，使 Y011 线圈得电，表明三楼层站下呼梯信号登记成功。当电梯上行到三楼层站时，尽管三楼层站行程开关 X003 的常开触点变成常闭，但 Y000 线圈并未失电，所以电梯在三楼层站不停靠，继续上行。当电梯上行到达四楼层站时，轿厢压合四楼行程开关，使 X004 的常开触点变成常闭，数据寄存器 D0 中的数据更新为立即数 4，此时电梯上行标志继电器 M0 的常开触点恢复为常开状态，Y000 线圈失电，电梯就停止了上行。

在电梯由四楼层站向三楼层站运行的过程中，由于中间继电器 M303 线圈已经得电，故 M303 的常闭触点变成常开，使其与 X003 并联的路径断开，从而完成三楼下呼梯信号的选中。当电梯下行到达三楼层站时，轿厢压合三楼层站的行程开关，使 X003 的常闭触点变成常开，电梯在三楼层站停靠。

⑧ 电梯换向控制程序设计。当数据寄存器 D1 中的数据和数据寄存器 D0 中的数据相等时，电梯上行过程结束。输出继电器 Y000 线圈“完全”失电，电梯就停靠在呼梯信号所对应的“最高”层站。当电梯关门到位后，数据寄存器 D1 中被强制送进立即数 1，迫使电梯开始下行，整个下行过程要等到轿厢到达一楼层站以后才结束。电梯换向控制程序如图 6-17 所示。

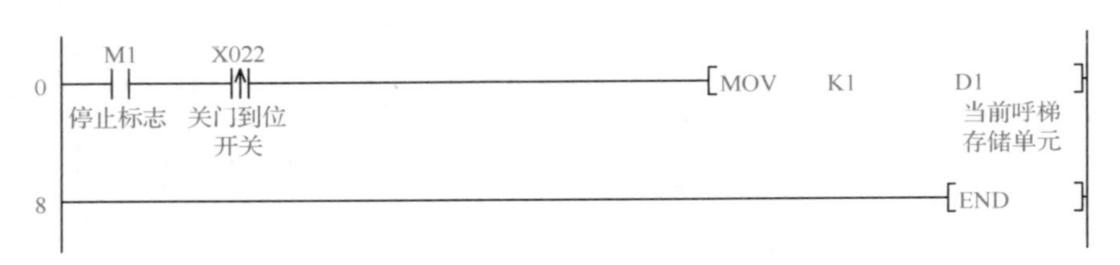

图 6-17　电梯换向控制程序

⑨ 电梯再启动控制程序设计。轿厢在中间层站经停期间，一旦轿厢门关门到位，继电器 M3 线圈得电，M3 的常开触点变成常闭，Y000 线圈得电，电梯又开始上行，定时器 T0 开始计时。当定时器 T0 计时满 2s 时，继电器 M3 线圈失电，定时器 T0 复位，电梯继续上行。电梯再启动控制程序如图 6-18 所示。

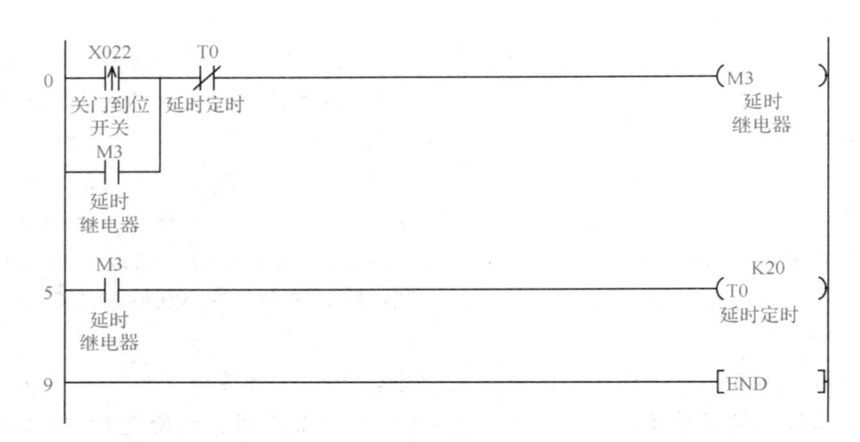

图 6-18　电梯再启动控制程序

⑩ 电梯开门控制程序设计。以轿厢在二楼层站开门为例，通常有三种情况要求电梯在二楼层站开门。第一种情况，当需要轿厢在二楼层站停靠时，一旦轿厢运行到二楼层站，电梯自动开门；第二种情况，轿厢在二楼层站停靠期间，在轿厢内按下开门按钮 SB_{11}，电梯手动开门；第三种情况，轿厢在二楼层站停靠期间，在厅门外按下二楼层站的外上呼梯按钮 SB_3，电梯手动开门。对于第一种情况，一旦轿厢运行到二楼层站，Y000 或 Y001 的触点会产生一个下降沿信号，使 Y002 线圈得电，实现自动开门。对于第二种情况，由于 Y000 和 Y001 线圈已经失电，所以按下开门按钮 SB_{11}，使 Y002 线圈得电，实现手动开门。对于第三种情况，由于 M0 已经为 ON，Y000 线圈也已失电，所以按下二楼层站的外上呼梯按钮 SB_3，也能使 Y002 线圈得电，实现手动开门。电梯开门控制程序如图 6-19 所示。

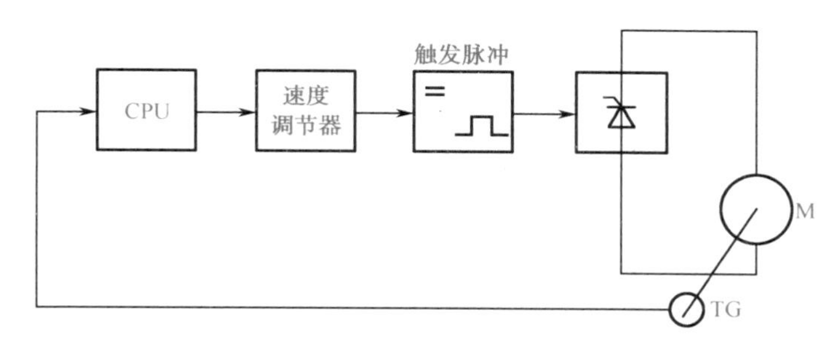

图 6-19 电梯开门控制程序

⑪ 电梯关门控制程序设计。以轿厢在二楼层站关门为例，通常有两种情况要求电梯在二楼层站关门。第一种情况，当轿厢在二楼层站停靠时间满 8s 时，电梯自动关门。第二种情况，在轿厢内按下关门按钮 SB_{12}，电梯手动关门。对于第一种情况，当定时器 T1 计时满 8s 时，T1 的常开触点变成常闭，使 Y003 线圈得电，实现自动关门。对于第二种情况，由于 Y000 和 Y001 线圈已经失电，所以按下关门按钮 SB_{12}，也能使 Y003 线圈得电，实现手动关门。电梯关门控制程序如图 6-20 所示。

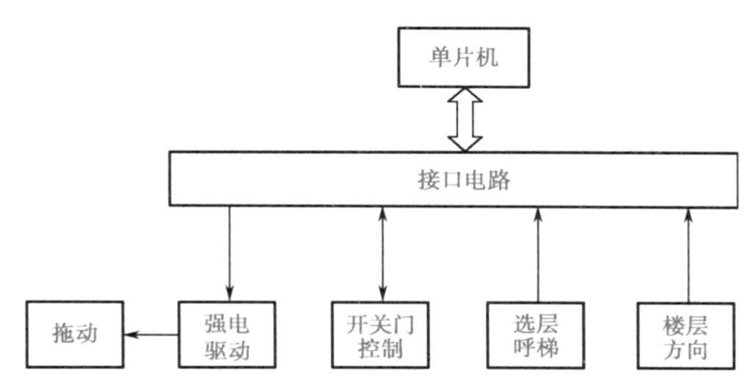

图 6-20 电梯关门控制程序

⑫ 电梯运行指示。在 M0 为 ON 期间，如果 Y000 线圈得电，在继电器 M8013 的作用下，Y020 线圈周期性得电和失电，电梯上行指示灯周期性闪烁；如果 Y000 线圈失电，Y020 线圈长时间得电，电梯上行指示灯长亮。在 M2 为 ON 期间，如果 Y001 线圈得电，在继电器 M8013 的作用下，Y021 线圈周期性得电和失电，电梯下行指示灯周期性闪烁；如果 Y001 线圈失电，Y021 线圈长时间得电，电梯下行指示灯长亮。电梯运行指示程序如图 6-21 所示。

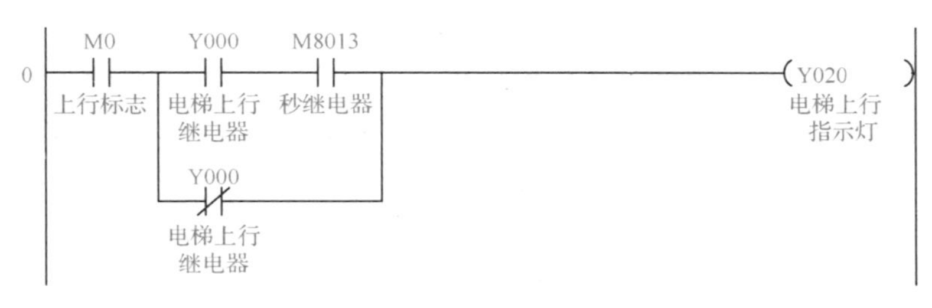

图 6-21 电梯运行指示程序

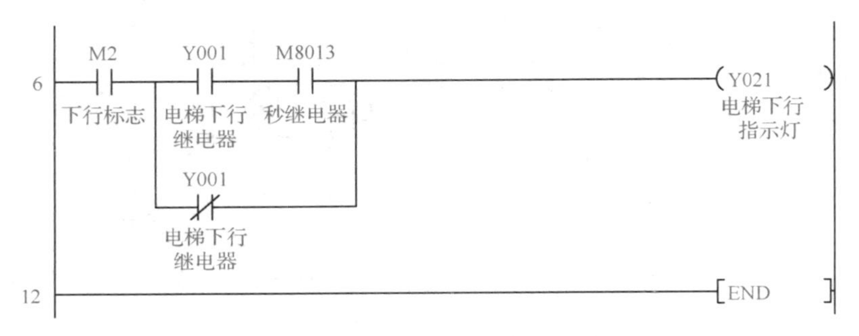

图 6-21　电梯运行指示程序（续）

综合以上各控制环节程序，得到电梯 PLC 控制主程序，如图 6-22 所示。

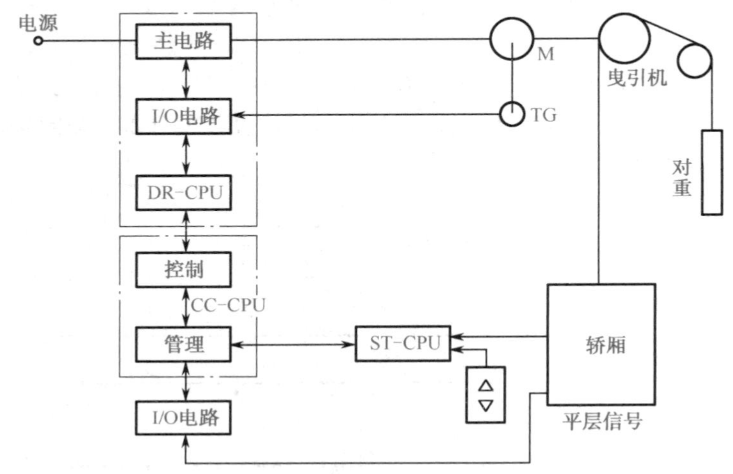

图 6-22　电梯 PLC 控制主程序

6.4　基于 PLC 控制的杂物梯编程技术

杂物梯是一种运送小型货物的电梯，它的特点是轿厢小、不能载人，只能通过手动方式打开或关闭电梯门。杂物梯主要应用于图书馆、办公楼及饭店等场合，多用于运送图书、文件及食品等杂物。

杂物梯

1. 四层站杂物梯控制要求

（1）电梯的初始位置在一楼层站，指层器显示数字为“1”。

（2）当按下呼梯按钮时，目标层站指示灯和占用指示灯被点亮，电梯向目标层站方向运行。当杂物梯到达目标层站后，电梯停止运行，目标层站指示灯熄灭。

（3）在电梯靠站停留的最初 10s 内，占用指示灯仍然点亮。在此期间，如果按下当前层站所对应的呼梯按钮，那么占用指示灯将再延长亮 10s。

（4）在占用指示灯亮时，任何选层操作均无效。

（5）当按下急停按钮时，电梯立即停止运行。

(6) 电梯具有指层显示和运行指示功能。

2. 杂物梯程序设计

杂物梯程序设计

PLC 的输入/输出地址分配见表 6-2，杂物梯 PLC 控制系统的电气原理图如图 6-23 所示。

表 6-2 PLC 的输入/输出地址分配

说明	PLC 软元件	元件文字符号	元件名称	控制功能
输入	X001	SQ_1	行程开关	一楼层站检测
	X002	SQ_2	行程开关	二楼层站检测
	X003	SQ_3	行程开关	三楼层站检测
	X004	SQ_4	行程开关	四楼层站检测
	X005	SB_1	按钮	一楼层站 1 号呼梯
	X006	SB_2	按钮	一楼层站 2 号呼梯
	X007	SB_3	按钮	一楼层站 3 号呼梯
	X010	SB_4	按钮	一楼层站 4 号呼梯
	X011	SB_5	按钮	二楼层站 1 号呼梯
	X012	SB_6	按钮	二楼层站 2 号呼梯
	X013	SB_7	按钮	二楼层站 3 号呼梯
	X014	SB_8	按钮	二楼层站 4 号呼梯
	X015	SB_9	按钮	三楼层站 1 号呼梯
	X016	SB_{10}	按钮	三楼层站 2 号呼梯
	X017	SB_{11}	按钮	三楼层站 3 号呼梯
	X020	SB_{12}	按钮	三楼层站 4 号呼梯
	X021	SB_{13}	按钮	四楼层站 1 号呼梯
	X022	SB_{14}	按钮	四楼层站 2 号呼梯
	X023	SB_{15}	按钮	四楼层站 3 号呼梯
	X024	SB_{16}	按钮	四楼层站 4 号呼梯
输出	Y001	HL_1	指示灯	电梯去一楼层站指示
	Y002	HL_2	指示灯	电梯去二楼层站指示
	Y003	HL_3	指示灯	电梯去三楼层站指示
	Y004	HL_4	指示灯	电梯去四楼层站指示
	Y010	FWD	正转端子	电梯上行控制
	Y011	REV	反转端子	电梯下行控制
	Y012	HL_5	指示灯	占用指示
	Y020～Y027		数码管	当前层站显示

杂物梯 PLC 控制主程序如图 6-24 所示，以下从四个方面进行程序分析，具体分析如下：

(1) 初始化设置。在 M8000 继电器的驱动下，PLC 执行［FMOV K1 D0 K2］指令，使 (D0) = (D1) = K1，将一楼层站设置为基站，完成程序初始化。

（2）层站检测。在M8000继电器的驱动下，PLC执行［ENCO X000 D0 K3］指令。如果行程开关SQ_1受压，则X001常开触点闭合，使得（D0）= K1，说明轿厢在一楼层站；如果行程开关SQ_2受压，则X002常开触点闭合，使得（D0）= K2，说明轿厢在二楼层站；如果行程开关SQ_3受压，则X003常开触点闭合，使得（D0）= K3，说明轿厢在三楼层站；如果行程开关SQ_4受压，则X004常开触点闭合，使得（D0）= K4，说明轿厢在四楼层站。

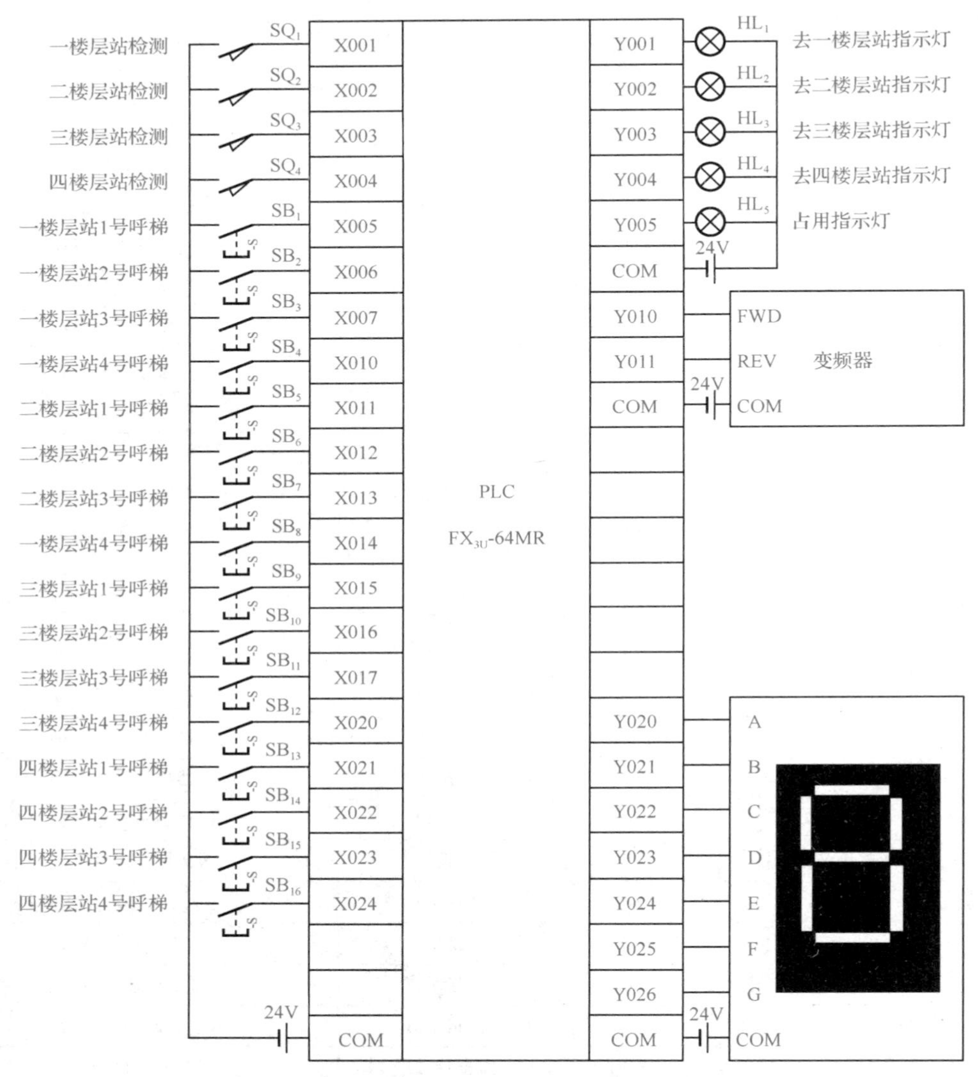

图6-23 杂物梯PLC控制系统电气原理图

（3）指层显示。在M8000继电器的驱动下，PLC执行［SEGD D0 K2Y020］指令，通过#2输出单元显示轿厢的当前位置。

（4）呼梯信号处理。以呼叫电梯去四楼层站为例，假设现在电梯没被占用，并且轿厢不在四楼层站，按下呼梯按钮SB_{16}，PLC执行［MOV K4 D1］指令，使得（D1）= K4，同时Y004线圈得电，4号指示灯被点亮，四楼层站被指定为目标层站。当轿厢到达四楼层站时，四楼层站的行程开关SQ_4受压，X004常闭触点断开，使Y004线圈失电，4号指示灯熄灭。

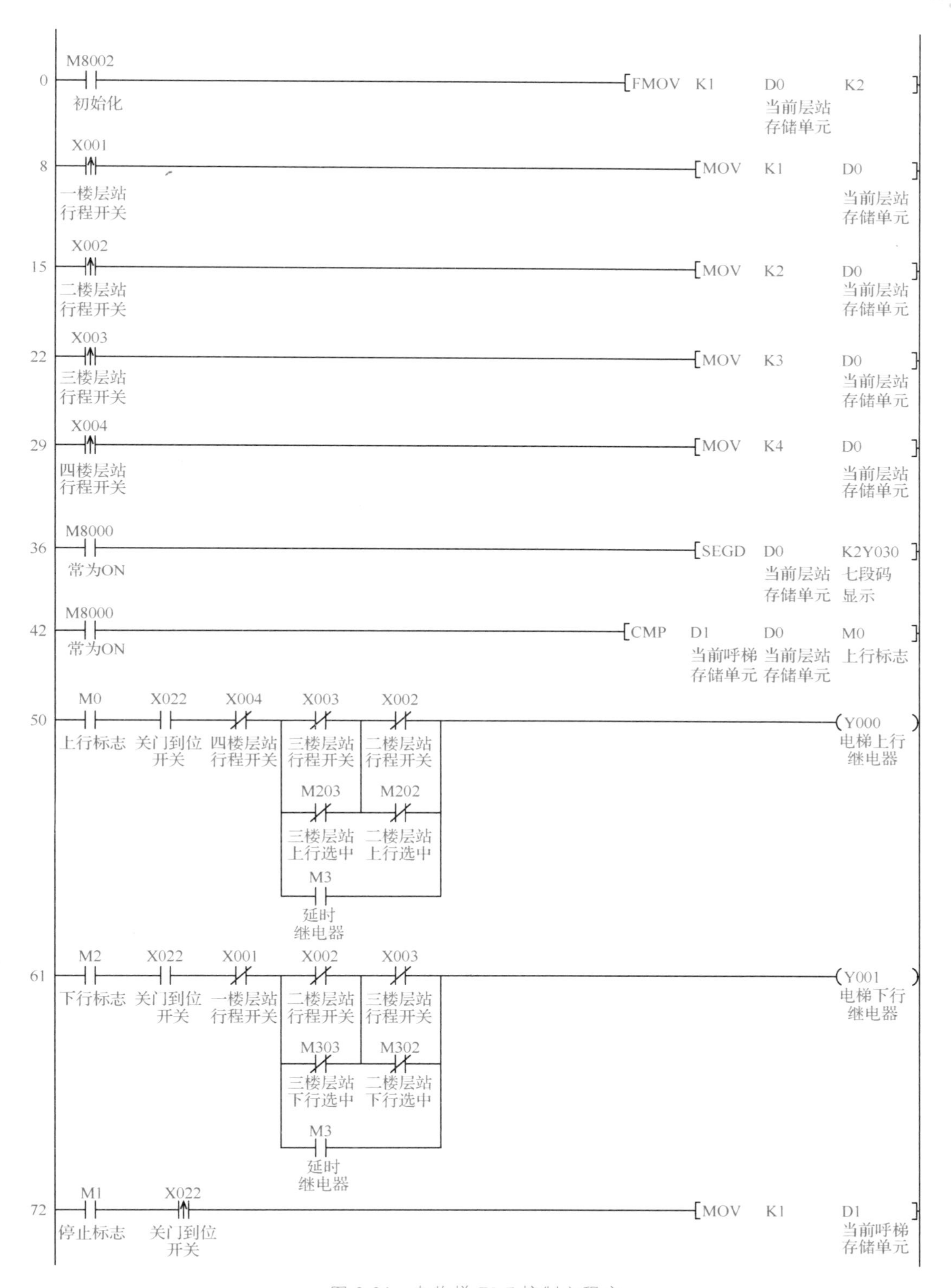

图 6-24 杂物梯 PLC 控制主程序

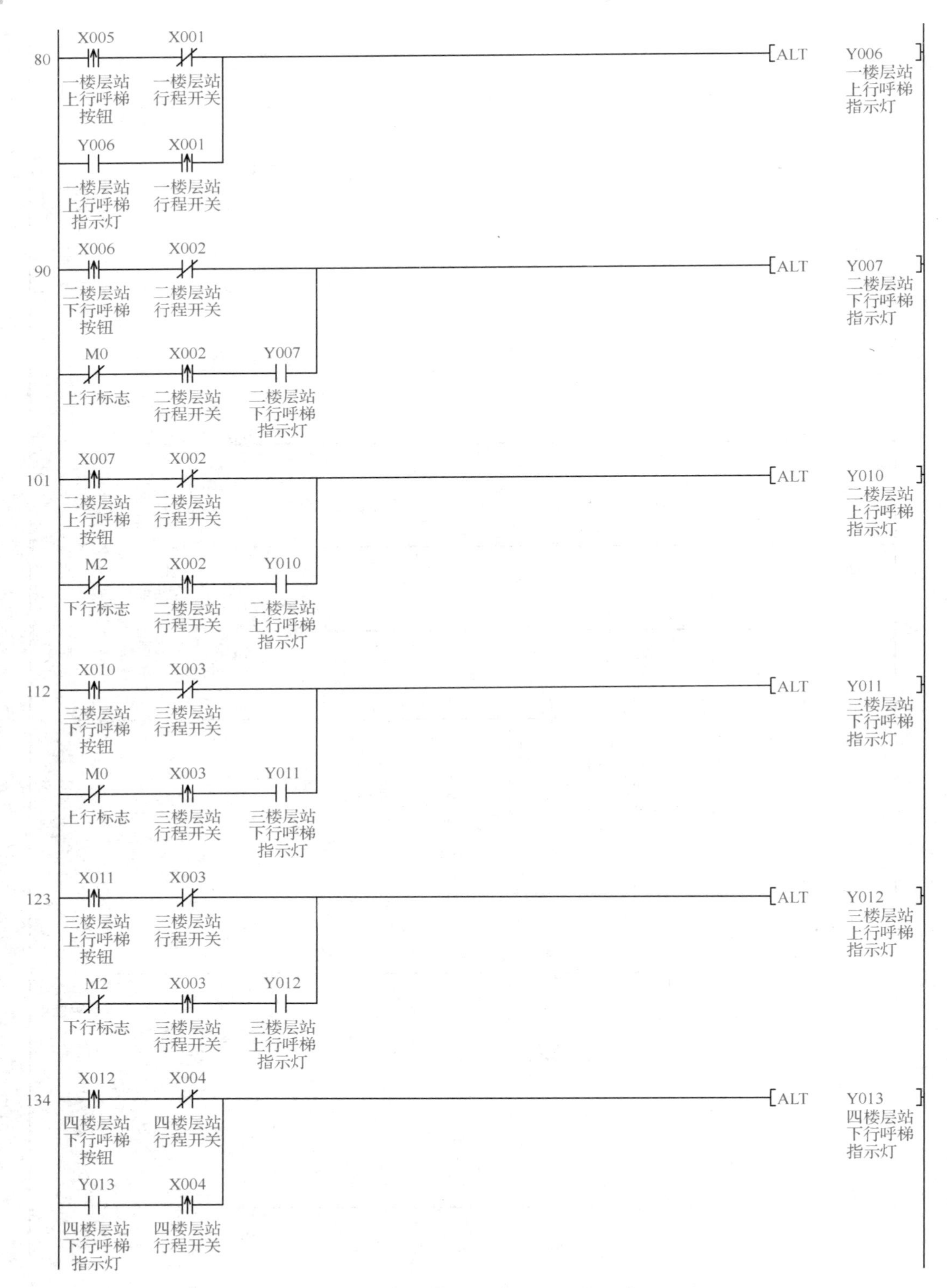

图 6-24　杂物梯 PLC 控制主程序（续）

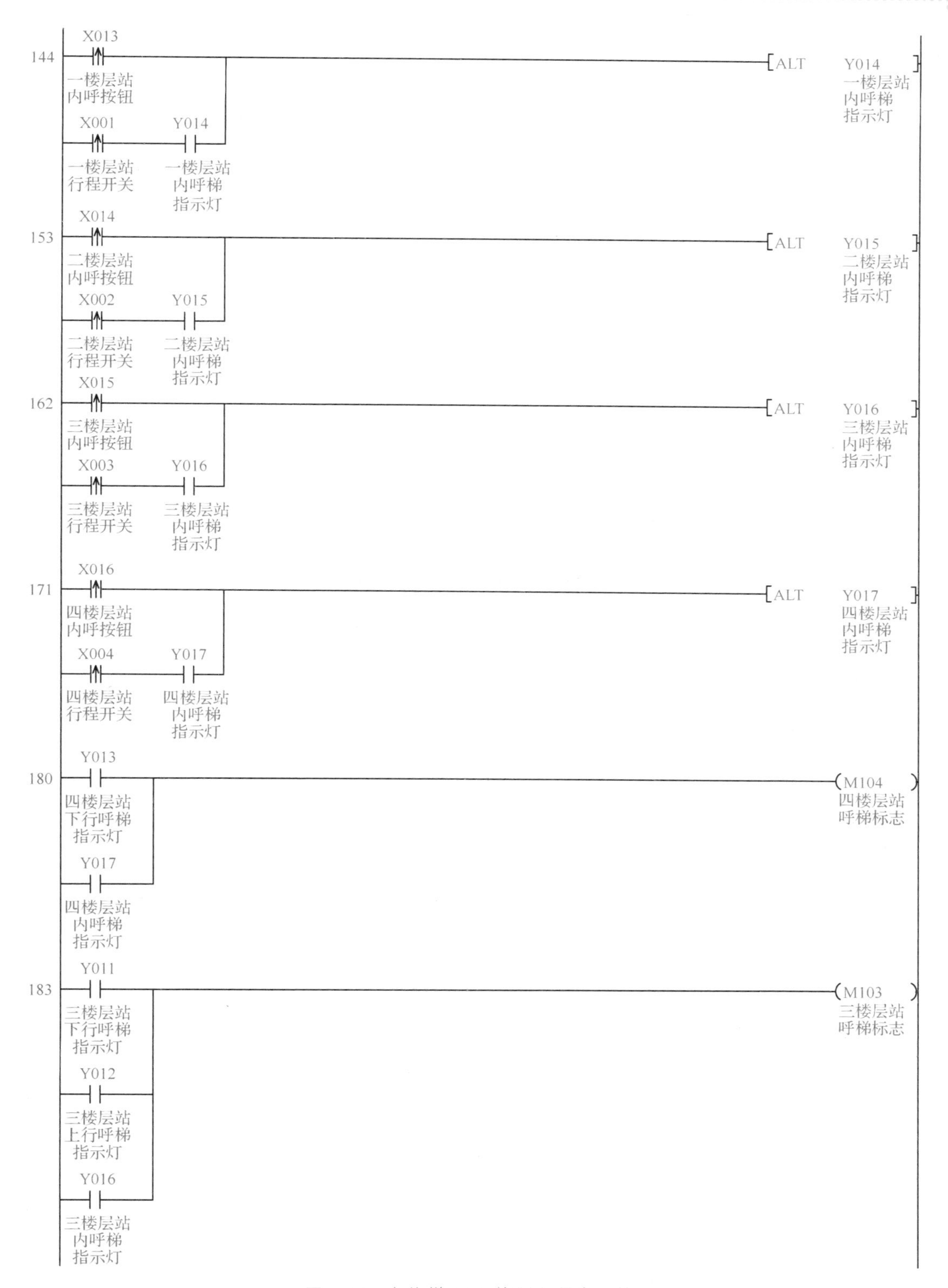

图 6-24 杂物梯 PLC 控制主程序（续）

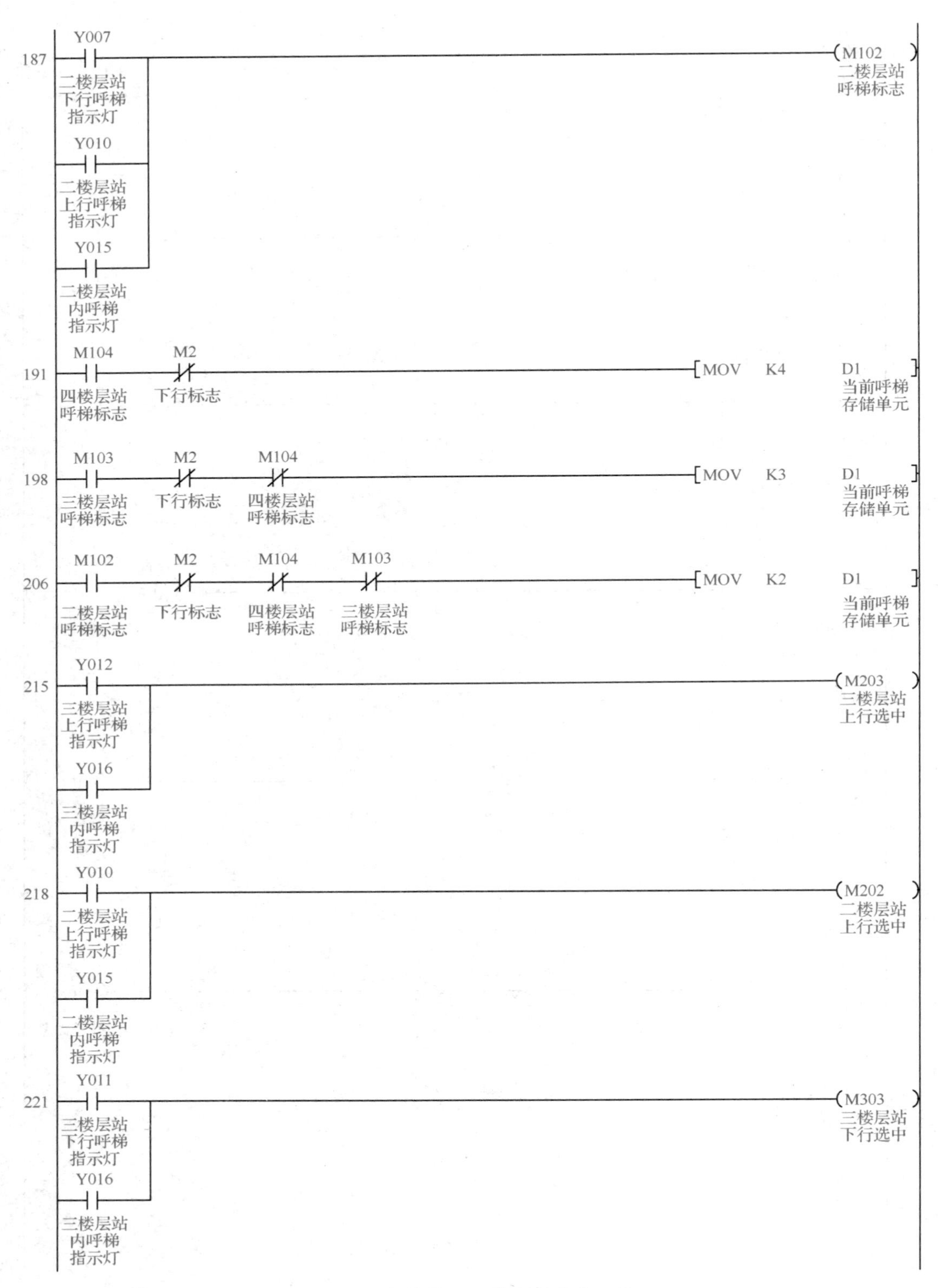

图 6-24　杂物梯 PLC 控制主程序（续）

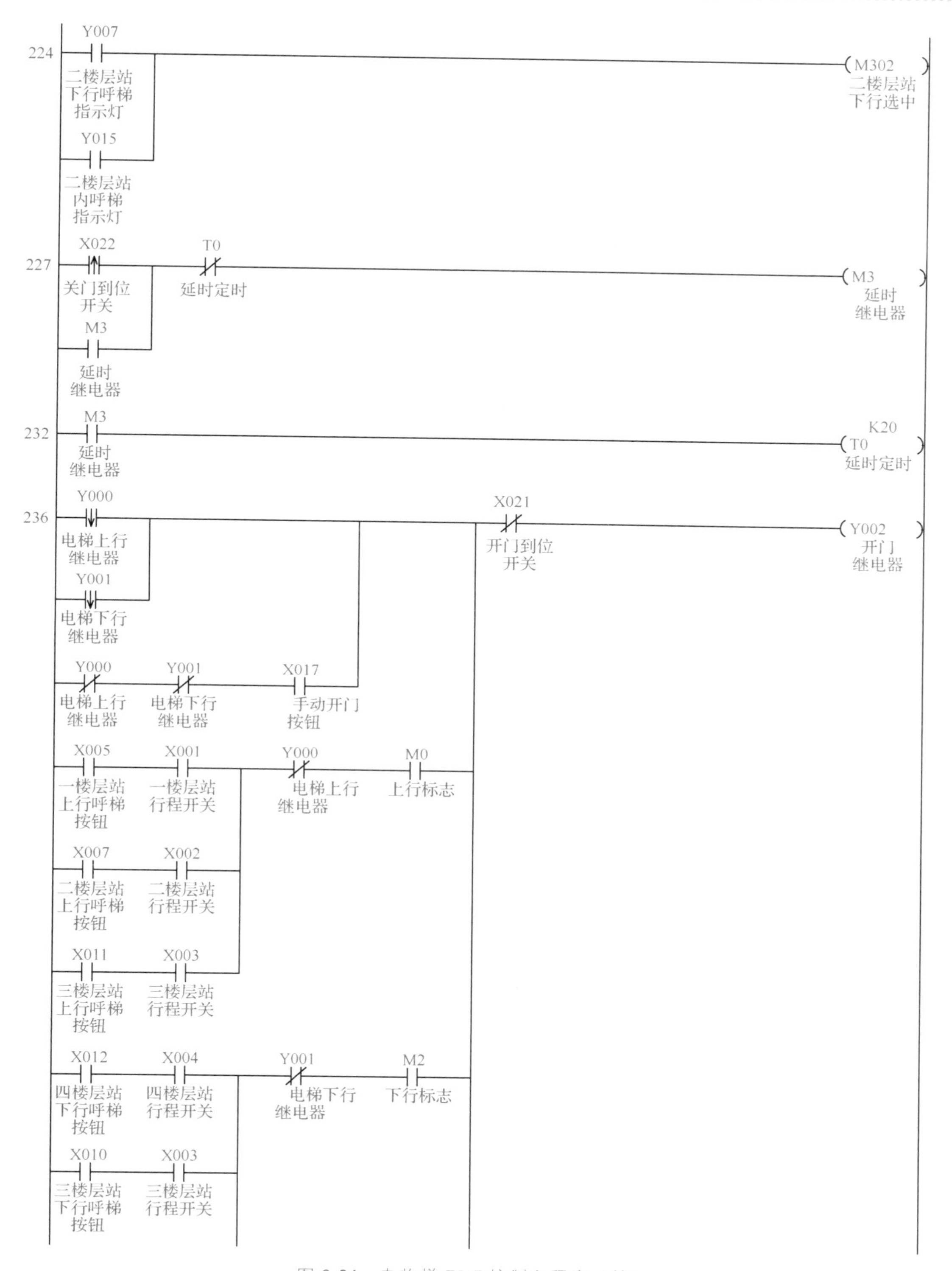

图 6-24 杂物梯 PLC 控制主程序（续）

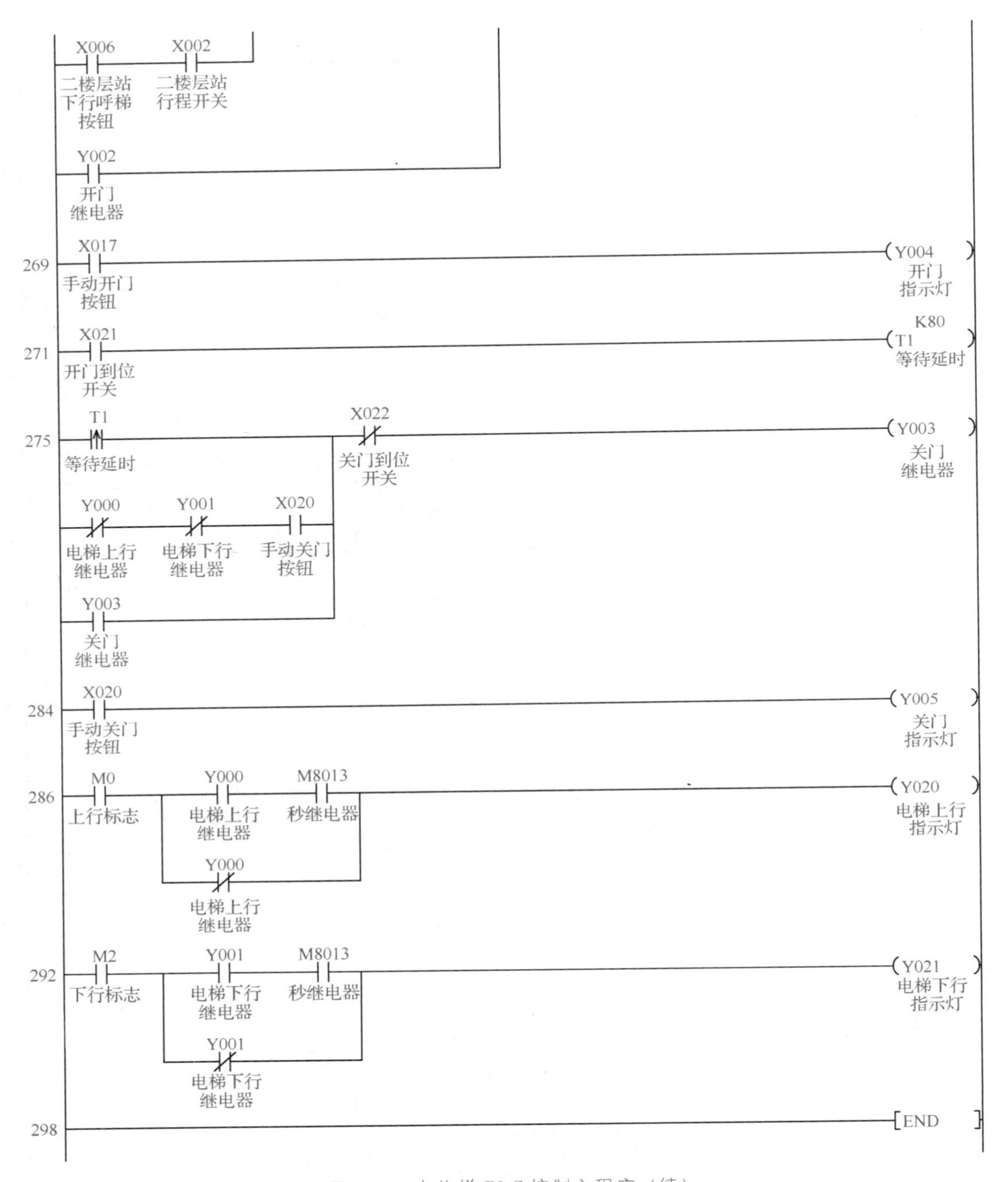

图 6-24 杂物梯 PLC 控制主程序（续）

（5）运行方向控制。在 M8000 继电器的驱动下，PLC 执行［CMP D1 D0 M0］指令，当（D1）＞（D0）时，M0 为 ON 状态，Y010 线圈得电，轿厢上行；当（D1）＝（D0）时，M1 为 ON 状态，Y010 线圈和 Y011 线圈不得电，轿厢停止运行；当（D1）＜（D0）时，M2 为 ON 状态，Y011 线圈得电，轿厢下行。

（6）占用灯控制。以呼叫电梯去四楼层站为例，当按下呼梯按钮 SB_{16} 时，Y010 线圈得电，Y010的触点由常开变为常闭，此时Y012线圈得电，占用灯被点亮。当Y010线圈失电时，M3线圈得电，定时器T0开始对装卸工作进行计时。如果在10s内没能完成装卸工作，可再次按下呼梯按钮SB_{16}，PLC执行［RST T0］指令，使定时器T0被强制复位，定时器T0又重新开始对装卸工作进行计时。当定时器T0计时满10s时，Y012线圈和M3线圈失电，占用灯熄灭。在电梯占用期间，由于Y012的触点由常闭变成常开，所以任何呼梯操作均无效。

6.5 总线技术在电梯控制系统中的应用

基于总线技术研发的智能电梯是电梯行业技术进步的一个典型代表，代表了今后电梯控制技术的发展方向。下面以三菱CC-Link总线为例，介绍总线技术在电梯控制系统中的应用。

1. 三菱CC-Link总线基础

CC-Link是Control & Communication-Link System的简称。它是一种源于日本的开放式现场总线，是一种关于控制和通信的链接系统。在生产现场，通过CC-Link总线将各个生产设备的通信和控制链接在一起，构成一种工业控制网络。

在CC-Link总线模式下搭建的电梯控制网络运行平台如图6-25所示。该平台采用总线通信方式，实现多部电梯集中调度、远程监控等功能。

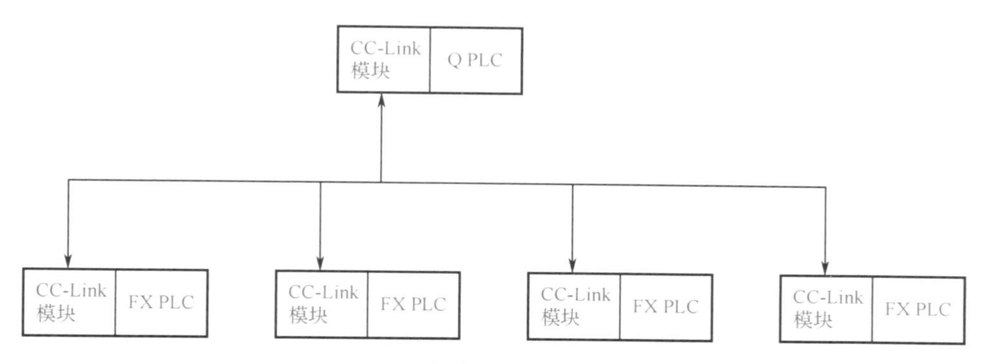

图6-25 电梯控制网络运行平台

（1）三菱CC-Link通信模块。在图6-25中，上位机是主站，选用的控制器是三菱Q系列PLC；电梯是从站，选用的控制器是三菱FX系列PLC；主站与从站之间的信息交换是通过CC-Link通信模块来完成的。

主站的CC-Link通信模块如图6-26所示，从站的CC-Link通信模块如图6-27所示。

CC-Link网络的规模由电梯的数量决定。一般情况下，一个最简单的CC-Link网络可由1个主站和若干个从站通过屏蔽双绞线进行连接。CC-Link网络连接如图6-28所示，主站模块连接实物图如图6-29所示，从站模块连接实物图如图6-30所示。

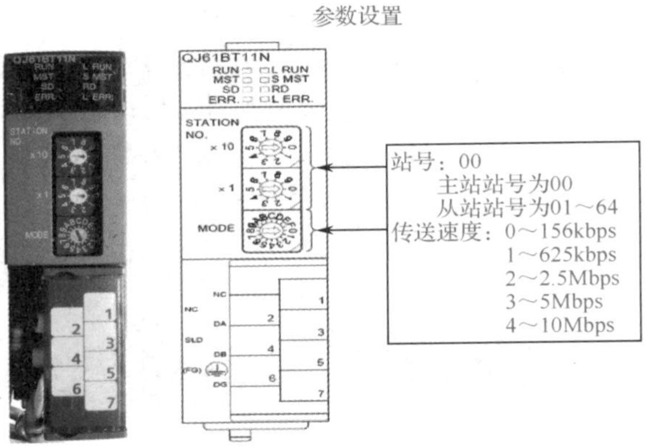

参数设置

QJ61BT11N

站号：00
主站站号为00
从站站号为01～64
传送速度：0～156kbps
1～625kbps
2～2.5Mbps
3～5Mbps
4～10Mbps

图 6-26　主站的 CC-Link 通信模块

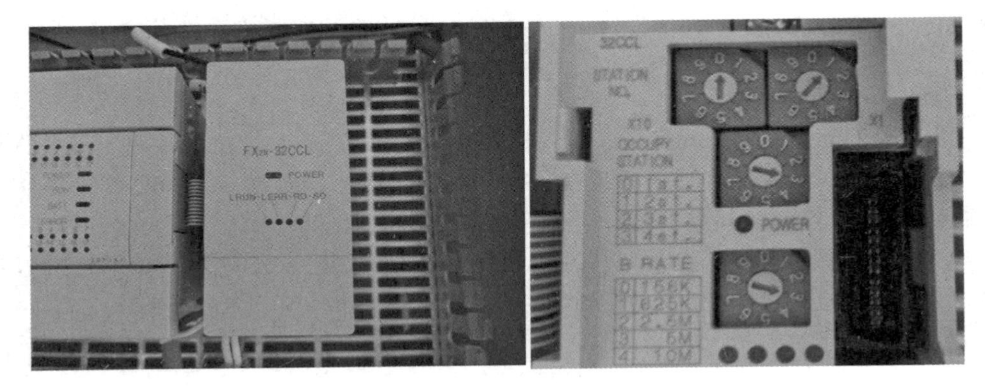

图 6-27　从站的 CC-Link 通信模块

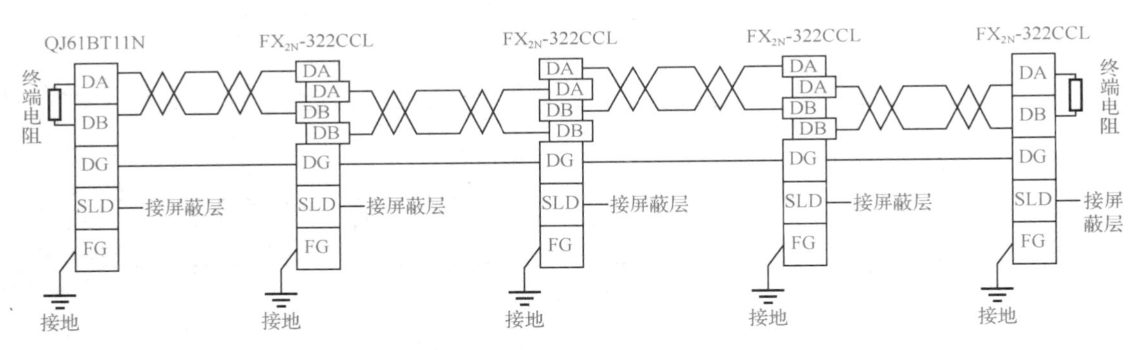

图 6-28　CC-Link 网络连接

（2）逻辑站。逻辑站是 CC-Link 主站通信模块的基本通信单位。在主站模块 QJ61BT11N 内部有 64 个逻辑站，每个逻辑站都由远程输入继电器、远程输出继电器、远程写寄存器和远程读寄存器组成。其中，远程输入继电器和远程输出继电器各有 32 个，远程写寄存器和远程读寄存器各有 4 个。

逻辑站的分配原则是根据主站与从站之间交换信息的多少来确定。例如，在 CC-Link 网络运行平台上连接了 4 部电梯，每部电梯需要占用 2 个逻辑站，那么逻辑站的分配与电梯编号的对应关系如表 6-3 所示。

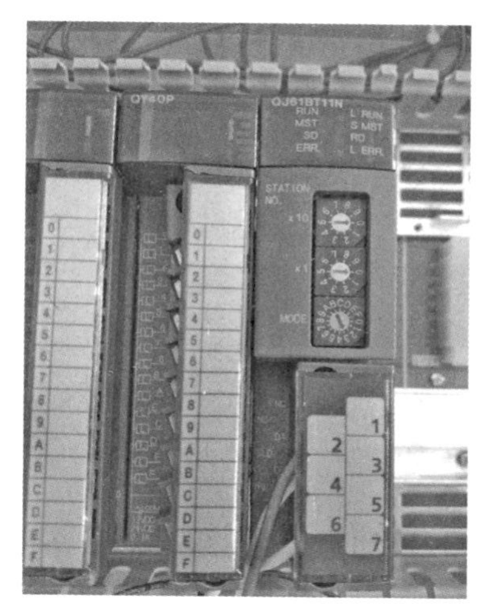

（a）整体图

（b）局部放大图

图 6-29　主站模块连接实物图

图 6-30　从站模块连接实物图

CC-Link 网络平台采用 1∶*N* 主从串行通信方式，主站的 Q 系列 PLC 通过站号来区分不同从站的电梯。每部电梯的通信站号是由该电梯占用的首个逻辑站的编号确定的，例如，在表 6-3 中，第 1 部电梯的通信站号为 1，第 2 部电梯的通信站号为 3，第 3 部电梯的通信站号为 5，第 4 部电梯的通信站号为 7。

表 6-3　逻辑站的分配与电梯编号的对应关系

逻辑站编号	1	2	3	4	5	6	7	8
电梯序号	1		2		3		4	
通信站号	1		3		5		7	

（3）通信设置。CC-Link 网络通信设置分为硬件设置和软件设置。硬件设置就是在通信模块的拨码盘上对通信站号和通信传输速率进行拨号。每个通信站的拨号应依据电梯在平台上的实际通信位置来设置，所有通信站的通信传输速率应保持一致。软件设置只需要在主站

的 Q 系列 PLC 编辑软件上设置即可，如图 6-31 所示。

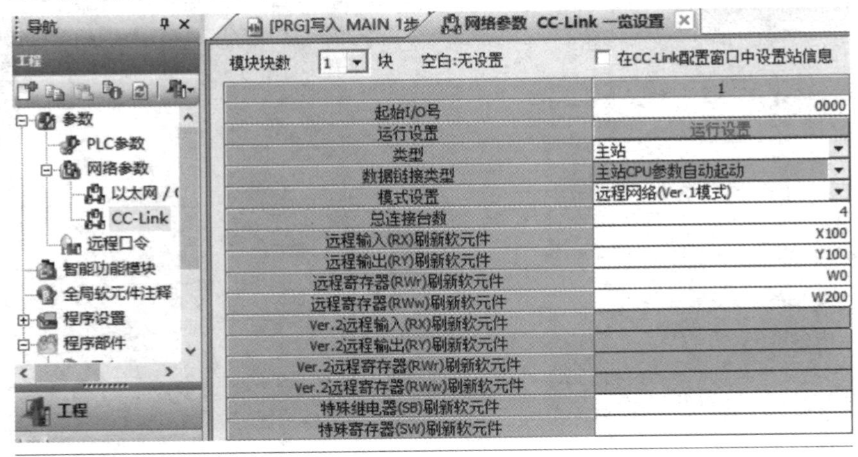

图 6-31　CC-Link 网络通信软件设置

2. 三菱 CC-Link 总线通信

（1）从站 PLC 读从站缓冲寄存器。

方法：使用 MOV 指令（适用于 FX_{3U} 和 FX_{5U} 机型）。

目的：从站的 FX 系列 PLC 读取该从站模块缓冲寄存器某些特定单元中的数据，从站的 FX 系列 PLC 就能得到来自主站 Q 系列 PLC 发出的命令（也就是 Q 系列 PLC 远程输出 RY 的信息）。

举例：如果 1 号从站的 FX 系列 PLC 读取了该从站缓冲寄存器 ♯0 单元中的数据，则 1 号从站（第 1 部电梯）的 FX 系列 PLC 就得到了来自主站 Q 系列 PLC 远程输出 Y100～RY10F 的状态信息，此信息就是主站 Q 系列 PLC 下传给 1 号从站 FX 系列 PLC 的位控信息，1 号从站的 PLC 读从站缓冲寄存器的程序如图 6-32 所示。同理，如果 3 号从站（第 2 部电梯）的 FX 系列 PLC 读取了该从站缓冲寄存器 ♯0 单元中的数据，则 3 号从站的 FX 系列 PLC 就得到了来自主站 Q 系列 PLC 的远程输出 Y140～ RY14F 的状态信息，此信息就是主站 Q 系列 PLC 下传给 3 号从站 FX 系列 PLC 的位控信息。

图 6-32　读从站缓冲寄存器 ♯0 单元程序

（2）从站 PLC 写从站缓冲寄存器。

方法：使用 MOV 指令（适用于 FX_{3U} 和 FX_{5U} 机型）。

目的：从站 FX 系列 PLC 向该从站模块缓冲寄存器某些特定单元中写数据，主站 Q 系列

PLC 就能得到来自从站 FX 系列 PLC 的上传信息（也就是 Q 系列 PLC 远程输入 RX 的信息）。

举例：如果向 1 号从站（第 1 部电梯）缓冲寄存器 ♯0 单元中写数据，则主站 Q 系列 PLC 就能得到远程输入 X100～ X10F 的状态信息，此信息就是 1 号从站 FX 系列 PLC 上传给主站 Q 系列 PLC 的位控信息，1 号从站 PLC 写从站缓冲寄存器程序如图 6-33 所示。同理，如果向 3 号从站（第 2 部电梯）缓冲寄存器 ♯0 单元中写内容，则主站 Q 系列 PLC 就能得到远程输入 X140～ X14F 的状态信息，此信息就是 3 号从站 FX 系列 PLC 上传至主站 Q 系列 PLC 的位控信息。

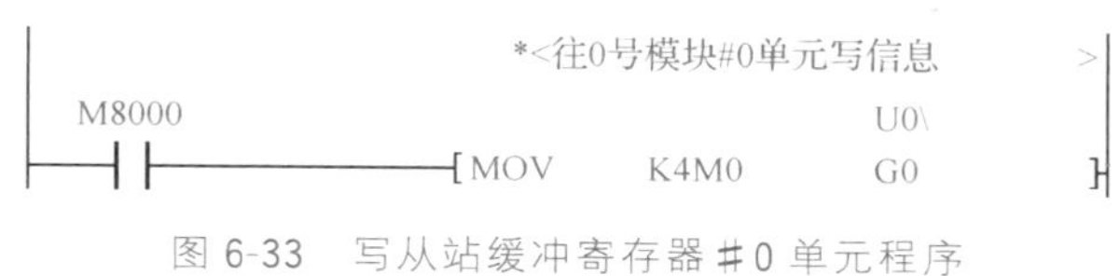

图 6-33 写从站缓冲寄存器 ♯0 单元程序

6.6 微机在电梯控制系统中的应用

在电梯控制系统中，采用微机控制电梯可以减小控制系统体积、降低成本、节约能源、提高可靠性、增强通用性、增大灵活性，并能实现复杂的调配管理功能和远程监控功能等。

1. 电梯控制系统的组成

电梯采用微机控制方式，其电气控制系统结构框图如图 6-34 所示，现场图如图 6-35 所示。该系统主要由拖动电路、控制电路、管理电路 3 大部分组成。拖动电路通过 DR-CPU 控制变频器驱动曳引机实现恒压频比调速；控制电路通过 CC-CPU 实现数字选层、速度曲线形成和安全保护电路控制等功能；管理电路通过 ST-CPU 控制电梯的运行，完成各种控制功能。

2. 电梯控制系统的工作原理

微机在电梯控制系统中的应用

（1）电梯关门及自动确定运行方向控制过程。电梯初始位置在一楼层站，假设此时五楼层站有上呼信号，该指令信号通过串行通信方式到达 ST-CPU，主微机根据楼层外召唤指令信号和电梯轿厢所在楼层位置信号，经过逻辑分析判断发出向上运行指令；该指令同时发送给 CC-CPU，CC-CPU 做好启动运行的准备。

（2）电梯启动及加速运行控制过程。CC-CPU 根据 ST-CPU 传来的上行指令，生成速度运行指令，并根据载荷检测装置送来的轿厢载荷信号，通过 DR-CPU 进行矢量控制计算，生成电梯启动运行所需的电流和电压参数，并控制逆变器进行逆变输出，同时 ST-CPU 发出指令使抱闸装置打开，电梯开始启动上行。在电梯运行过程时，与电动机同轴安装的旋转编码器随着电动机的旋转不断发送脉冲信号给 ST-CPU 和 CC-CPU。ST-CPU 根据脉冲信号控制电梯运行，CC-CPU 根据脉冲信号进行速度运算，并发出继续加速运行的指令，电梯加速上行。当电梯的速度上升到额定速度时，CC-CPU 发出匀速运行命令，电梯按指令匀速运行。

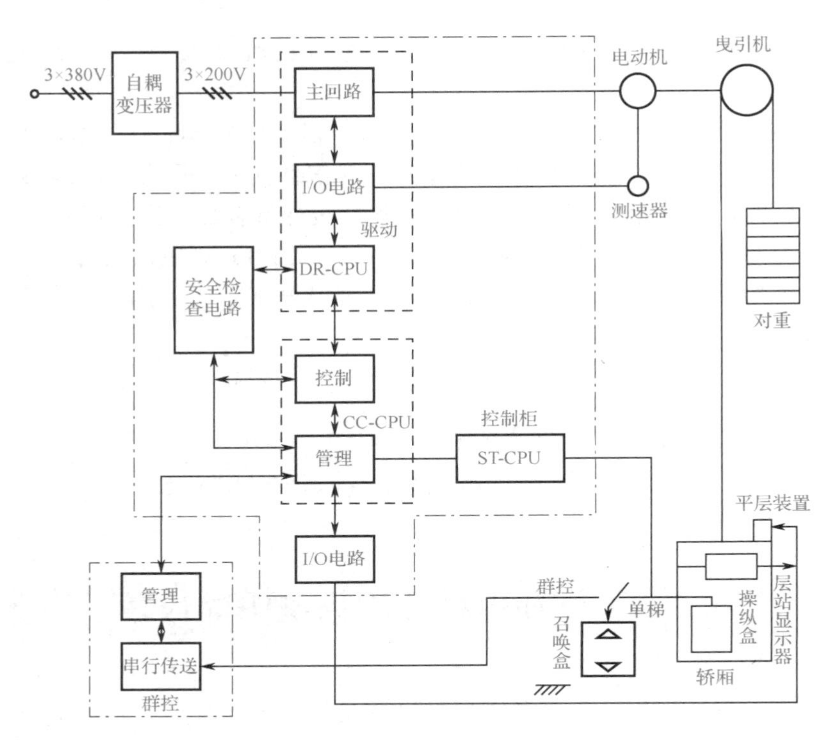

图 6-34 电梯电气控制系统结构框图

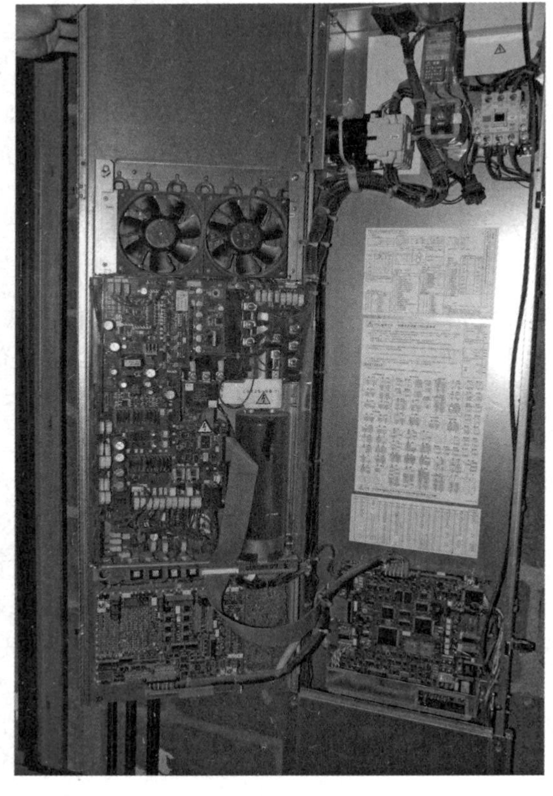

图 6-35 电梯控制系统现场图

（3）电梯减速平层停靠及自动开门。在电梯运行过程中，CC-CPU 根据编码器发来的脉冲信号，进行数字选层信息运算，当电梯进入五楼层站区域时，CC-CPU 按生成的速度指令提前一定距离发出减速信号，DR-CPU 按预先设置的减速曲线控制电梯减速运行。当电梯继续上行到达五楼平层区域时，DR-CPU 控制电梯降速爬行，并计算停车点。当旋转编码器发来的脉冲数值等于设定值时，由 DR-CPU 发出停车信号，使逆变器中的大功率晶体管关闭，电梯平层停车，制动器抱闸。随后 ST-CPU 发出开门指令，电梯自动开门。至此，电梯就完成了一次从关门启动到停车开门的运行全过程。

项目实训 6　电梯的 PLC 控制训练

实训目标

（1）掌握电梯 PLC 控制系统硬件接线方法。

（2）掌握电梯 PLC 控制系统软件调试方法。

（3）掌握电梯 PLC 控制系统故障排除方法。

实训器材

（1）三菱 PLC，型号为 FX_{3U}-64MR，数量 1 台。

（2）计算机，带串口形式的通信线，数量 1 台。

（3）三菱变频器，型号为 FR-A740-0.75K-CHT，数量 1 台。

（4）直流开关电源，电压为 24V，数量 1 个。

（5）交流接触器，型号为 CJ10—20，数量 1 个。

（6）空气断路器，型号为 DZ47—63，数量 1 个。

（7）操纵箱，白钢面板嵌入式，数量 1 个。

（8）呼梯盒，白钢面板嵌入式，数量 4 个。

（9）控制柜，单开门式，数量 1 个。

（10）电工常用工具，数量 1 套。

实训步骤

1. PLC 控制系统硬件接线

根据图 6-2 所示的 PLC 控制系统电气原理图和表 6-1 所示的 PLC 输入/输出地址分配表，分别在控制柜、轿厢和井道对电梯电路进行硬件接线，如图 6-36 所示。

相关要求：接线时，PLC 输入/输出地址应与电气原理图中的标识保持一致；接线完毕后应认真检查接线是否存在错误，特别要检查直流开关电源输出端极性是否接错、PLC 输出侧的 COM 端是否接错回路等；最后检查各接线点压接是否紧固及接触是否良好。

2. PLC 控制系统软件调试

（1）指层显示程序调试。根据图 6-5 对电梯指层显示程序进行调试。

相关要求：分别闭合行程开关 SQ_1～SQ_4，观察数据寄存器 D0 中的数据是否随行程开关的闭合而实时刷新；观察指层器是否正常工作，其所显示的数值是否与当前行程开关相对应；在 PLC 上电后，观察指层器显示的数值是否为 1。

（2）呼梯信号登记程序调试。根据图 6-10 和图 6-11 对电梯呼梯信号登记程序进行调试。

图 6-36　控制柜接线实物图

相关要求：按下呼梯盒上的外呼梯按钮，观察梯形图中的外呼梯信号登记继电器是否得电，观察外呼梯登记指示灯是否点亮并保持；按下操纵箱上的内呼梯按钮，观察梯形图中的内呼梯信号登记继电器是否得电，观察内呼梯登记指示灯是否点亮并保持。

（3）呼梯信号综合程序调试。根据图 6-12 对电梯呼梯信号综合程序进行调试。

相关要求：按下呼梯盒上的外呼梯按钮，观察梯形图中对应的呼梯信号综合继电器是否得电并保持；按下操纵箱上的内呼梯按钮，观察梯形图中对应的呼梯信号综合继电器是否得电并保持。

（4）呼梯信号优先级比较排队程序调试。根据图 6-13 对电梯呼梯信号优先级比较排队程序进行调试。

相关要求：从最低楼层开始，依次按下高楼层各层站呼梯盒上的外呼梯按钮，观察梯形图中数据寄存器 D1 中的数据是否从小到大被依次刷新；从最高楼层开始，依次按下低楼层各层站呼梯盒上的外呼梯按钮，观察梯形图中数据寄存器 D1 中的数据是否从大到小被依次刷新；从小号开始，依次向大号方向按下操纵箱上的内呼梯按钮，观察梯形图中数据寄存器 D1 中的数据是否从小到大被依次刷新；从大号开始，依次向小号方向按下操纵箱上的内呼梯按钮，观察梯形图中数据寄存器 D1 中的数据是否从大到小被依次刷新；任意按下外呼梯按钮或内呼梯按钮，观察梯形图中数据寄存器 D1 中的数据是否总是对应“最高”目标层的立即数。

（5）呼梯信号选中程序调试。根据图 6-14 对电梯呼梯信号选中程序进行调试。

相关要求：从最低楼层开始，依次按下高楼层各层站呼梯盒上的外上呼梯按钮，或从小号开始，依次向大号方向按下操纵箱上的内呼梯按钮，观察梯形图中上行方向所对应的呼梯信号选中继电器是否得电并保持；从最高楼层开始，依次按下低楼层各层站呼梯盒上的外下呼梯按钮，或从大号开始，依次向小号方向按下操纵箱上的内呼梯按钮，观察梯形图中下行方向所对应的呼梯信号选中继电器是否得电并保持。

（6）判断电梯运行方向程序调试。根据图 6-15 对电梯判断电梯运行方向程序进行调试。

相关要求：将轿厢置于任意层站，任意按下操纵箱上的内呼梯按钮或各层站呼梯盒上的外呼梯按钮，观察梯形图中数据寄存器 D1 中的数据和数据寄存器 D0 中的数据，比较上述两个通道中的数据大小；观察比较指令的执行结果，观察上行标志继电器、下行标志继电器、停止标志继电器是否得电并保持；观察上、下运行方向灯是否点亮并保持。

（7）电梯顺向截停程序调试。根据图 6-16 对电梯顺向截停程序进行调试。

相关要求：从最低楼层开始，依次按下高楼层各层站呼梯盒上的外上呼梯按钮，观察梯形图中向上运行继电器 Y000 线圈是否能在各中间层站位置依次失电，观察电梯向上运行过程中是否能在各中间层站依次截停；从小号开始，依次向大号方向按下操纵箱上的内呼梯按钮，观察梯形图中向上运行继电器 Y000 线圈是否能在各中间层站位置依次失电，观察电梯在向上运行过程中是否能在各中间层站依次截停；从最高楼层开始，依次按下低楼层各层站呼梯盒上的外下呼梯按钮，观察梯形图中向下运行继电器 Y001 线圈是否能在各中间层站位置依次失电，观察电梯在向下运行过程中是否能在各中间层站依次截停；从大号开始，依次向小号方向按下操纵箱上的内呼梯按钮，观察梯形图中向下运行继电器 Y001 线圈是否能在各中间层站位置依次失电，观察电梯在向下运行过程中是否能在各中间层站依次截停；任意按下操纵箱上的内呼梯按钮或各层站呼梯盒上的外呼梯按钮，观察电梯在单一方向运行过程中是否能在各中间层站依次顺向截停。

（8）电梯换向控制程序调试。根据图 6-17 对电梯换向控制程序进行调试。

相关要求：当电梯停靠在上行呼梯信号所对应的“最高”层站时，观察梯形图中数据寄存器 D1 中的数据和数据寄存器 D0 中的数据；当手动按下再启动按钮时，观察梯形图中数据寄存器 D1 中的数据和数据寄存器 D0 中的数据，比较上述两个通道中的数据大小；观察比较指令的执行结果，观察下行标志继电器是否得电并保持。

实训故障现象及分析

故障现象 1：指层器没有显示。

应对措施：出现这种故障现象的原因有很多，首先检查直流开关电源是否正常输出了 24V 电压；由于数码管的接法有共阴极和共阳极两种，如果 24V 电压正常，则检查 24V 电源极性是否接错；如果电源极性没有接错，则检查线路是否有断路或接触不良的情况。

故障现象 2：电梯初始位置在基站，上电后，电梯指层器显示乱码。

应对措施：出现这种故障现象的原因是线路信号受到了干扰，解决的方法是将电梯的所有信号线都采用屏蔽线，而且屏蔽线的一侧端头应接地。

故障现象 3：电梯控制系统上电后，在没有任何呼梯信号的情况下，虽然指层器显示的是 1，但电梯下运行方向灯却亮起了。

应对措施：造成这种故障现象的原因是没有对数据寄存器 D1 进行初始化，在系统上电时，数据寄存器 D1 中的数据仍然为 0。解决的方法是不仅要对数据寄存器 D0 进行初始化，还要对数据寄存器 D1 进行初始化，即数据寄存器 D0 和数据寄存器 D1 需要同时置立即数 1。

故障现象 4：电梯在下行过程中，在没有到达基站的情况下，就转为上行状态。

应对措施：出现这种故障的原因是电梯在下行过程中，没有对数据寄存器 D1 采取屏蔽措施，使得数据寄存器 D1 中的数据被刷新了。解决的方法是在电梯下行过程中，应对数据寄存器 D1 中的数据进行写保护，只有在电梯到达基站的情况下，此数据才允许被刷新。

故障现象 5：电梯在下行过程中，上行呼梯登记指示灯被熄灭。

应对措施：出现这种故障的原因是电梯在下行过程中，对上行呼梯登记继电器没有保护。解决的方法是在电梯下行过程中，应对上行呼梯登记继电器进行反向保护，即对每一个上行呼梯登记“启—保—停”电路中的行程开关触点并联反向运行标志继电器的触点。

针对实训现象，探讨工程实际问题

问题：在如图 6-2 所示的 PLC 控制系统电气原理图中，行程开关 SQ 的触点接成常开形式，而在实际电梯中，行程开关 SQ 对应的输入继电器触点却接成常闭形式，请分析行程开关 SQ 触点的接法应该选择何种形式。

答案：在实际电梯中，对作为紧急分断（停止）控制的触点必须采用“强制释放”的硬触点元件。在继电器控制电路中，设备的停止控制都采用动断（常闭）按钮。这是因为，动断触点动作响应比动合（常开）触点快，而且动作可靠性也比动合触点高，如若触点熔焊，动断触点可以直接用人为作用力使其断开，而动合触点若发生接触不良，就会直接影响动作的效果，因此，从安全的角度出发，行程开关应使用动断触点，这样在强制停电时就能可靠、迅速地断电。对于 PLC 控制的设备，其停止控制的硬元件也应该使用动断触点。必须明确的是，为了保证安全，对限位及过载等各种保护急停，都应该采用动断触点。

对 PLC 来说，PLC 的输入信号对 PLC 所执行的程序起触发控制作用，这其实是一种具有使能性质的信号，所以当行程开关 SQ 接成常开形式时，其所对应的输入继电器触点就一定要接成常闭形式；当行程开关 SQ 接成常闭形式时，其所对应的输入继电器触点就一定要接成常开形式。

实训考核方法

该实训采取单人逐项考核方法，教师（或是已经考核优秀的学生）对每个同学都要进行如下 4 项考核。

（1）是否会分析各个控制环节程序？

（2）是否会调试各个控制环节程序？

（3）能否说明各个控制环节之间的关系？

（4）是否会修改控制程序？

项目7 组态监控软件在电梯控制系统中的应用

【知识目标】

（1）了解组态监控软件的主要特点、历史及发展趋势。
（2）了解常用组态监控软件的种类。
（3）掌握电梯控制系统画面的构建方法。
（4）掌握电梯控制系统图形的动画连接方法。
（5）掌握电梯控制系统命令语言的编程方法。

【技能目标】

（1）能够制作和使用图库精灵建立电梯画面。
（2）能够建立组态王软件与PLC的通信连接。
（3）能够构建实际电梯的监控系统。

随着科技的发展，人们对电梯自动化水平的要求也越来越高，将组态技术应用于电梯控制系统中，可使电梯的自动化水平显著提高。利用组态软件强大的动画显示、数据处理和文本提示等功能，可以方便地构建电梯监控系统，在通信终端上实现人机交互控制。

本项目以四层站电梯运行控制系统为例，利用组态王软件学习电梯画面的构建、动画连接、编程命令语言和通信连接，使读者掌握电梯人机交互系统的设计方法。

7.1 组态软件概述

1. 组态监控软件的定义

组态监控软件又称组态软件，它为用户提供了一种使用灵活、短时间内可以完成的计算机监控系统。组态监控软件是一种适用于工业自动化数据采集与过程控制的通用型应用软件。在软件的开发环境中，设计者可以通过组态的方式灵活地构建监控画面，使计算机和软件的各种资源按照配置自动执行特定任务，满足用户的需要，这样，用户无须具备计算机的编程知识，就可以在短时间内完成一个具有运行稳定、实时数据和历史数据处理、报警、动画显示、趋势曲线和报表输出等功能的监控系统。组态软件的应用领域很广，可以应用在电力系统、给水系统、石油、化工等领域的数据采集、监视控制及过程控制中。

2. 组态软件的功能

组态软件通常有以下几方面的功能。

（1）强大的界面显示功能。目前，工控组态软件大都运行于Windows环境下，充分利用

Windows的图形功能、可视化的风格界面及丰富的工具栏，操作人员可以直接进入开发状态，节省时间。工控组态软件的图形控件和图库为用户提供所需的组件，同时也是界面的制作向导。工控组态软件中的作图工具可以绘制出各种工业界面，配合多种动画连接方式，如隐含、闪烁、移动等，使监控界面生动而直观。

（2）良好的开放性。采用开放式结构，系统可以与广泛的数据源交换数据。开放性是衡量一个监控软件好坏的重要指标，组态软件向下可以与低层的数据采集设备通信，向上能与管理层通信，实现上位机与下位机的双向通信。

（3）多样化的功能模块。组态软件为用户提供了多样化的功能模块，可以生成报表，绘制历史曲线和实时曲线，实现实时监控和报警功能，满足用户的控制要求和现场监控要求，适用于单机集中式控制系统和DCS分布式控制系统，也适用于远程测控系统。

（4）强大的数据库。组态软件的数据存储不是使用普通的文件形式，而是通过数据库来管理数据的，可以存储各种数据（如模拟量、离散量、字符量等），实现与外部设备的数据交换，提高了系统的可靠性和运行效率。

（5）支持多种硬件设备。组态软件定义了多种设备构件，用于建立系统与外部设备的连接关系，实现对外部设备的驱动和控制。同时，设备构件的连接是通过数据库建立联系的，针对某一硬件设备的操作或改动，不会影响其他设备或整个系统的运行。

3. 组态软件的特点

组态软件主要有以下几个特点。

（1）可扩充性。采用组态软件开发的应用程序，当现场硬件设备或系统结构发生改变或用户需求发生改变时，不需要进行很多修改就可以方便地实现软件的更新和升级，可扩充性好。

（2）封装性。组态软件所能完成的功能都用一种方便用户使用的方法包装起来，用户无须掌握太多的编程技术（有时甚至不需要编程技术），就能很好地完成一个复杂工程所要求的所有功能，易学易用。

（3）通用性。每个用户根据工程实际情况，利用组态软件提供设备（PLC、PAC、智能仪表、智能模块、板卡、变频器等）的I/O驱动、开放式的数据库和画面制作工具，就能完成一个具有动画效果、实时数据及历史数据处理、曲线显示、报表生成与打印、多媒体功能和网络功能的工程，而不受行业限制。

4. 组态软件的历史及发展趋势

组态软件的发展趋势主要有以下几个方面。

① 由单一的人机界面向数据处理机方向发展，目前越来越多的用户通过实时数据库来分析生产情况、汇总和统计生产数据，并以此作为指挥、决策的依据，因此，组态软件管理的数据量也就越来越大，需要进一步加强实时数据库的作用。

② 组态软件已经扩展到企业信息管理系统、管理和控制一体化、远程诊断和维护及在互联网上一系列的数据整合，未来的组态软件装置将直接内嵌“Web Server（网页服务器）”，通过以太网直接访问过程实时数据。

③ I/O设备驱动软件逐渐向标准化方向发展，可以由不同的厂商提供，为自动化软件的发展提供更多的舞台。

④ 嵌入式组态软件将快速发展，有效地解决工业PC监控系统工作效率低、维护和升级

困难等问题，使工业 PC 监控系统向自动化系统的高端市场发展。

⑤ 组态软件的应用领域均为工业过程控制，将来可以向更多的应用领域拓展和渗透，如化验分析、虚拟仪器、测试、信号处理、CIMS（计算机/现代集成制造系统）及信息化应用等方面。

7.2 组态王监控软件

1. 组态王软件的概述

组态王软件（KingView）是北京亚控科技发展有限公司开发的，在国内使用较为广泛，该软件具有适应性强、开放性好、易于扩展、经济、开发周期短等优点。

组态王软件的画面制作系统支持无限色和过渡色，可以使用图库、控件及管道等工具，构造无限逼真、美观的画面，实现对现场的实时监测与控制；组态王软件具有报表窗口，内部提供丰富的报表函数，操作简单明了，轻松制作各种报表；组态王软件采用分布式报警管理，提供基于事件报警、报警分组管理、报警优先级、报警过滤、新增死区和延时概念等功能，还可以通过网络进行远程报警管理，实时记录应用程序事件和操作信息；组态王软件具有历史趋势曲线和实时趋势曲线窗口，可以显示毫秒级数据，实现历史数据的比较。

2. 组态王的安装

组态王软件的安装只需要一张光盘，其演示版软件和驱动程序可以在北京亚控科技发展有限公司的网站下载。插入组态王软件的光盘后，光盘上的安装程序 Intall. exe 就会自动运行，启动组态王软件安装过程向导（如图 7-1 所示）。

图 7-1 组态王软件安装过程向导

用鼠标左键单击“安装组态王程序”按钮，会将组态王软件自动安装到用户的硬盘目录下，建立应用程序组，只要按照对话框的提示一步步地操作，就可以完成组态王程序的安装。安装结束后，会出现是否“安装组态王驱动程序”和“安装加密锁驱动程序”的对话框，如图 7-2 所示。选择“安装组态王驱动程序”后，单击“完成”按钮，系统会自动按照组态王的安装路径安装组态王的 I/O 设备驱动程序；如果不选该项，直接单击“完成”按钮，那么可以根据需要以后再安装组态王驱动程序。全部安装完成后，在桌面上会出现 图标。

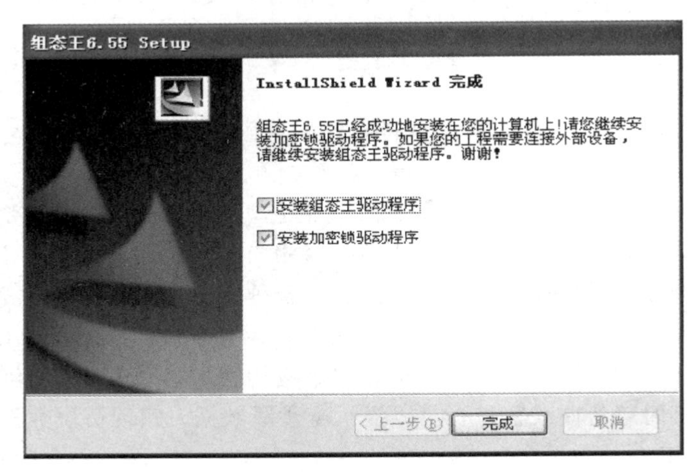

图 7-2　组态王程序安装结束

3. 组态王软件的系统构成

组态王软件由工程管理器、工程浏览器和画面运行系统 3 部分组成，其中，工程浏览器内嵌组态王画面制作开发系统，可以生成人机界面工程，人机界面工程在画面运行系统的运行环境中完成监控任务。工程浏览器和画面运行系统各自独立，对一个工程可以同时进行编辑和运行，这对于工程的调试是非常方便的。

（1）工程管理器。工程管理器用于新工程的创建和已有工程的管理，对已有工程进行搜索、添加、备份、恢复及实现数据词典的导入和导出等功能，如图 7-3 所示。

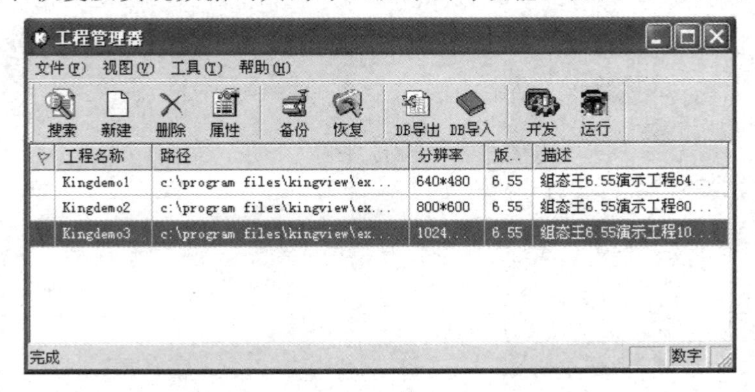

图 7-3　工程管理器

（2）工程浏览器。工程浏览器是一个工程开发设计工具，组态王的工程浏览器如图 7-4 所示，左侧是“工程目录显示区”，主要展示工程的各个组成部分，包括“系统”、“变量”、

“站点”和“画面”4个部分；右侧是“目录内容显示区”，将显示每个工程组成部分的详细内容，同时对工程提供必要的编辑和修改功能。

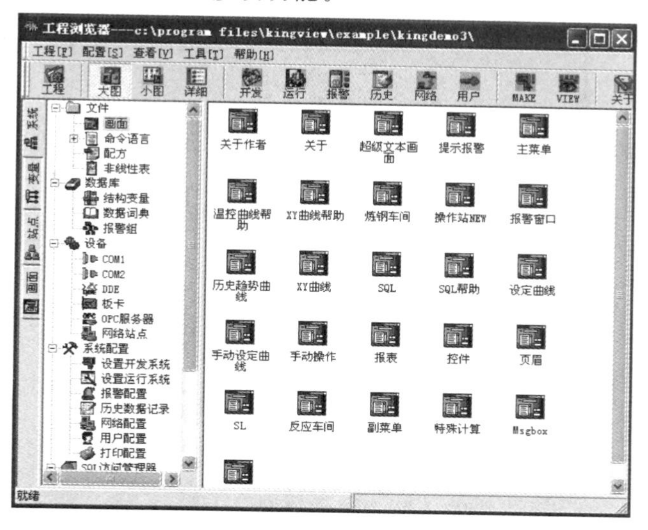

图7-4 组态王的工程浏览器

（3）画面运行系统。系统从采集设备中获得通信数据，并依据工程浏览器的动画设计显示动态画面，实现人与控制设备的交互操作。

在运行组态王工程之前，要先在开发系统中对运行系统环境进行设置。运行系统设置包括3项，分别是运行系统外观［如图7-5（a）所示］、主画面配置［如图7-5（b）所示］和特殊［如图7-5（c）所示］，其中，“运行系统外观”属性页可以设置启动时是否占据整个屏幕、窗口的外观及运行时是否带有菜单；“主画面配置”属性页可以规定画面运行系统启动时自动调入的画面，如果几个画面互相重叠，最后调入的画面在前面；“特殊”属性页用于设置运行系统的基准频率等一些特殊属性。

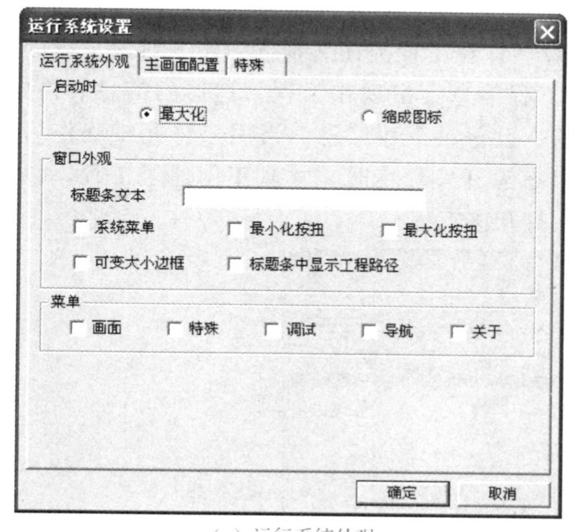

（a）运行系统外观

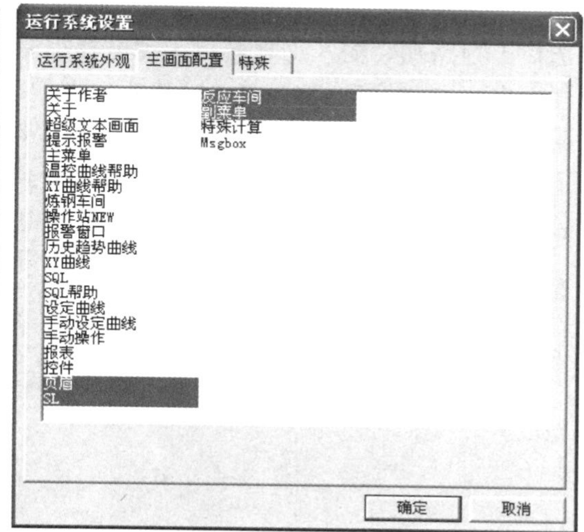

（b）主画面配置

图7-5 运行系统设置

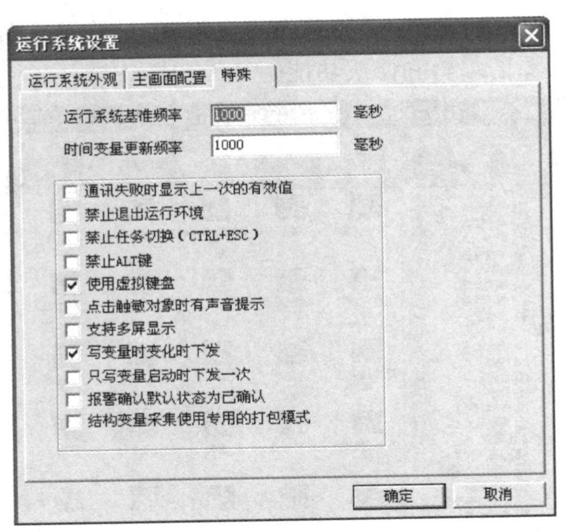

（c）特殊

图 7-5　运行系统设置（续）

7.3　电梯控制系统的监控

将组态王监控软件与可编程控制器相结合，可以实现电梯控制系统的实时监控。组态王软件既可以从可编程控制器中获取输出信号，实时显示电梯的运行状态，又可以给可编程控制器提供输入信号，实现电梯的运行控制。本项目选用三菱 FX 系列 PLC，以四层站电梯为例，介绍组态王软件在电梯控制系统中的应用。

1. 新建工程

启动组态王“工程管理器”后，单击工具条上的新建按钮，会弹出新建工程向导，根据向导选择工程路径，输入工程名称为“电梯控制系统”，在工程描述文本框中输入对该工程的描述性文字（如监控系统），单击“确定”按钮后工程信息会出现在工程管理器的信息表格中，如图 7-6 所示。此时只是在用户给定的工程路径下设置了工程信息，当用户将此工程作为当前工程（第一列中用小红旗表示）并且切换到组态王开发环境时，才真正创建了工程，以后进入组态王开发环境或运行系统时，软件将默认打开该工程。

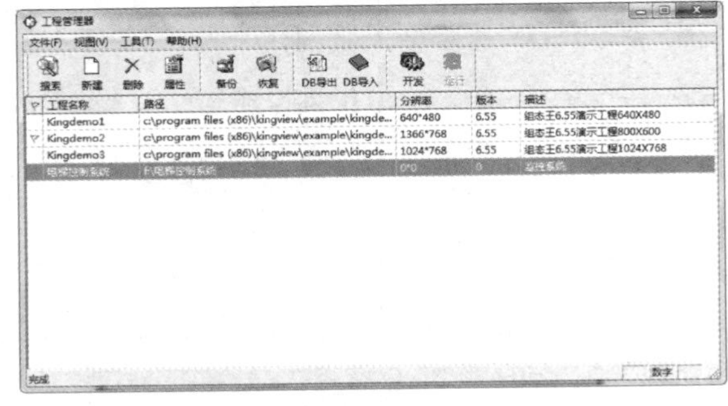

图 7-6　“新建工程”窗口

如果没有安装“加密狗”，则双击“工程管理器”中的“电梯控制系统”，将出现如图 7-7 所示的“提示信息”对话框。单击“确定”按钮后打开组态王工程浏览器。

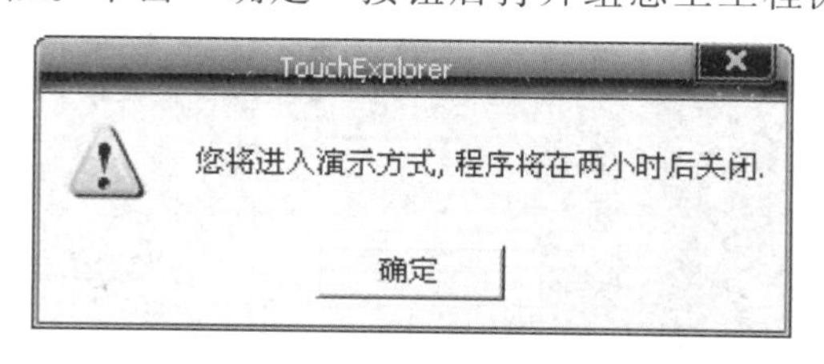

图 7-7　“提示信息”对话框

2. 通信设置

组态软件的通信是一个非常重要的模块，组态软件能够接收现场的采集数据，形成动态画面，反映工业现场的各种状态，并能对现场设备进行控制，这些都依赖于它的通信模块。组态王的设备管理结构列出了与组态王通信的各种 I/O 设备的名称（实际上是具体设备的逻辑名称），每一个逻辑设备的名称对应一个驱动程序，而驱动程序与实际设备相对应。组态王的设备管理设置了驱动设备的配置向导，用户只要按照配置向导的提示进行参数设置，就会自动完成驱动程序的启动和通信，不再需要人工进行安装。

本项目采用串行口设备与 PLC 进行连接。在“工程浏览器”窗口，单击设备下的 COM1 接口（和三菱 PLC 与计算机连接时选用的接口一致），再单击“新建”按钮，按照 PLC 的生产厂家选择“三菱”的 FX2 系列，通信描述为编程口；设备的逻辑名称为“FX 3U”（用户自己命名）；其他的设置可以采用默认值，如图 7-8 所示，单击“下一步”按钮后即可完成驱动程序的启动和通信。

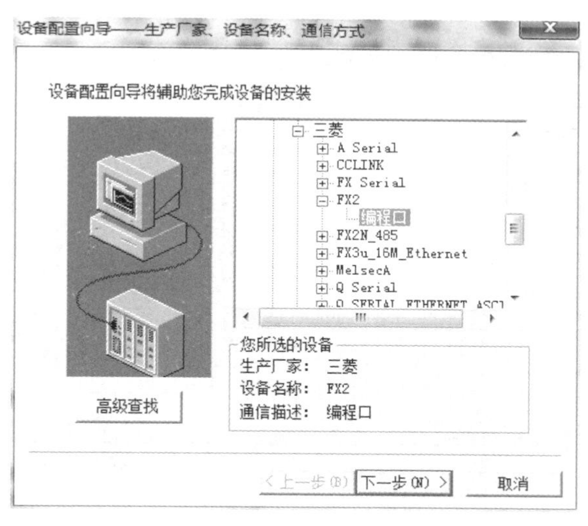

图 7-8　通信设备配置

根据三菱 FX 系列 PLC 的通信参数，设置组态王设备串口 COM1 口的通信参数，双击工程目录显示区的 COM1 ，弹出“设置串口—COM1”对话框，设置波特率为 9600，数据位长度为 7 位，停止位长度为 1 位，检验方式为偶校验，通信方式为 RS232，如图 7-9 所示。

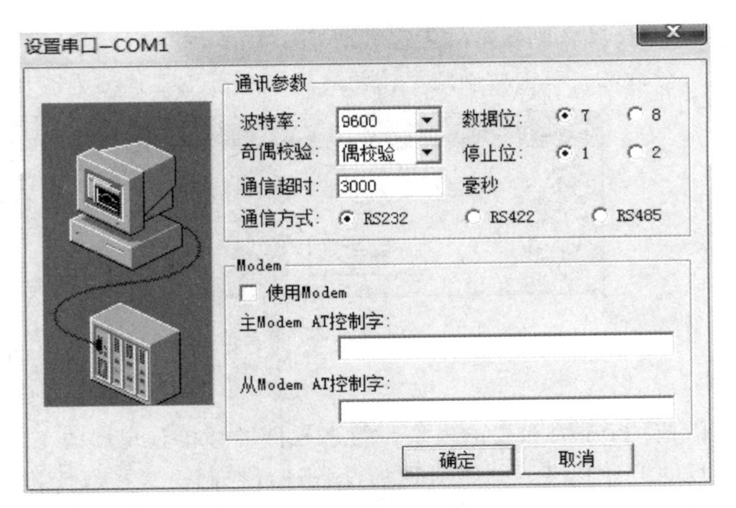

图 7-9 “设置串口—COM1”窗口

为了便于使用硬件，在完成设备配置与连接后，可以直接在组态王开发环境中进行硬件测试。当选择某设备（如 FX_{3U}）后单击鼠标右键，弹出浮动式菜单（如图 7-10 所示），在菜单项中选择“测试 FX3U”，弹出“串口设备测试”对话框，选择“设备测试”属性页，添加测试的寄存器（如 X0、X1、Y0），单击“读取”按钮进行通信测试。通信正常后，如图 7-11 所示，再进行其他操作。

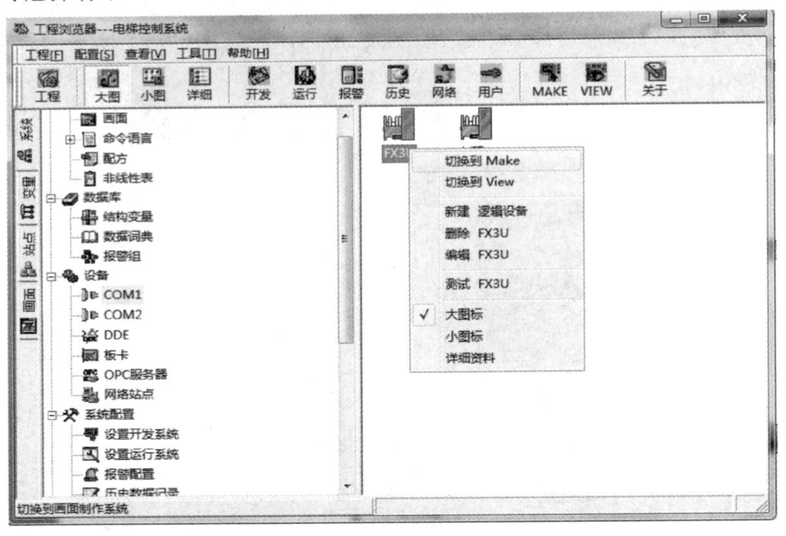

图 7-10 硬件测试菜单

这里需要说明的是，可以进行设备测试的有串口类设备、板卡类设备和 OPC 类设备，其他设备（如 DDE、一些特殊通信卡等）都不支持该功能。

3. 定义变量

组态变量的基本类型有 I/O 变量和内存变量两类，其中，I/O 变量是指可与外部数据采集程序直接进行数据交换的变量，如与下位机数据采集设备（如 PLC、仪表等）或其他应用程序（如 DDE、OPC 服务器等）交换的数据；内存变量是指那些不需要与下位机或其他应用程序交换、只在组态王内使用的变量，如计算过程的中间数据。I/O 变量的类型包括 I/O 离散型、I/O 实型、I/O 整型和 I/O 字符串型；内存变量的类型包括内存离散型、内存实型、内存整型和内存字符串型，用户可以根据需要设置变量类型及变量属性。数据库是组态王软件的核心部分，数据变量的集合称为“数据词典”。单击“工程浏览器”中的 **数据词典** 图标，在右边的工作区内将出现组态王软件定义好的 17 个内存变量（如图 7-12 所示）。在运行组态王软件时，数据库含有全部数据变量的当前值，模拟控制对象的生产过程，并以动画的形式表现出来，通过执行用户指令完成控制过程。

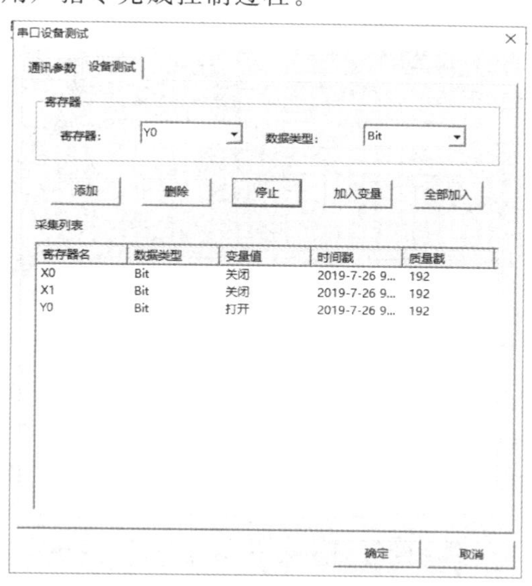

图 7-11 “串口设备测试”窗口

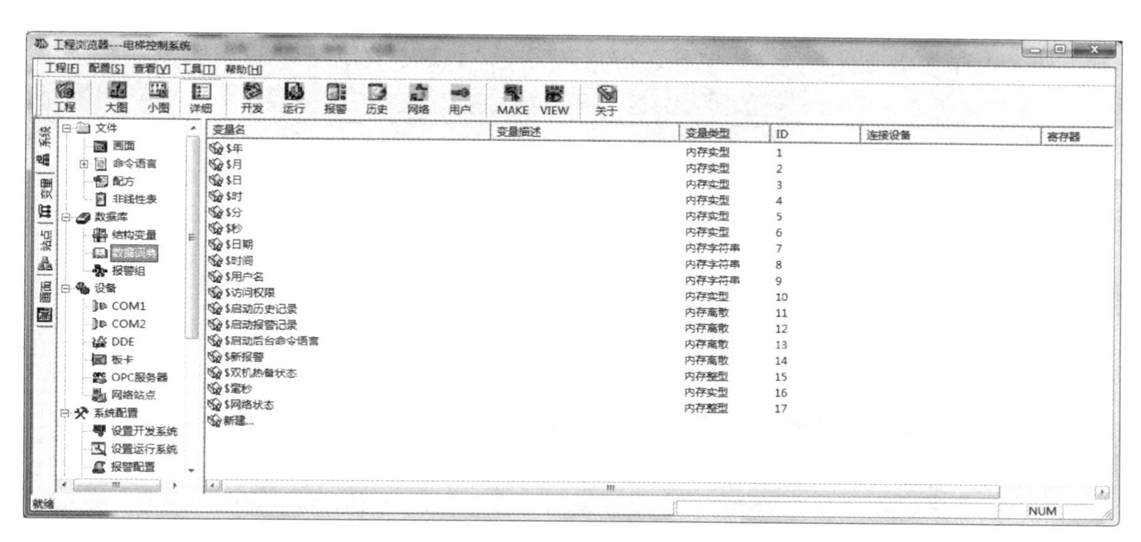

图 7-12 内存变量

双击工作区最下面的 **新建...** 图标，就会弹出“定义变量”对话框（如图 7-13 所示），在对话框中可以设置变量名（变量不能重名，也不能以数字开头）、选择变量类型并设置变量的部分属性（如最大值、最小值等）。软件中出现的变量必须先定义再使用，定义的变量其类型、属性可以进行修改，但软件给定的变量不可以修改。定义变量时，不可以编辑的选项为灰色显示。

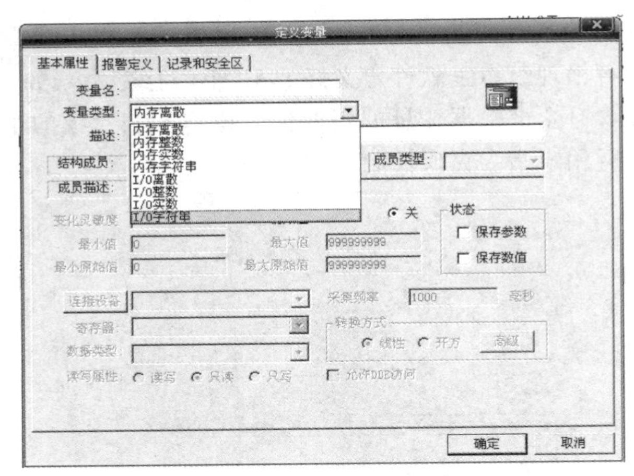

图 7-13 “定义变量”对话框

电梯控制系统的输入信号有开关门控制信号、开关门到位检测信号、轿厢内呼梯信号、门厅呼梯信号及轿厢位置信号；输出信号有电梯运行信号、开关门信号、呼梯信号显示、运行方向显示及楼层显示，输入与输出的对应关系见表6-1，在组态软件中的变量设置如图7-14所示。

电梯控制系统的输入信号为组态软件传输给PLC的控制信号，输出信号为PLC传输给组态软件的监控信号，设置变量类型为I/O离散型或I/O整型，寄存器及数据类型根据实际连接对象选择，如图7-15所示。为了监控画面中轿厢的运行状态及电梯门的开、关状态，又设置了两个内存整型变量，分别为电梯运行及开关门，如图7-16所示。

工程浏览器---电梯控制系统

变量名	变量描述	变量类型	ID	连接设备	寄存器
开门		I/O离散	21	FX3U	X017
关门		I/O离散	22	FX3U	X020
开关门		内存实型	23		
一楼内呼		I/O离散	24	FX3U	X013
二楼内呼		I/O离散	25	FX3U	X014
三楼内呼		I/O离散	26	FX3U	X015
四楼内呼		I/O离散	27	FX3U	X016
开门到位		I/O离散	28	FX3U	X021
关门到位		I/O离散	29	FX3U	X022
一楼行程开关		I/O离散	30	FX3U	X001
二楼行程开关		I/O离散	31	FX3U	X002
三楼行程开关		I/O离散	32	FX3U	X013
四楼行程开关		I/O离散	33	FX3U	X014
楼层显示		I/O整型	34	FX3U	D0
电梯运行		内存整型	35		
一楼外呼		I/O离散	36	FX3U	X005
二楼外上呼		I/O离散	37	FX3U	X007
二楼外下呼		I/O离散	38	FX3U	X006
三楼外上呼		I/O离散	39	FX3U	X011
三楼外下呼		I/O离散	40	FX3U	X010
四楼外呼		I/O离散	41	FX3U	X012

（a）

图 7-14 电梯控制系统变量

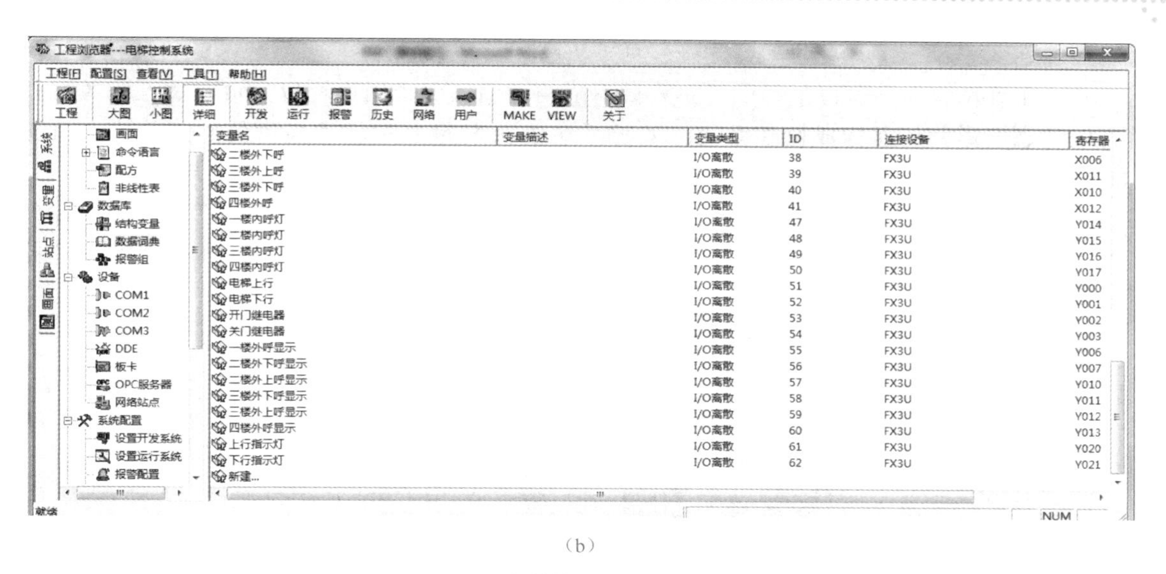

（b）

图 7-14　电梯控制系统变量（续）

图 7-15　定义变量——I/O 变量

图 7-16　定义变量——内存变量

4. 制作画面

在“工程浏览器”窗口中可以建立数目不限的画面，每个画面可以生成一些互相关联的静态或动态图形，从而构成监控系统。监控系统的画面是通过软件提供的图形编辑工具箱（如图 7-17 所示）建立的，图形编辑工具箱包括直线、折线、矩形、椭圆、扇形、多边形、按钮等基本图形，用户可以像搭积木一样建立画面，也可以利用软件提供的图库对象来制作画面。此外，用户还可以根据工具箱中的显示调色板改变线条、图形或字体的颜色，使监控画面更加逼真。

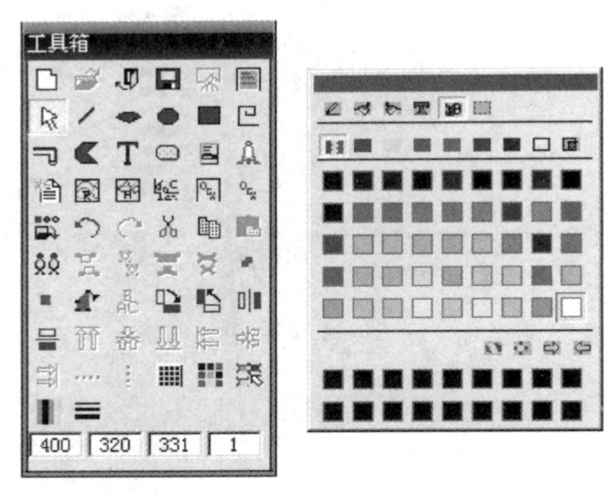

图 7-17 图形编辑工具箱

电梯控制系统的组态画面由主画面、电梯运行画面和电梯轿厢画面 3 部分组成，其中，主画面能够任意切换到其他分画面，其他分画面也可以切换回主画面。电梯运行画面用于监控电梯的上升、下降过程；电梯轿厢画面用于监控轿厢内的工作情况。

（1）主画面。单击“工程浏览器”窗口左侧的 画面 图标，再双击右边窗口中的 新建... 图标，就会弹出“新画面”对话框，输入新画面名称“主画面”，可以在对话框中修改画面的位置和大小，也可以建好画面后用鼠标拖曳修改画面的位置和大小。单击“确定”按钮，进入组态王的开发系统，如图 7-18 所示。

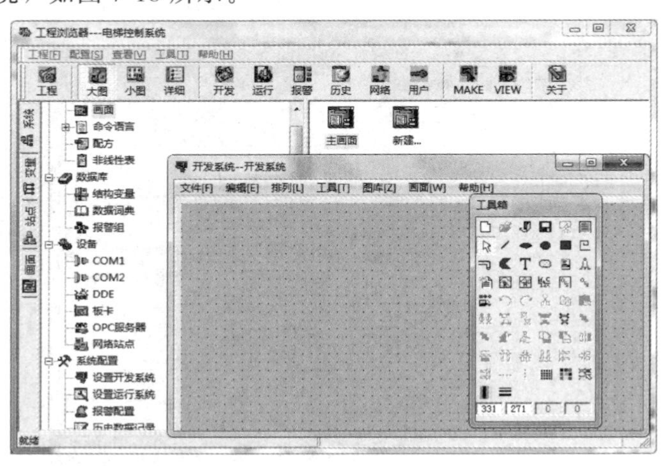

图 7-18 组态王的开发系统

单击工具箱中的 T 按钮，用鼠标在画面上要写入字符的位置单击，出现竖直的直线光标，输入字符串“电梯控制系统”，再单击工具箱中的按钮，用出现的“调色板”对话框修改字体颜色，用菜单命令“工具”→“字体”设置字体、字形及字号大小。

单击工具箱中的按钮，用鼠标在画面上画出一个矩形按钮，用右键单击该按钮，在弹出的快捷菜单中选择“字符串替换”命令，将按钮上的文本改为“电梯轿厢”。同样，设置“电梯运行”按钮，此时的主画面如图 7-19 所示。

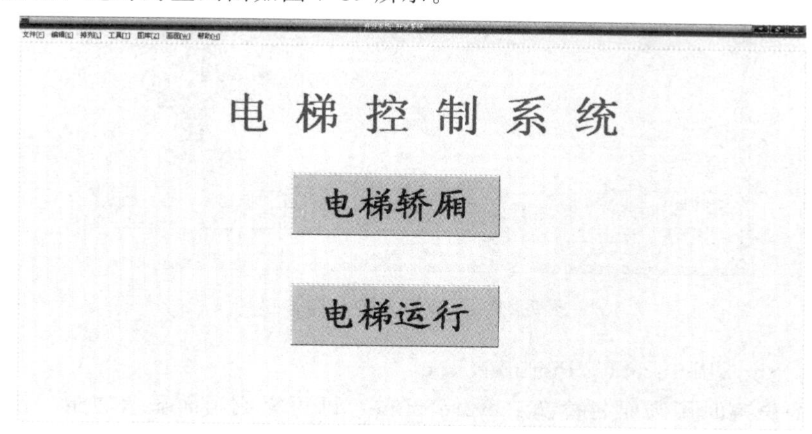

图 7-19　主画面

双击“电梯轿厢”按钮，弹出“动画连接”对话框，如图 7-20 所示，单击“命令语言连接”下的“按下时”按钮，弹出“命令语言”对话框，在该对话框中输入“ShowPicture("电梯轿厢");”如图 7-21 所示，单击对话框中的“确认”按钮，完成画面切换的动画连接，从而实现从主画面到电梯轿厢画面的切换。用同样的方法可以实现从主画面到电梯运行画面的切换。

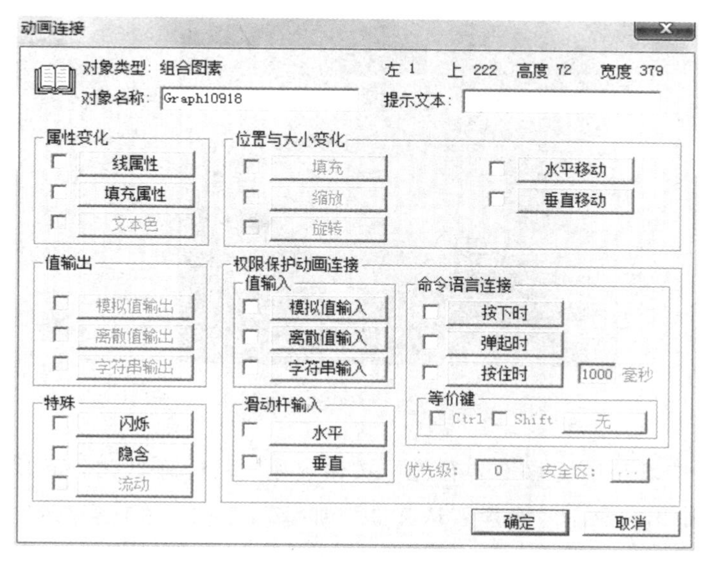

图 7-20　“动画连接”对话框

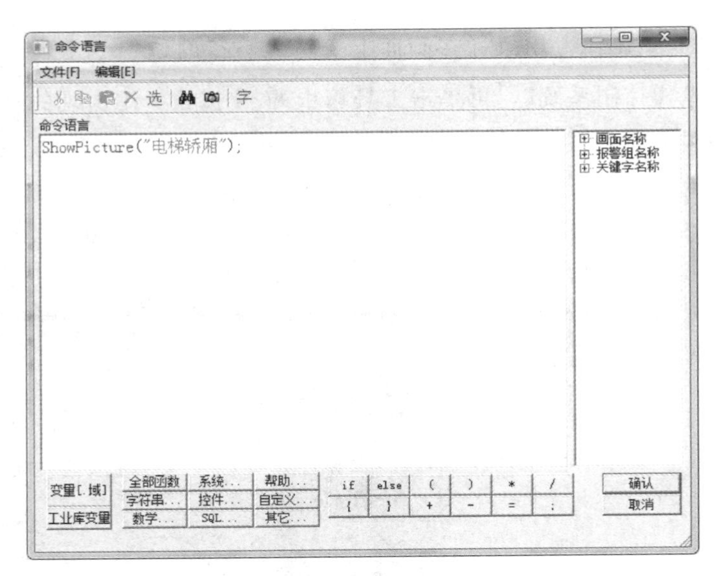

图 7-21　画面切换的动画连接

命令语言：ShowPicture（" PictureName" ）

应用该命令语言时用画面名替换 PictureName，即可完成画面显示功能。若执行“Show-Picture（"主画面"）;”即可切换回主画面。

（2）电梯轿厢画面。在“工程浏览器”窗口中新建“电梯轿厢”画面，如图 7-22 所示，该画面用于显示电梯轿厢的内部结构，包括轿厢门、呼梯按钮、开关门按钮、指层器及运行方向指示等。

图 7-22　电梯轿厢画面

① 轿厢。单击工具箱中的（点位图）按钮，拖曳鼠标画出一个矩形，在矩形中单击鼠标右键，此时画面中出现菜单，选择“从文件中加载”选项，添加事先准备好的电梯轿厢图片，单击“确定”按钮后，在矩形框中将显示该图片，如图 7-23 所示。点位图可以增加画面的真实度。

图 7-23　加载点位图的轿厢

② 轿厢门。单击工具箱中的■按钮，在画面上用鼠标画出一个矩形作为电梯的一侧门板，用调色板修改矩形的颜色，单击工具箱中的按钮，复制右侧门板，调整两门板的位置，构成轿厢门。

双击左侧门板，选择“填充连接”属性，表达式为“\\ 本站点 \ 开关门”变量，填充的方向是从右向左，填充颜色为白色，如图 7-24 所示。当电梯处于开门状态时，开关门变量的

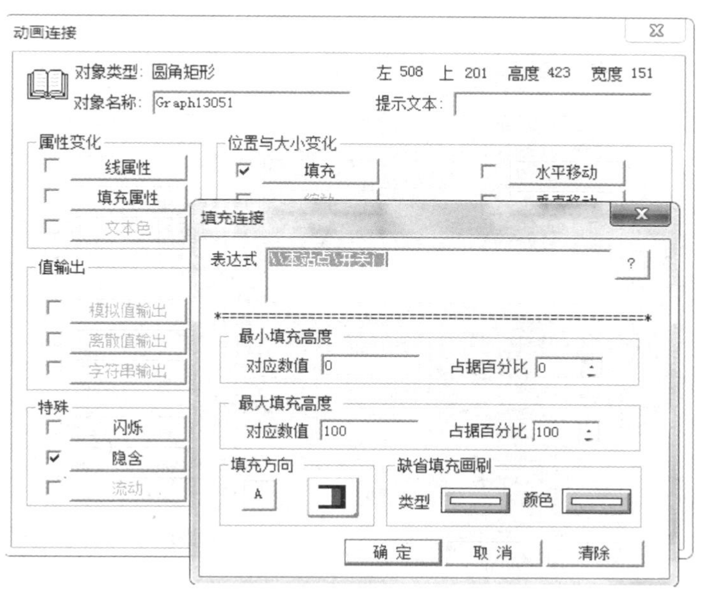

图 7-24　左侧门板的填充连接

数值逐渐变大，当表达式的值为 100 时，电梯门开门到位，占据百分比为 100；当电梯门处于关门状态时，开关门变量的数值逐渐变小，当表达式的值为 0 时，电梯门关门到位，占据百分比为 0。右侧门板的变化方式与左侧门板正好相反，即左侧门板从右向左填充，右侧门板从左向右填充。

由于电梯控制系统的运行画面中也有轿厢门，为了保持一致，可以将制作好的轿厢门整体选中，单击菜单命令“图库”→“创建图库精灵”，输入图库精灵名称（如轿门），将“轿门”放入图库管理器合适的图库中，也可以放入新建的图库（如电梯）中，如图 7-25 所示。

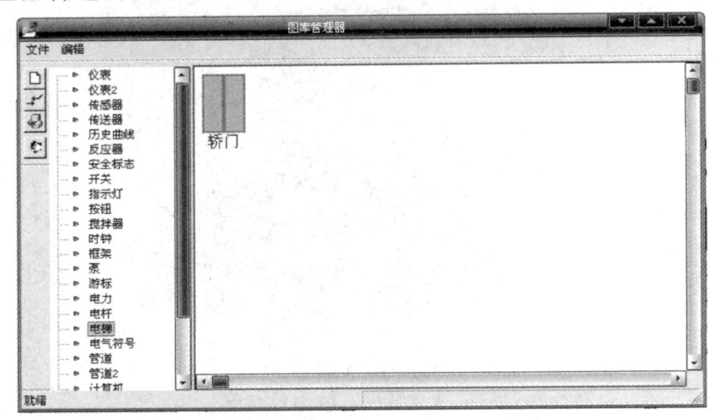

图 7-25　建立图库精灵

③ 呼梯按钮。在电梯轿厢画面中画出 4 个矩形按钮，用快捷菜单中的“字符串替换”命令，将按钮上的文本分别改为“1”“2”“3”“4”，再用工具箱中的（图素上对齐）和（图素左对齐）命令将 4 个按钮排列整齐。

双击一楼呼梯按钮弹出“动画连接”对话框，选择“按下时”，输入“\\本站点\一楼内呼=1;”；选择“弹起时”，输入“\\本站点\一楼内呼=0;”，如图 7-26 所示，从而实现轿厢内一楼呼梯信号的输入。

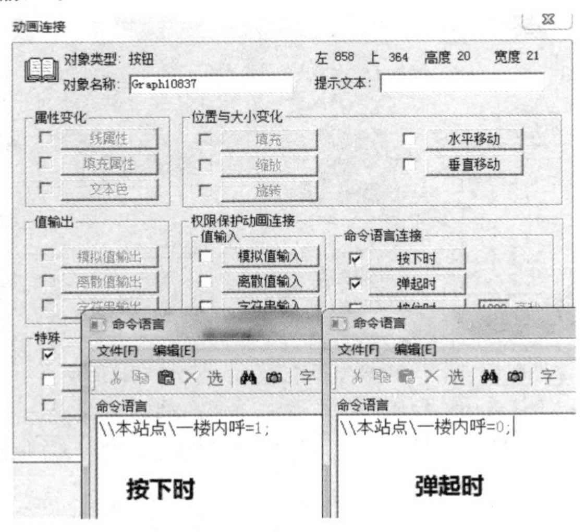

图 7-26　轿厢内一楼呼梯按钮的命令语言连接

④ 开关门按钮。在电梯轿厢画面中画出两个矩形按钮，用快捷菜单中的“按钮类型”命令修改按钮形状为椭圆形，用“字符串替换”命令将按钮上的文本分别改为“＜ ＞”和“＞ ＜”，如图 7-27 所示。

图 7-27 制作开关门按钮

双击“＜ ＞”按钮弹出“动画连接”对话框，选择“按下时”，输入“\\本站点\开门=1;”；选择“弹起时”，输入“\\本站点\关门=0;”。

⑤ 指层器。用一个黑色矩形作为指层器，用文本“#”代表轿厢所在楼层，用鼠标双击文本“#”，弹出“动画连接”对话框，单击“模拟值输出”按钮，在弹出的对话框的“表达式”中输入“\\本站点\楼层显示”，由于楼层只有四层，因此选择“整数位数”为 1，“小数位数”为 0，其他设置为默认值，如图 7-28 所示。

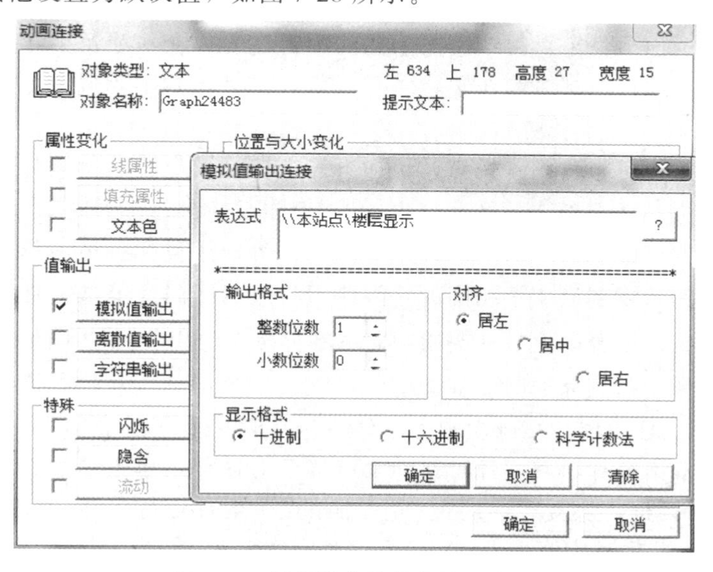

图 7-28 指层器的模拟值输出连接

⑥ 运行方向指示。单击工具箱中的 按钮，在画面上用鼠标画出一条竖线和两条斜线，用鼠标全选中后右键执行“组合拆分”→“合成组合图素”（或用工具箱中的 按钮）构成一个向下的箭头图形，再用调色板修改箭头的颜色为黄色，用 选择箭头线条的粗细；采用同样的方法制作一个向上的箭头，也可以复制向下的箭头，将其垂直翻转变成向上的箭头。当电梯下降时，显示向下箭头；当电梯上升时，显示向上箭头，从而指示电梯的运行方向。

由于电梯的运行方向为上升或下降，因此两个箭头不能同时显示，需要设置隐含属性。用鼠标双击向上箭头，在打开的“动画连接”对话框中选择“隐含”，如图 7-29 所示，设置条件表达式为“\\ 本站点 \ 电梯上行”，当表达式为真，即电梯上行变量为 1 时显示向上箭头；当表达式为假，即电梯上行变量为 0 时隐藏向上箭头。

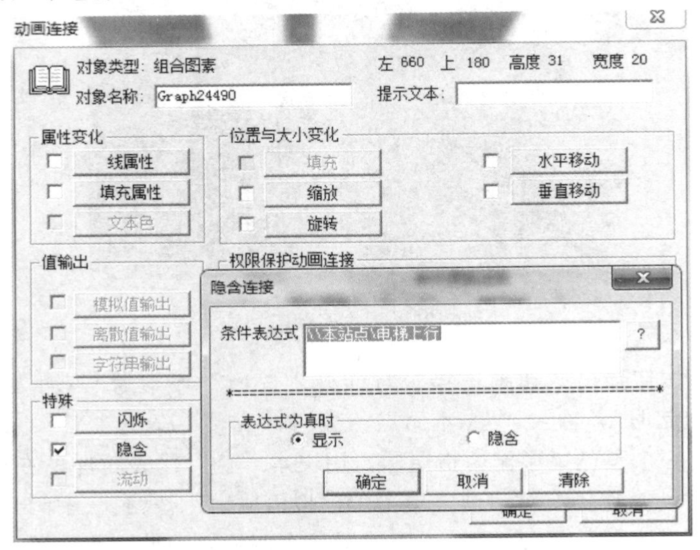

图 7-29 运行方向指示的隐含连接

（3）电梯运行画面。为了直观地监控电梯的运行过程，在本项目中建立一个四层电梯画面，即 4 个相同的层站，电梯轿厢在楼层之间运行。每个层站主要包括厅门、呼梯按钮和指层器。

单击工具箱中的 （点位图）按钮，添加事先准备好的电梯运行图片；单击工具箱中的 （打开图库）按钮，选择新建的图库“电梯”，双击“轿门”，对话框消失，出现一个“Γ”形光标，用鼠标左键单击画面，轿门出现在画面中，可以用鼠标调节轿门的大小和位置；单击工具箱中的 按钮，复制出 4 个相同的轿门作为每层的厅门；单击工具箱中的 （打开图库）按钮，选择按钮，设置向上呼梯按钮和向下呼梯按钮；用工具箱中的 和 T 制作 4 个指层器，制作好的电梯运行画面如图 7-30 所示。

① 电梯轿厢。电梯轿厢应在画面中上下移动，模拟电梯的运行过程，因此选择垂直移动动画连接。用鼠标双击电梯轿厢，弹出“动画连接”对话框，单击“垂直移动”按钮，弹出“垂直移动连接”对话框，设置表达式为“\\ 本站点 \ 电梯运行”，向上移动距离为 470，向下移动距离为 0，最上边对应值为 100，最下边对应值为 0，如图 7-31 所示。

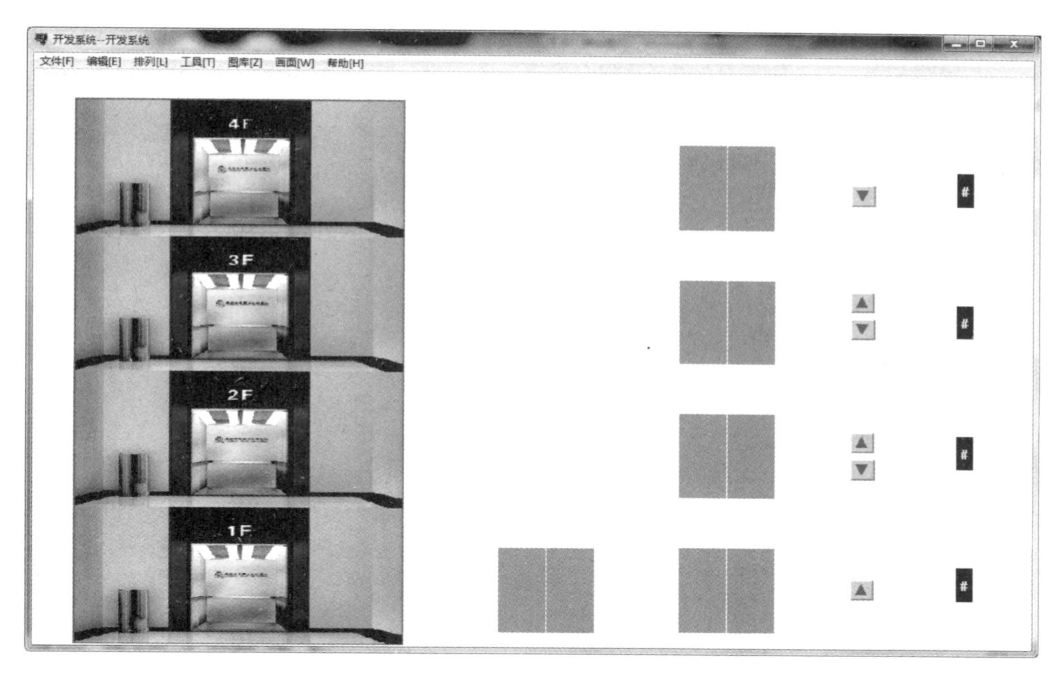

图 7-30　制作好的电梯运行画面

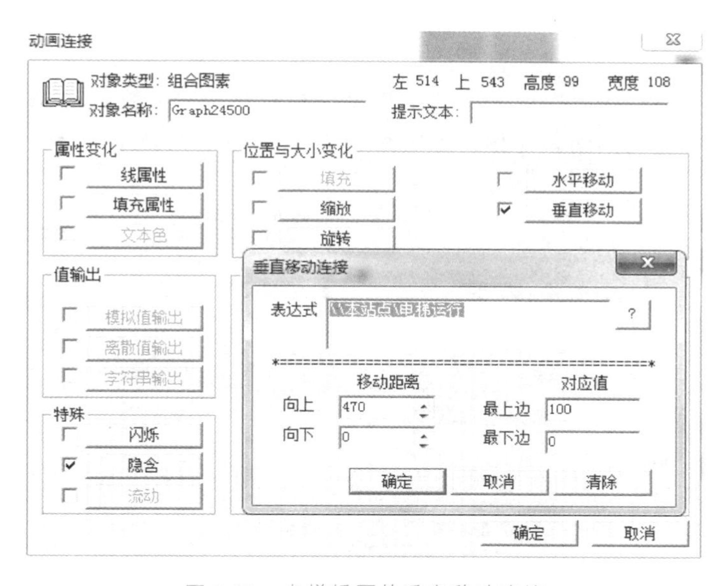

图 7-31　电梯轿厢的垂直移动连接

垂直移动连接描述的是当表达式的值改变时，图形对象在画面中垂直移动的动画过程，它以图形对象的原始位置为运动的起始点，以像素（画面栅格）为运动单位。如图 7-32 所示，当电梯运行变量（即表达式）的值为 0 时，电梯轿厢的 y 坐标（上边界）为 540，电梯处于一楼；当电梯运行变量的值不为 0 时，电梯轿厢的 y 坐标变小，电梯运行；当电梯运行变量的值为 100 时，电梯轿厢的 y 坐标为 70，电梯处于四楼。计算中间的移动距离为 540 减 70，结果为 470，即垂直移动距离为 470。

② 厅门。每层电梯由 3 层图素构成，底层图素为四层电梯的点位图，次层为运行的电梯轿厢，最上面为每层的厅门图素，图素的排列顺序可以通过单击鼠标右键在弹出的快捷菜单（如图 7-33 所示）中设置，如图素前移。

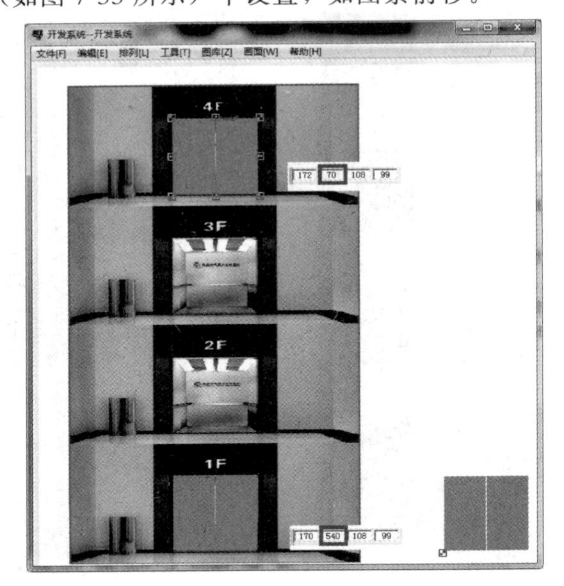

图 7-32　垂直移动距离

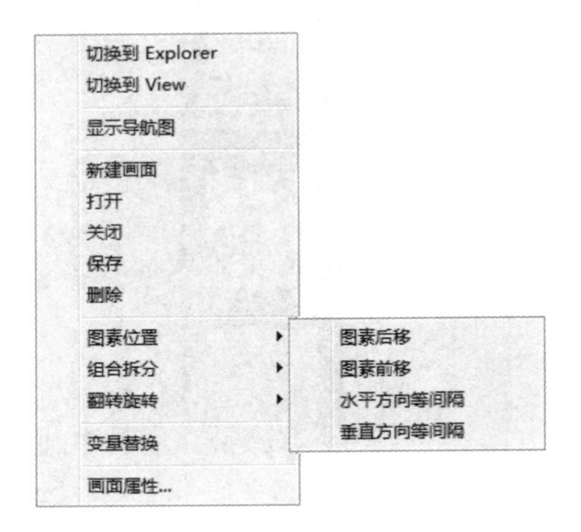

图 7-33　快捷菜单

当电梯运行时，厅门为关闭状态；当电梯到达目标楼层后，厅门要随着轿厢门打开或关闭，因此，需要设置厅门的隐含连接，如图 7-34 所示，当电梯处于一楼时，厅门不可见，显示轿厢门。

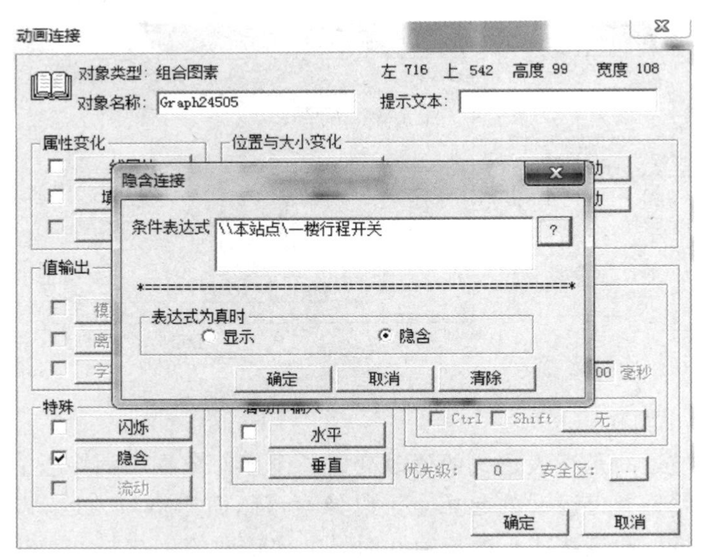

图 7-34　厅门的隐含连接

③ 呼梯按钮。双击一楼呼梯按钮，弹出“按钮向导”对话框，如图 7-35 所示，设置按下时的命令语言为“\\本站点\一楼外呼 = 1;”，弹起时的命令语言为“\\本站点\一楼外呼

=0;"。采用同样的方法设置其他楼层呼梯按钮的动画连接。

④ 指层器。与制作轿厢内的指层器类似，用黑色矩形框与文本"#"组合设计，动画连接方式选择"模拟值输出"，表达式为"楼层显示"，整数位数为1，小数位数为0，其他设置为默认值。单击工具箱中的 按钮，设置字体为宋体，字形为加粗，大小为小四。

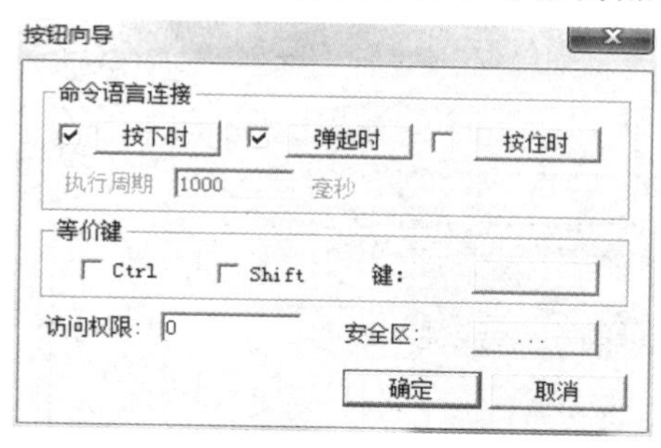

图 7-35 一楼呼梯按钮向导

5. 编写命令语言

对于复杂的系统，有时一般的动画连接不能完成监控工作，如执行一连串的动作或执行一些运算、操作等，这时可以使用命令语言。命令语言包括应用程序命令语言、热键命令语言、事件命令语言、数据改变命令语言、自定义函数命令语言、动画连接命令语言和画面命令语言，其中，应用程序命令语言、热键命令语言、事件命令语言、数据改变命令语言可以称为"后台命令语言"，它们的执行不受画面打开与否的限制，只要符合条件就可以执行；而画面命令语言和动画连接命令语言是与画面显示有关系的命令语言。

在"工程浏览器"窗口的左侧目录显示区，执行"文件"→"命令语言"→"应用程序命令语言"命令，在右侧的内容显示区出现 图标，双击该图标进入"应用程序命令语言"对话框，如图7-36所示，在该对话框中可以修改程序的执行周期。

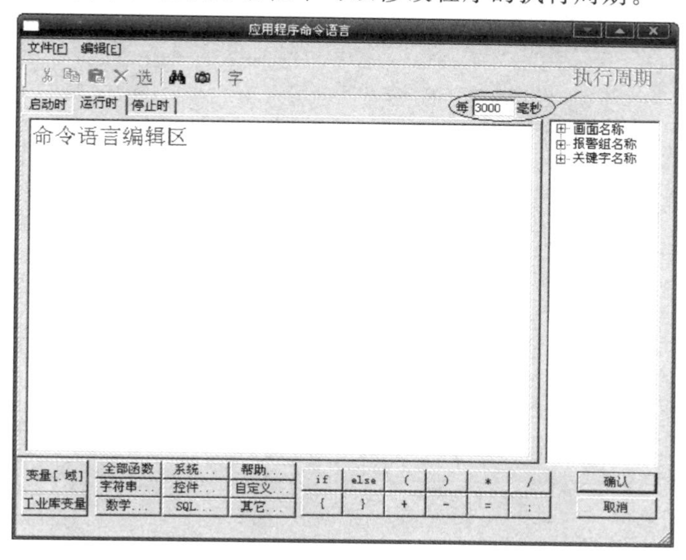

图 7-36 "应用程序命令语言"对话框

（1）上升、下降程序。电梯轿厢的上升是在变量“电梯上行”为 1 且轿厢门关闭的状态下，通过内存变量“电梯运行”逐渐加 5 实现的；电梯轿厢的下降是在变量“电梯下降”为 5 且轿厢门关闭的状态下，通过内存变量“电梯运行”逐渐减 5 实现的，其应用程序如图 7-37所示，通过调节执行周期可以实现画面中的电梯和实际电梯的运行速度一致。

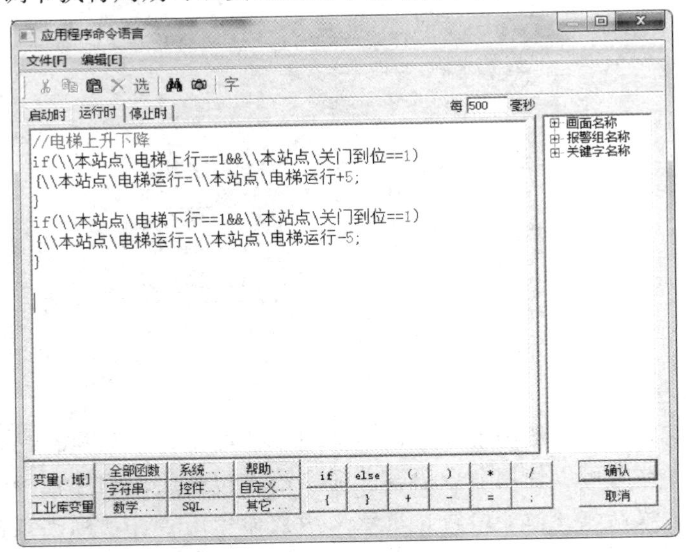

图 7-37　电梯上升、下降程序

（2）开门、关门程序。如图 7-38 所示为电梯开关门程序，当变量“开门继电器”为 1 且变量“开关门”不为 100 时，“开关门”变量逐渐加 5，实现电梯开门；当变量“开关门”加到 100 时，轿厢的开门动作结束，开门到位变量为 1。

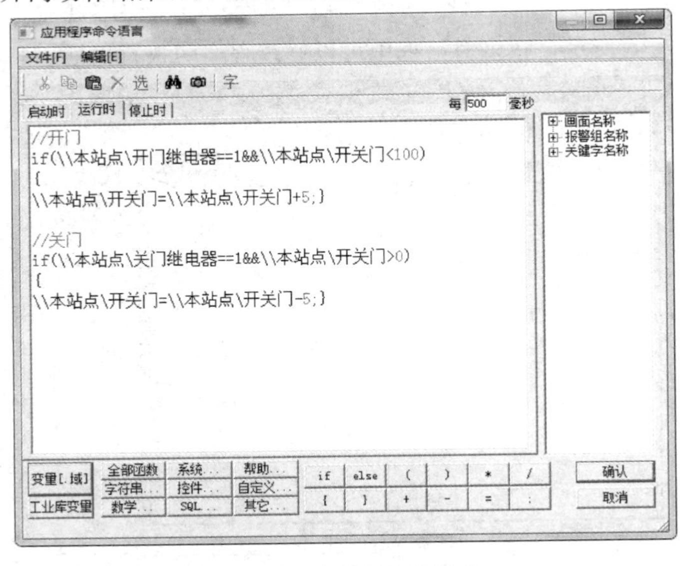

图 7-38　电梯开关门程序

当变量“关门继电器”为 1 且变量“开关门”不为 0 时，“开关门”变量逐渐减 5，实现电梯关门；当变量“开关门”减小到 0 时，轿厢的关门动作结束，关门到位变量为 1。

6. 运行监控

PLC的编程软件和组态王软件共用一个串行接口与PLC进行通信，但是，同一时刻PLC只能与其中一个建立通信连接，因此PLC程序下载结束后应先关闭编程软件，再进行组态王软件的操作；而在应用组态王监控软件的过程中需要修改PLC程序时，应先关闭组态王软件，再进入编程软件。

如果PLC与组态王通信不成功，则单击屏幕下方状态条上的“信息窗口”按钮，在信息窗口中可以查看运行系统与PLC通信是否成功的信息。如果通信失败，应检查双方的通信参数（特别是波特率）是否一致，编程软件是否占用了串行通信接口等。

在电梯控制系统画面构建结束后，要执行菜单命令“文件”→“全部存”进行保存，或单击工具箱中的按钮；再执行菜单命令“文件”→“切换到View”，进入组态王软件的运行系统；执行运行系统的菜单命令“画面”→“打开”，打开“打开画面”对话框，如图7-39所示，选择打开已建立的任一画面，进入电梯控制系统的监控过程。

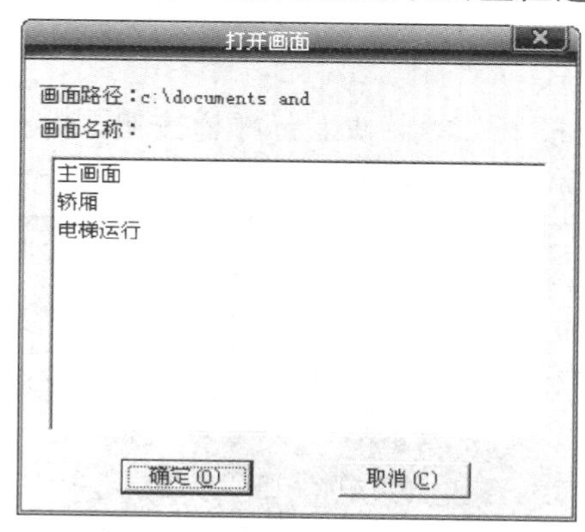

图7-39 “打开画面”对话框

（1）电梯的初始状态。电梯的初始位置为一楼，楼层显示输出为“1”，电梯门处于关闭状态，如图7-40所示。

（a）电梯轿厢画面

图7-40 电梯的初始状态

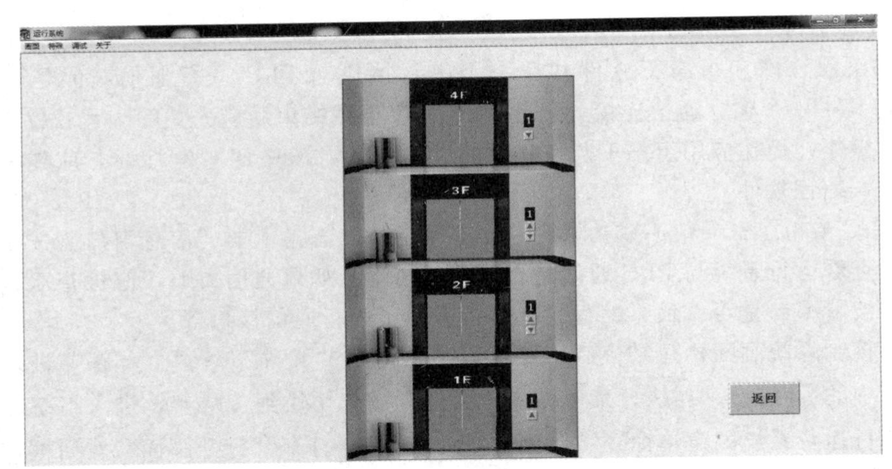

（b）电梯运行画面

图 7-40　电梯的初始状态（续）

（2）电梯平层开门状态。按下二楼层站上行呼梯按钮，电梯上行，到达二楼后，电梯停止运行，电梯运行画面、电梯轿厢画面同步开门，如图 7-41 所示。

（a）电梯轿厢画面

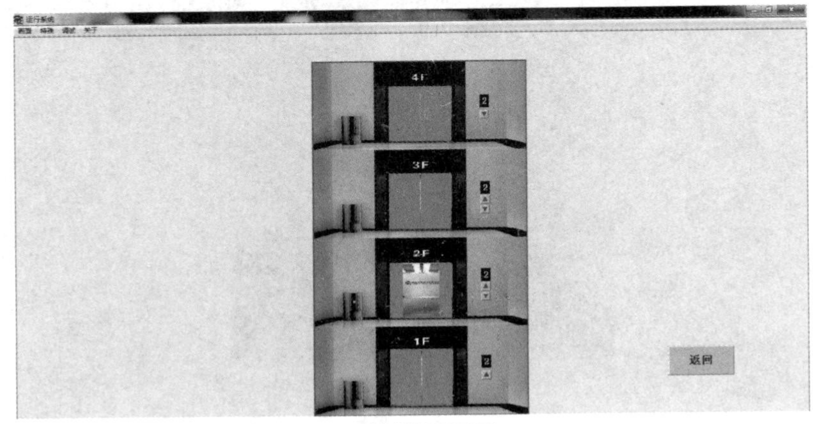

（b）电梯运行画面

图 7-41　电梯平层开门状态

(3) 电梯上行状态。**按下轿厢内的四楼呼梯按钮，电梯上行，电梯运行画面、电梯轿厢画面同步运行，如图 7-42 所示。**

(a) 电梯轿厢画面

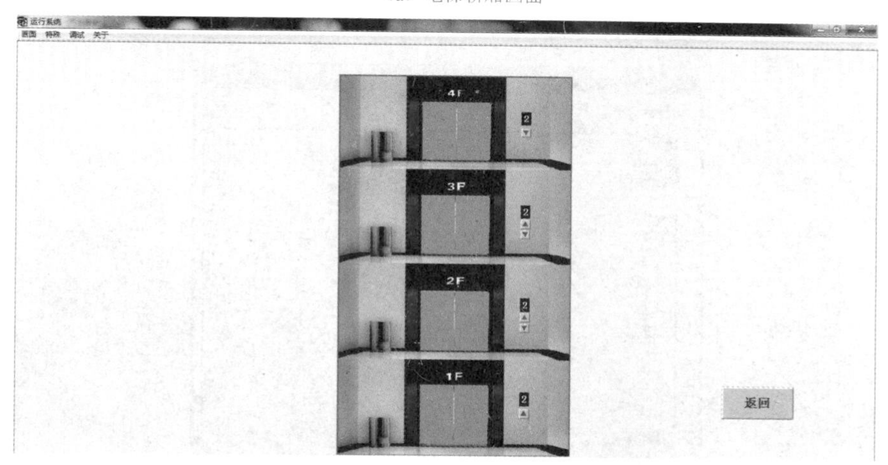

(b) 电梯运行画面

图 7-42　电梯上行状态

(4) 电梯平层开门状态。**电梯上行到达四楼后，电梯停止运行，电梯运行画面、电梯轿厢画面同步开门。**

课堂讨论

如何将“主画面”设置为运行系统的开始画面呢?

答案：有两种方法，一种是通过应用程序命令语言设置，在“启动时”属性下执行函数 ShowPicture（“主画面”），如图 7-43 所示；另一种是在工程浏览器的工具栏中，单击 运行 按钮，在弹出的“运行系统设置”对话框中选择“主画面配置”属性页，如图 7-44 所示，设置开始画面。

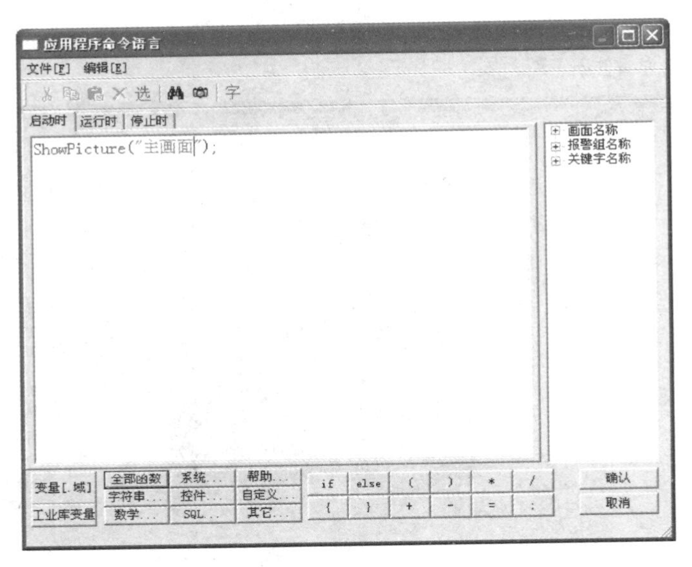

图 7-43 用应用程序命令语言设置主画面

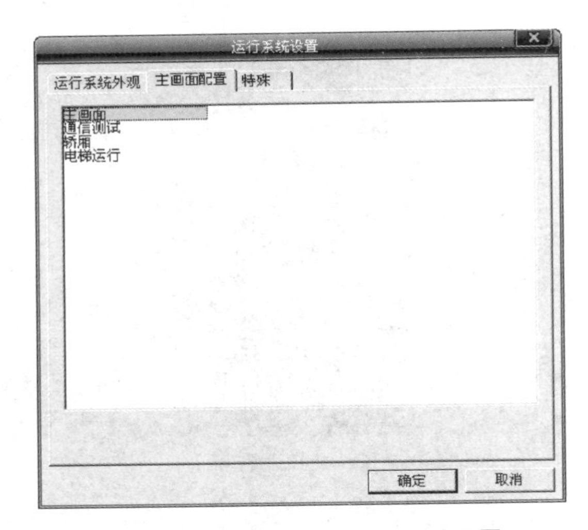

图 7-44 用主画面配置设置开始画面

项目实训 7 构建电梯监控系统的训练

实训目标

（1）掌握电梯监控系统与 PLC 的通信方法。

（2）掌握电梯监控系统变量的定义方法。

（3）掌握电梯监控画面的构建方法。

（4）掌握电梯监控系统的动画连接过程。

（5）掌握电梯监控系统的监控过程。

实训器材

（1）三菱 FX 系列 PLC，型号为 FX_{3U}-64MR，数量 1 台。

（2）计算机，数量 1 台。

（3）串行口形式的通信线，数量 1 条。

（4）组态王软件 6.55 版本安装盘，数量 1 张。

实训步骤

（1）安装组态王软件。将组态王软件的安装盘插入计算机后，根据安装过程中的提示一步步操作，安装组态王程序、组态王驱动程序及加密锁驱动程序，直到全部安装程序完成后，桌面上出现图标。

相关要求：将组态王软件安装在计算机的 E 盘中。安装时通过选择目的文件夹可以将软件安装到硬盘的任意位置。

（2）组态王软件与 PLC 的通信设置。根据如图 7-8 所示的设备配置向导对话框进行通信连接，并根据图 7-10 进行通信测试。

相关要求：

① 选择串行接口 COM1，生产厂家选择“三菱”的 FX_2 系列，通信描述为编程口，设备的逻辑名称为“FX3U”。

② 分别添加寄存器 Y0～Y7，单击“读取”按钮后观察变量值是否与 PLC 的输出状态相同；分别添加寄存器 X0～X7，双击寄存器后输入数据，观察 PLC 的输入通道是否有变化。

（3）定义电梯监控系统变量。根据表 6-1 设置系统变量。

相关要求：设置输入变量为 X001～X022，输出变量为 Y000～Y021，设置变量类型，选择正确的连接设备和数据类型；设置两个内存整数变量控制电梯的上升、下降过程和门机开门、关门过程，最大值分别设为 150 和 20。

（4）构建电梯监控画面。

① 根据图 7-19 建立电梯控制系统的主画面。

相关要求：

- 设置主画面的窗口颜色为浅蓝色，标题文字为深蓝色，字体为仿宋，字形为粗体，大小为 72。
- 设置切换画面的按钮类型为椭圆形，按钮风格为浮动；按钮文本字体为宋体，字形为常规，大小为 48。
- 按钮的动画连接设置为“弹起时”切换画面。

② 根据图 7-22 建立电梯轿厢画面。

相关要求：

- 设置画面的窗口颜色为白色。
- 画出电梯轿门的两侧关门门板，设置填充颜色为浅蓝色，设置开门时隐含。
- 复制关门门板制成开门门板，填充颜色为白色，设置关门时隐含。
- 设置操纵箱的颜色为浅灰色，指层器的楼层显示为红色，呼梯按钮为菱形，手动开门、关门按钮为椭圆形，动画连接方式设置为“按下时”动作。

③ 根据图 7-30 建立电梯运行画面。

相关要求：

- 设置画面的窗口色为浅蓝色。
- 利用图库精灵制作四层电梯。
- 指层器的楼层数字为红色，呼梯按钮为菱形，动画连接方式设置为“按下时”动作。

（5）实现对电梯控制系统的监控。组态王软件切换到运行系统状态，开始监控电梯的运行。

相关要求：依次按下电梯层站的呼梯信号，观察电梯的运行过程，到达相应层站是否停车，轿厢停靠位置是否正确，电梯的楼层显示是否正确；依次按下电梯轿厢内呼梯信号，观察到达相应楼层是否自动开门；手动开门、手动关门按钮是否能够控制轿厢门；观察画面中的电梯运行与实际电梯的运行是否一致。

针对实训现象，探讨工程实际问题

问题1：正常操作时，每打开一个原有画面或新建一个画面时，图形编辑工具箱都会自动出现，若没有出现，该怎样找到它呢？

答案：在菜单的“工具”选项中有“显示工具箱”一项，当其左端有“√”时，表示选中，没有“√”时，屏幕上的工具箱消失。若在菜单中选择“√”也打不开时，就要进入组态王的安装路径“kingview”下，打开toolbox. ini文件，查看toolbox的位置坐标是否在屏幕显示区域内，若不在，用户可以在该文件中修改。

问题2：当监控软件中电梯的运行速度与实际电梯的运行速度不一致时该怎么办？

答案：有两种方法调节，一种方法是调节画面命令语言中的执行周期，加快监控软件的执行速度；另一种方法是调节变量的最大值，并调节电梯上升、下降时内存变量的变化量（增大或减小的值），也可以两种方法结合使用。

问题3：多个图形组合成一个整体有（合成组合图素）与（合成单元）两种操作，它们有什么区别？

答案：“合成组合图素”后的图形可以进行整体的动画连接，但组成整体的单个图形不能单独有动画连接，而“合成单元”可以将动画连接后的图形合成整体，但不能进行整体的动画连接。

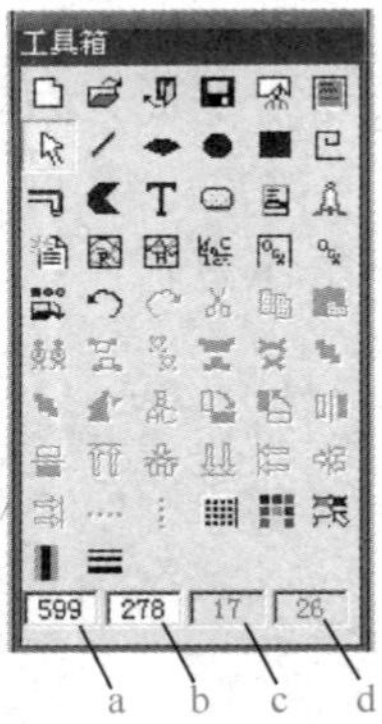

图7-45　工具箱的4个数据

问题4：如图7-45所示，工具箱最下排的4个数据（a～d）有什么含义？

答案：在工具箱最下排的数据依次是：a为被选中对象的x坐标（左边界）；b为被选中对象的y坐标（上边界）；c为被选中对象的宽度；d为被选中对象的高度。

问题5：在电梯运行画面中，电梯平层后4个层站的厅门都开门，怎么办？

答案：解决的方法有两种，一种是4个层站的厅门不设置开关门动画连接，将运行的轿厢门设置开关门动画连接，轿厢运行到哪个层站，哪个层站的厅门隐含，显示轿厢门的开关门过程；另一种是轿厢运行到哪个层站，哪个层站的厅门显示开关门过程，其他层站的厅门隐含，不显示开关门过程。

实训考核方法

该项目采取单人逐项考核的方法，教师（或是已经考核优秀的学生）对每个同学都要进行如下6项考核。

（1）能否正确建立电梯监控系统工程？

（2）能否构建电梯监控系统画面？

（3）能否实现电梯监控系统画面间的切换？

（4）能否正确显示电梯轿厢所在位置？

（5）能否实时显示电梯的运行状态？

（6）能否控制电梯的运行？

项目8　电梯的维护及故障排除

【知识目标】

(1) 了解电梯维修保养的一般要求及正常工作条件。

(2) 了解电梯安全操作规程及机房、井道的管理。

(3) 熟悉电梯的检修周期。

(4) 了解电梯的常见故障现象及排除方法。

【技能目标】

(1) 掌握电梯故障的逻辑判别方法，能判定或缩小故障范围。

(2) 掌握电气系统故障点的判别方法，能排除简单的电气故障。

电梯的工作特点是启动、制动频繁，每小时可高达200次，每天高达1000次以上。在运行过程中，对电梯的机械传动装置必须予以经常性的检查，进行清洁、润滑和调整。一台高质量的电梯，除了有先进合理的设计、精密的加工制造、高质量的安装调试外，还必须有认真细致的日常维修保养。认真细致的维修保养可以延长电梯的使用寿命，降低电梯故障率，提高电梯工作效率。

据电梯生产厂家和电梯用户的不完全统计，在造成电梯必须停机修理的故障中，机械系统故障占全部故障的40%左右，电气控制系统故障占全部故障的60%左右。

尽管机械系统故障所占的比重较小，但是一旦发生故障，可能会造成长时间的停机待修，甚至会造成严重的设备和人身事故。

电梯故障中的60%是电气控制系统的故障。造成电气控制系统故障的原因是多方面的，主要包括元器件质量、安装调整质量、维修保养质量、外界环境条件变化和干扰等。由于电梯运行过程中的管理、控制环节比较多，以及电路功率转换等方面的原因，现在和以后生产的电梯电气控制系统，采用继电器、接触器、开关、按钮等触点元件构成的电路环节仍然存在，它的存在仍是电梯故障频发的重要原因。因此，提高电梯电气维修人员的技术水平和检查、分析、排除有触点电路故障的能力，仍然是减少电梯停机维修时间的重要手段。

只有掌握电梯的结构和电气控制原理，熟悉各元器件的作用、性能及其安装的位置，以及线路敷设的情况和排除故障的正确方法，才能提高排除故障的效率和维修电梯的质量，确保电梯的正常运行。

本项目以乘客电梯为背景，重点介绍电梯的维修保养原则、检修周期、故障现象及判别方法等。希望读者能认真学习本项目内容，从中得到启发和帮助，为将来的实践应用打下良好的基础。

8.1 电梯维修保养原则

电梯是以人或货物为服务对象的起重运输机械设备，要求做到服务良好并且避免发生事故，因此必须对电梯进行经常、定期的维护，维护的质量直接关系到电梯运行使用的品质和人身安全。电梯的维护要由专门的电梯维护人员进行，维护人员不仅要掌握电气、机械等方面的基本知识和操作技能，还要对工作有强烈的责任心，这样才能保证电梯安全、可靠、舒适地为乘客服务。

1. 电梯维修保养的一般要求

① 进行维修保养和检查的专职人员，应有实际工作经验并熟悉电梯维修保养要求。维修人员应每周对电梯的主要安全设施和电气控制部分进行一次检查。

② 新电梯使用三个月后，维修人员应对其较重要的机械设备和电气设备进行细致的检查、调整和维修保养。

③ 新电梯使用一年后，应组织专业人员进行一次技术检验，详细检查所有机械设备、电气设备、安全设施的情况，主要零部件的磨损程度及修配换装磨损超过允许值和损坏的零部件。

④ 电梯一般应在3～5年中进行一次全面的拆卸清洗检查。使用单位应根据电梯新旧程度、使用频繁程度确定大修期限。

⑤ 当设专人开电梯时，应由责任心强，爱护设备，并掌握电梯使用特性的专职司机负责开电梯。当司机发现电梯有故障时应立即停梯，报维护保养人员修复并经仔细检查合格后方可继续使用。

2. 电梯正常工作条件

① 机房应干燥，机房和井道应无灰尘及化学有害气体；机房温度必须在5～40℃范围内，机房墙壁、地面、顶板必须用砂浆或其他材料粉刷过，以防止混凝土尘粒的进入；机房环境的相对湿度不大于85%（在25℃时）；机房所在地海拔高度不超过1000m。

② 电梯的电源电压、频率、相序必须符合电梯技术资料中的规定，电压波动必须在±7%范围内，电源频率波动必须在±2%范围内。

③ 层门附近的光照应不小于50lx，以便使用者在打开层门进入轿厢前，能够发现轿厢在不在本层，即使轿厢照明发生故障，也能看清轿内地面。

④ 若电梯停止使用超过一周，必须先进行仔细检查和试运行后方可使用；对电梯的故障现象、检查经过及维修的过程，维修人员应做详细记录。

⑤ 电梯轿厢、层门、门套和召唤箱等外表面，应保持清洁，严防擦伤和损坏外表面。机房内和各层门近处应设有灭火设施。

3. 电梯安全操作规程

① 司机或管理人员在开启层门进入轿厢前，需注意轿厢是否停在该层；进入轿厢后先开启轿内照明；每日开始工作前，将电梯上下行驶数次，无异常现象后方可使用。

② 层门关闭后，从层门外不能用手拨启；当层门轿门未完全关闭时，电梯不能正常启动；每层的平层准确度应无显著变化；应经常清洁轿厢内、层门及乘客可见部分。

③ 在电梯服务时间内，如司机必须离开或电梯停用时，须将轿内电源开关断开。

④ 轿厢的载重量应不超过额定载重量；乘客电梯不允许经常作为载货电梯使用；载货电梯层门口要有允许承载重量的标志；电梯不允许装运易燃、易爆的危险物品，如遇特殊情况，需经司机和管理部门同意和批准并严加安全保护措施后装运。

⑤ 严禁在层门开启状态下，按下检修按钮来开动电梯做一般行驶，不允许按下检修、急停按钮来做一般正常行驶中的销号。

⑥ 不允许利用轿顶安全窗、轿厢安全门的开启来装运长物件；应劝乘客在电梯行驶中勿倚靠在轿厢门上；轿厢顶上部除电梯固有设备外，不得放置其他物件。

⑦ 当电梯在使用过程中发生如下故障时，司机或管理人员应立即通知维修人员，停用并检修合格后方可使用。

- 层门、轿门完全关闭后，电梯未能正常行驶时。
- 运行速度显著变化时。
- 轿门、层门关闭前，电梯自行行驶时。
- 行驶方向与选定方向相反时。
- 内选、召唤和指层信号失灵失控时（司机应立即按下急停按钮）。
- 发觉有异常噪声、较大震动和冲击时。
- 当轿厢在额定载重下，如有超越端站位置而继续运行时。
- 安全钳误动作时。
- 接触到电梯的任何金属部分有麻电现象时。
- 发觉电气部件因过热而发出焦糊的气味时。

⑧ 电梯停用时，司机或管理人员应将轿厢停在基站，将操纵箱上的开关全部断开，并将层门关闭。

⑨ 电梯发生紧急事故时，司机应采取以下措施。

- 当已发觉电梯失控而安全钳尚未起作用时，司机应保持镇定，告诫乘客切勿企图跳出轿厢，并做好承受因轿厢急停而产生冲击的思想准备。
- 电梯在行驶过程中突然发生停梯事故，司机应立即按下警铃按钮，并通知维修人员，设法使乘客安全退出轿厢。
- 在机房用手轮盘车时，电梯主电源必须断开，盘车操作须由两人配合进行，采用盘车扳手进行这一工作时，必须随时注意手动盘车与手动打开制动器之间的配合，以确保安全。

4. 电梯机房和井道的管理

① 机房应有维护保养人员值班管理，其他人员不得随意进入，机房门应加锁，并标有“机房重地、闲人免进”字样。机房须保证没有雨雪侵入的可能；机房须保证通风良好和保温；机房内应保持整洁、干燥、无尘烟及腐蚀性气体，除检查维修所必需的简单工具外不应存放其他物品。

② 井道内除规定的电梯设备外，不得存放杂物或敷设水管、煤气管等。当设有井道检修门时，应在检修门近处设下列须知：“电梯井道危险，未经许可，禁止入内”。

8.2 电梯的检修周期

为了保证电梯能够安全、可靠、舒适地运行，维护人员除了应该加强日常维护保养外，还应该根据电梯使用的频繁程度，按随机技术文件要求，制定切实可行的日常维护保养和预检修计划。制定预检修计划时一般可以以半月、月、三个月、半年、年、3～5年等为周期，并根据随机技术文件的要求和使用单位的特点，确定各阶段的维修内容，进行轮番维修保养和预检修，在维修保养和检修过程中应做好记录。各周期的主要工作内容如表8-1～表8-4所示。

表8-1 电梯机房、井道及其零部件的环境卫生项目内容及周期

序号	工作内容	周期
1	保持召唤箱、操纵箱面板及外露零部件表面、层门板面、轿壁板面的清洁，清扫轿门、层门踏板槽内的积灰	每半月
2	清扫机房地面、门窗、控制柜、曳引机及承重梁、限速器表面的积灰	每月
3	清扫轿顶板、轿架上梁、开关门机构、轿顶检修箱、接线盒表面的积灰	每三个月
4	清扫导轨、导轨架、随行电缆、端站限位装置、底坑地面、轿厢吊顶的积灰	每半年
5	全面清扫机房、井道、底坑、全部电梯部件的积灰，清扫乘用人员可见电梯部件表面上的积灰和污物	每半年

表8-2 电梯机械零部件的维修保养项目内容及周期

<table>
<tr><th>序号</th><th>机件名称</th><th>部位</th><th>作业内容</th><th>周期</th></tr>
<tr><td rowspan="9">1</td><td rowspan="9">曳引机</td><td rowspan="2">油箱</td><td>新梯换油</td><td>每年换油</td></tr>
<tr><td>老梯换油视使用频率而定</td><td>2～3年换油</td></tr>
<tr><td rowspan="2">蜗轮滚动轴承</td><td>补充注油</td><td>每半月</td></tr>
<tr><td>清洗换油</td><td>每年</td></tr>
<tr><td>制动器销轴</td><td>补充注油</td><td>每半月</td></tr>
<tr><td>制动器电磁铁芯和铜套</td><td>检查清洗、更换润滑剂</td><td>每半年</td></tr>
<tr><td rowspan="2">曳引电动机滚动轴承</td><td>补充注油</td><td>每半月</td></tr>
<tr><td>清洗换油</td><td>每年</td></tr>
<tr><td>曳引电动机滑动轴承</td><td>补充注油</td><td>每半月</td></tr>
<tr><td rowspan="2">2</td><td rowspan="2">导向轮
轿顶轮
对重轮</td><td rowspan="2">轴与轴套之间</td><td>补充注油</td><td>每半月</td></tr>
<tr><td>拆卸换油</td><td>1～2年</td></tr>
<tr><td>3</td><td>导轨</td><td>加油盒</td><td>补充注油</td><td>每半月</td></tr>
<tr><td rowspan="3">4</td><td rowspan="3">开关门机构</td><td>吊门滚轮及门锁轴承</td><td>补充注油</td><td>每月</td></tr>
<tr><td>门滚轮滑道</td><td>擦洗补油</td><td>每月</td></tr>
<tr><td>门电动机轴承</td><td>补充注油</td><td>每月</td></tr>
</table>

续表

序号	机件名称	部位	作业内容	周期
5	限速装置	限速器轮轴、张紧轮轴	补充注油	每三个月
6	安全钳	传动机构转轴	补充注油	每三个月
7	油压缓冲器	液压缸	补充注油	每三个月

表 8-3 电梯机械零部件的检查调整项目内容及周期

序号	机件名称	部位	作业内容	周期
1	曳引机	闸皮与制动轮间隙	四角应大于 1.2mm，平均不大于 0.7mm	每半月
		蜗轮轮副	啮合面和间隙是否合适	每半年
		运行噪声	电梯上、下运行应无异常噪声	每半月
	曳引绳	张力差	各绳差应不大于 5%	每半年
		伸长	缓冲距离应在标准规定范围内	每三个月
		磨损	有无断丝，绳直径应不小于原直径的 90%	新梯每年
				老梯每半年
2	曳引绳锥套	噪声	电梯上、下运行时应无异常噪声	每半月
		调节螺母	应无松动	每半年
		开口哨	应卡好	每半年
3	限速装置	噪声	电梯上、下运行时应无异常噪声	每半月
		限速器绳	是否伸长，张紧装置与断绳开关的距离应合适	每三个月
4	安全钳	楔块与导轨侧工作面间隙	应在 1.5～2.5mm 范围内	每三个月
		楔块与拉杆	应紧固	每三个月
		拉杆与传动结构	应灵活可靠	每三个月
5	开关门结构	传动机构	应灵活可靠	每月
		传动带	应无破损	每月
		打板与限位开关	应无松动，碰打压力应合适	每月
		开关门速度	应合适	每月
6	对重装置	噪声	电梯运行时应无异常噪声	每半月
		对重铁	应压紧，无窜动	每半年
7	层门	门扇与踏板	间隙应为 2～6mm	每月
		门滑块	应完好，应无严重磨损情况	每月
		吊门滚轮与门导轨	滚轮应无磨损，转动应灵活自如	每月
		门锁与门刀	相对位置应满足标准规定要求	每月
		门锁轮与踏板	距离应满足标准规定要求	每月

续表

序号	机件名称	部位	作业内容	周期
8	导轨	正侧工作面铅垂度	每5m不大于±0.5mm	每年
		压板螺栓	应无松动	每年
9	缓冲器	外观	应无生锈和异常	每年
		紧固螺栓	应无松动	每年
10	强迫关门装置	作用力	门刀脱离门锁轮时，层门应能自行关闭	每月
11	导靴	靴衬	磨损较严重时应及时更换	每月
		靴衬与导轨	接触压力应合适	每月

表8-4 电梯电气零部件的检查调整项目内容及周期

序号	机件名称	部位	作业内容	周期
1	曳引机	曳引电动机电源	测量电动机电源引入线电压应为额定电压的±7%	每半月
		制动器线圈	引入线连接螺钉应无松动	每三个月
			电压应正常	每半月
2	限速装置	限速器开关	作用应可靠	每半月
		短绳开关	与打板的距离应合适，作用应可靠	每月
3	安全钳	安全钳开关	与打板的相对位置应合适，作用应可靠	每月
4	电源总开关 照明总开关	压线螺钉	无松动	每三个月
		主触点	无损烧情况，接触应良好	每三个月
		熔断器	熔丝应紧固	每三个月
5	控制柜	元器件积灰	清扫元器件上的积灰	每三个月
		接触器主触点	无烧损	每三个月
		噪声	接触器、继电器在吸合过程中和吸合后，噪声应无异常	每半月
		各元器件	温升在规定范围内	每半月
			压线螺钉无松动	每半年
		各电压等级	无明显变化	每三个月
6	轿顶检修箱	各元器件	作用应可靠	每三个月
	底坑检修箱			
7	操纵箱和召唤箱	各元器件	各元器件作用应可靠，按钮的发光显示应正常	每半月
		压线螺钉	无松动	每年
8	门电连锁	安全触点	接触压力应合适，作用应可靠	每半月
9	端站限位装置	打板	铅垂度应不大于±1mm	每三个月
		碰打压力	应适中	每月
		开关	动作应灵活，作用应可靠	每月

续表

序号	机件名称	部位	作业内容	周期
10	随行电线	固定点	无松动	每年
		电梯运行过程	无碰撞情况	每半年
11	换速平层装置	隔磁板或隔光板	铅垂度应不大于±1mm，紧固螺钉无松动	每年
		传感器或光电开关	作用应可靠，引出线压紧螺钉无松动	每三个月
12	轿厢、井道照明	照明灯	更换烧毁或损坏的灯泡	每半月

8.3 电梯故障的逻辑判别方法

要正确迅速地排除电梯故障，必须对电梯的机械结构和电气控制系统有比较详细的了解。电梯的型号很多，其控制和驱动方式也存在很大的差异，但它们运行的逻辑控制过程基本上是相同的。掌握了电梯运行的逻辑控制过程，就可以大致判断故障的部位。电梯运行的逻辑控制过程如图 8-1 所示。

可以看出，掌握电梯运行的逻辑控制过程，有助于正确迅速地判断电梯的故障部位。但要准确地找出故障点，还需要维修人员具有一定的理论知识和技术水平。

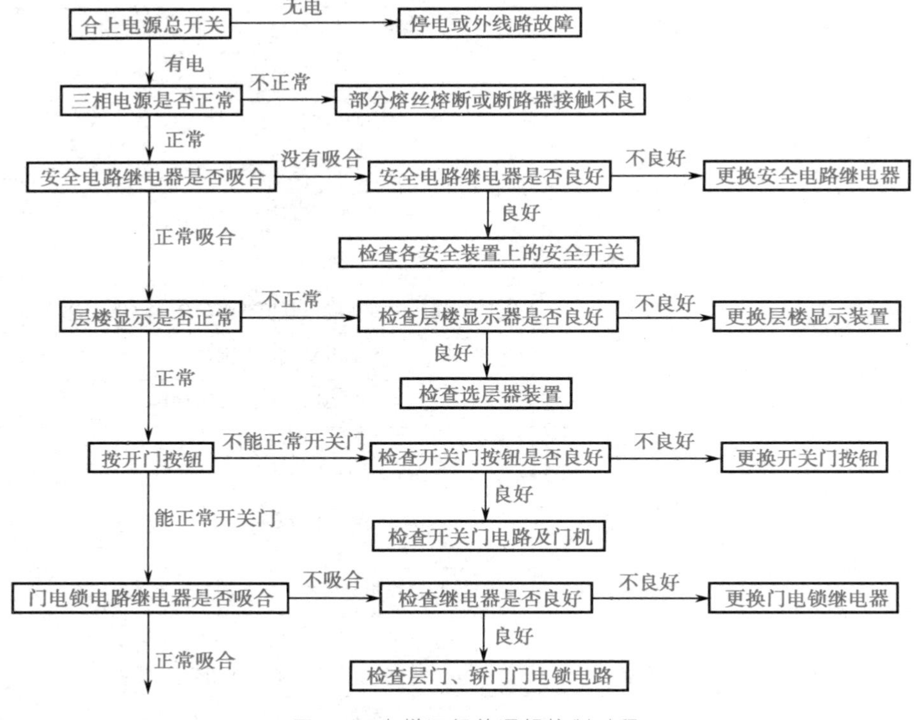

图 8-1　电梯运行的逻辑控制过程

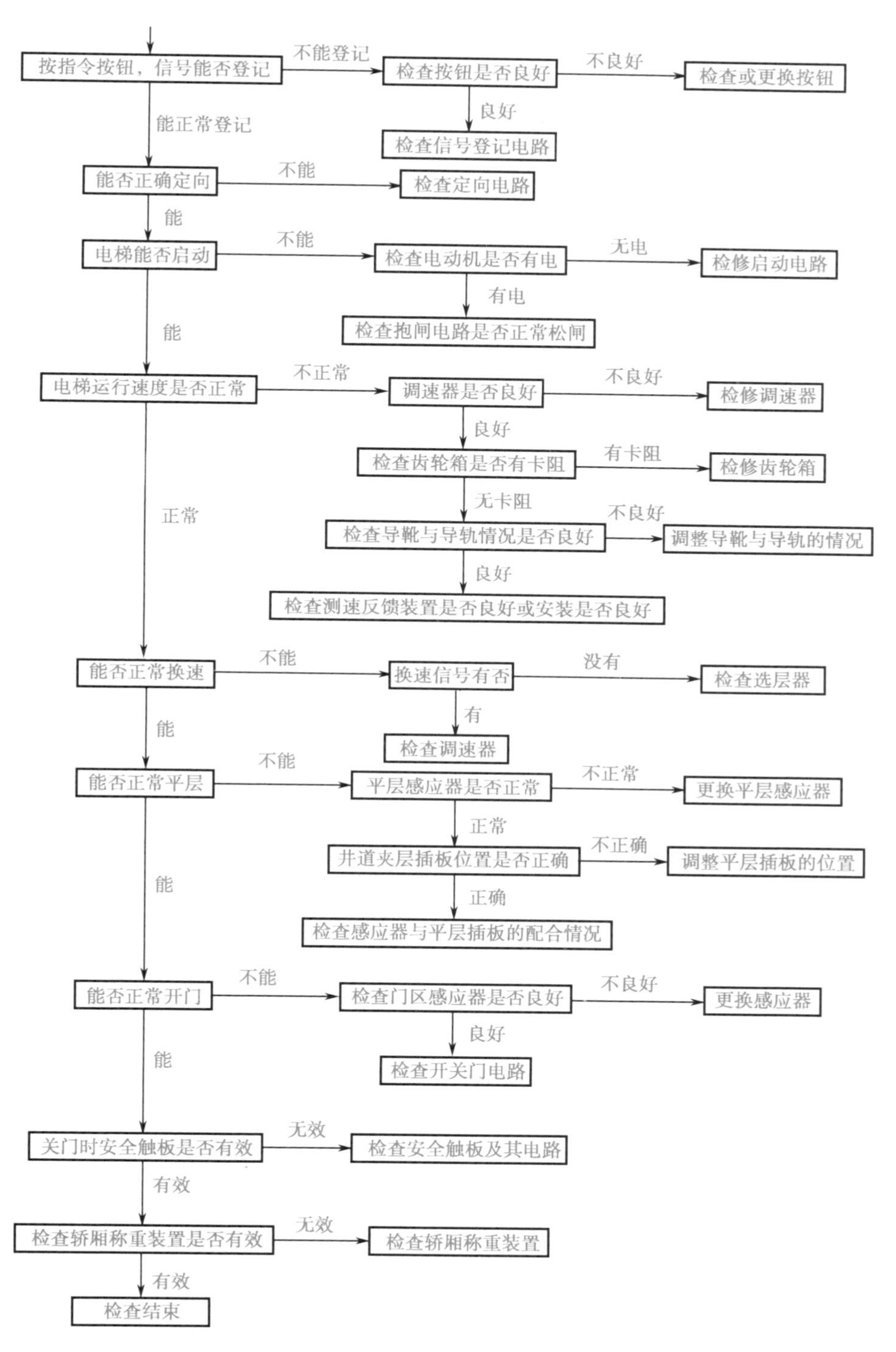

图 8-1 电梯运行的逻辑控制过程（续）

8.4 电气系统故障点的判别方法

电梯是一种自动化程度很高的垂直运输设备，电梯的电气控制环节较多，元器件的安装比较分散，而电梯的故障绝大多数都是电气控制系统的故障，故障的现象及引起故障的原因又是多种多样的，且故障点较为广泛，难以预测，因此只有掌握电梯电气控制原理，熟悉各种元器件的作用和性能及其安装的位置、线路敷设的情况，掌握排除故障的正确方法，才能提高排除故障的效率和维修电梯的质量，确保电梯的正常运行。

在进行电梯故障检修时，应仔细观察故障现象，充分利用电梯运行时提供的信息（如指示灯的亮暗，层楼的显示等），通过对 PLC 程序的分析确定故障部位，然后通过检测找出故障点。

下面介绍查找故障的一般方法。

1. 观察法

当电梯发生故障时，可以通过听取司机、乘客或管理人员讲述发生故障时的情况，或通过眼睛看、耳朵听、鼻子闻、动手摸的方法，也可以通过到轿内控制电梯上、下运行，观察电梯的运行情况和各零部件的状态等方法，查找电梯故障所在。

输入设备的情况可以通过检查 PLC 的输入继电器的指示灯来观察；输出设备的情况则需要先检查 PLC 输出继电器的指示灯情况，然后再检查继电器输出回路的情况。

2. 测量电阻法

在基本确定故障部位后，当需要进一步查证某一个电路是否导通时，可以采用测量电阻法。

测量电阻法就是用万用表的欧姆挡测量电路的阻值是否异常。必须注意的是，用电压挡测量故障时，一定要断开电源，千万不可带电测量。使用这种测量方法比较安全，由于是在断开电源的情况下测量，因此不会导致电路的短路和元器件的损坏。

3. 测量电压法

测量电压法就是利用万用表的电压挡测量电路的电压值是否异常。测量时，一般首先检查电源电压和线路电压，看是否正常；然后检查开关、继电器、接触器等应该接通的两端，若电压值为零，则说明该元器件短路，若线圈两端的电压值正常但不吸合，则说明线圈断路或损坏。采用电压法测量时，电路必须通电，因此检测时不可使身体的任何部位直接触及带电部位，并注意测量的电压是直流电压还是交流电压，以便选择合适的挡位，避免发生事故或损坏仪表。

4. 短路法

短路法主要是检测某个开关是否正常的一种临时措施。若怀疑某个或某些开关有故障，可将该开关短路，若故障消失，则证明判断正确。当确定某个开关发生故障时，应立即更换开关，不允许用短路线代替开关。

在短接时，必须看清应该短接的线号，如果短接错误，有可能发生电源短路，引起其他故障的发生，造成不必要的损失。在没有把握的情况下，不建议采用短路法，可以优先选用测量电阻法和测量电压法。

【注意】 在检查电梯门锁故障时，如果必须要短接门锁，则千万要保证电梯处于检修状态。检查完毕后，务必先断开门锁短接线后才能让电梯复位到正常状态。

5. 程序检查法

程序检查法就是模拟工作程序，给电梯控制系统输入相应的信号，观察其动作情况。程序检查法适用于故障现象不明显，或故障现象虽明显但牵涉范围比较大的情况。

8.5 电梯的常见故障与排除方法

所谓故障是指由于电梯本身的原因造成的停机或整机性能不符合标准规定要求的非正常运行。

1. 电梯常见故障的类型

电梯使用一段时间后，常会出现一些故障。维修人员应根据电梯的故障现象判别属于哪种故障类型，然后着手解决。

（1）设计、制造和安装故障。一般来说，新产品的设计、制造和安装是一个逐步完善的过程。当电梯发生故障后，维修人员应找出故障所在的部位，然后分析故障产生的原因。如果是由设计、制造、安装等方面引发的故障，此时不能妄动，必须与生产厂商或安装部门取得联系，由其技术和安装维修人员与使用单位的维护人员共同解决问题。

（2）操作故障。操作故障指的是由于使用者操作不当而引起的故障。这种不遵守操作规程的行为必然导致电梯发生故障，甚至危及乘客生命。

（3）零件损坏引起的故障。这类故障是电梯运行中最常见的故障，也是出现次数最多的故障，如机械传动装置相互摩擦，接触器、继电器触点烧灼，电阻过热烧坏等。

2. 电梯的常见故障现象与排除方法

前面介绍了电梯常见故障的三种类型，下面就电梯的常见故障现象加以分析并提出解决的方法，如表8-5所示，供读者参考。

表8-5 电梯的常见故障现象与排除方法

故障现象	可能原因	排除方法
电梯有电，但不能工作	① 电梯安全电路发生故障，有关线路断开或松开	检查安全电路继电器是否吸合，如果不吸合，且线圈两端电压又不正常，则检查安全电路中各安全装置是否处于正常状态，检查安全开关的完好情况及导线和接线端子的连接情况
	② 电梯安全电路的继电器发生故障	检测安全电路继电器两端的电压，如果电压正常而不吸合，则安全电路继电器线圈断路；如果吸合，则安全电路继电器触点接触不良，控制系统接收不到安全装置正常的信号

续表

故障现象	可能原因	排除方法
电梯能定向和自动关门，关门后不能启动	① 本层层门机械门锁没有调整好或损坏，不能使门电锁电路接通，进而启动电梯	调整或更换门锁，使其能正常接通门电锁电路
	② 本层层门机械门锁工作正常，但门电锁接触不良或损坏，不能使门电锁电路接通	调整或更换门电锁，使其能够正常接通门电锁电路
	③ 门电锁电路有故障，有关线路断开或松开	检查门电锁电路继电器是否吸合，如果不吸合，且线圈两端电压又不正常，则检查门电锁电路的有关线路是否接触良好，若有断开或松开的情况，则将线路接通
	④ 门锁电路继电器有故障	检测门锁电路继电器两端的电压，如果电压正常而不吸合，则门锁电路继电器线圈断路，如果吸合，则门锁电路继电器触点接触不良，控制系统接收不到厅门、轿门关闭的信号
电梯能开门，但不能自动关门	① 关门限位开关（或光电开关）动作不正确或损坏	调整或更换关门限位开关（或光电开关），使其能够正常工作
	② 开门按钮动作不正确（有卡阻现象不能复位）或损坏	调整或更换开门按钮，使其能够正常工作
	③ 门安全触板或门光电开关（光幕）动作不正确或损坏	调整或更换门安全触板或门光电开关（光幕），使其能够正常工作
	④ 关门继电器失灵或损坏	检修或更换关门继电器，使其正常
	⑤ 超重装置失灵或损坏	检修或更换超重装置，使其正常
	⑥ 本层层外召唤按钮因卡阻不能复位或损坏	检修或更换本层层外召唤按钮，使其正常
	⑦ 关门线路断开或接线松开	检查关门线路，使其正常
电梯能开门，但按下关门按钮后不关门	① 关门按钮触点接触不良或损坏	检修或更换关门按钮，使其正常
	② 关门限位开关（或光电开关）动作不正确或损坏	调整或更换关门限位开关（或光电开关），使其正常
	③ 开门按钮动作不正确（有卡阻现象不能复位）或损坏	调整或更换开门按钮，使其正常
	④ 门安全触板或门光电开关（光幕）动作不正确或损坏	调整或更换门安全触板或门光电开关（光幕），使其正常
	⑤ 关门继电器失灵或损坏	检修或更换关门继电器，使其正常
	⑥ 超重装置失灵或损坏	检修或更换超重装置，使其正常
	⑦ 本层层外召唤按钮因卡阻不能复位或损坏	检修或更换本层层外召唤按钮，使其正常
	⑧ 关门线路断开或接线松开	检查关门线路，使其正常

续表

故障现象	可能原因	排除方法
电梯能关门，但电梯到站不关门	① 开门继电器失灵或损坏	检修或更换开门继电器，使其正常
	② 开门限位开关（或光电开关）动作不正确或损坏	调整或更换开门限位开关（或光电开关），使其正常
	③ 电梯停车时不在平层区域	查找停车不在平层区域的原因，排除故障后，使电梯停车时在平层区
	④ 平层感应器（光电开关）失灵或损坏	检修或更换平层感应器（光电开关），使其正常
	⑤ 开门线路断开或接线松开	检查开门线路，使其正常
电梯能关门，但按下开门按钮后不开门	① 开门继电器失灵或损坏	检修或更换开门继电器，使其正常
	② 开门限位开关（或光电开关）动作不正确或损坏	调整或更换开门限位开关（或光电开关），使其正常
	③ 开门按钮触点接触不良或损坏	检修或更换开门按钮，使其正常
	④ 关门按钮动作不正确（有卡阻现象不能复位）或损坏	调整或更换关门按钮，使其正常
	⑤ 开门线路断开或接线松开	检查有关线路，使其正常
电梯不能开门和关门	① 门机控制电路发生故障，无法使门机运转	检查门机控制电路的电源、熔断器和接线，使其正常
	② 门机故障	检查和判断门机是否不良或损坏，修复或更换门机
	③ 门机传动带打滑或脱落	调整传动带的张紧度或更换新传动带
	④ 开关门线路断开或接线松开	检查有关线路，使其正常
	⑤ 层门、轿门挂轮松动或严重磨损，导致门扇下移拖地，不能正常开关门	调整或更换层门、轿门挂轮，保证一定的门扇下端与地坎间隙，使厅门、轿门能够正常工作
开关门速度明显变慢或跳动	① 门机控制系统没有调整好或出现故障	调整门机控制系统，使其正常工作，或更换新的门机控制系统
	② 直流开关门电动机励磁线圈串联电阻阻值过小或短路	检查和调整电阻阻值，使其达到正常值
	③ 开关门机传动带打滑	调整传动带的张紧度或更换新传动带，使其正常工作
	④ 开门刀与门锁滚轮配合间隙没有调整好，开关门时出现跳动情况	调整开门与门锁滚轮配合间隙，消除开关门时出现的跳动情况
	⑤ 吊门滚轮磨损或导轨偏斜引起开关门时出现跳动情况	更换吊门滚轮或调整层门、轿门导轨，消除开关门时出现的跳动情况
	⑥ 偏心轮间隙过大	调整偏心轮间隙
	⑦ 门地坎滑道积灰过多或卡有异物	清扫门地坎滑道，排除卡阻异物
	⑧ 层门、轿门机械传动摆杆关节变形或缺少润滑	润滑或更换不良关节，使其正常工作
	⑨ 层门、轿门门扇变形或损坏，有卡阻现象，开关门速度明显变慢	修复或更换门扇

续表

故障现象	可能原因	排除方法
开关门速度明显变快	① 门机控制系统没有调整好或出现故障	调整门机控制系统，使其正常工作，或更换新的门机控制系统
	② 直流开关门电动机励磁线圈串联电阻阻值过大或断路	检查和调整电阻阻值，使其达到正常值，能够正常工作
在基站将钥匙开关闭合后，电梯不开门	① 控制电路的熔丝断了	更换熔丝，并查找原因
	② 钥匙开关触点接触不良或断开	清洁、调整或更换钥匙开关
	③ 基站钥匙开关继电器线圈损坏或继电器触点接触不良	如线圈损坏则更换；如继电器触点接触不良则清洗修复
	④ 相关线路断开或触点松动	检查相关线路，使其正常工作
门安全触板失灵	① 触板微动开关发生故障	更换触板微动开关
	② 微动开关接线短路	检查线路，排除短路点
门安全光电（光幕）装置失灵	① 光电（光幕）装置发生故障	检查和修复光电（光幕）装置
	② 继电器线圈损坏或继电器触点接触不良	如线圈损坏则更换线圈；如触点接触不良则清洗修复触点
没有超载，超载装置却显示超载	① 超载装置没有调整好	调整超载装置的超载重量
	② 超载装置继电器失灵	更换超载装置继电器
已经超载，超载装置却没有显示超载	① 超载装置没有调整好	调整超载装置的超载重量
	② 继电器线圈损坏或继电器触点接触不良	如线圈损坏则更换线圈；如触点接触不良则清洗修复触点
按下指令按钮后，没有信号（灯不亮）	① 指令按钮接触不良或损坏	修复或更换按钮
	② 信号灯接触不良或烧坏	修复或更换信号灯
	③ 相关线路断开或接线松开	检查相关线路，使其正常工作
	④ 相关指令登记电路发生故障，不能登记选层信号	检查相关线路，使其正常工作
有指令信号，但方向箭头灯不亮	① 方向信号灯接触不良或烧坏	修复或更换方向信号灯
	② 相关定向电路发生故障	检查相关线路，使其正常工作
	③ 方向继电器线圈损坏或继电器触点接触不良	如线圈损坏则更换线圈；如触点接触不良则清洗修复触点
指令登记不消号	① 指令按钮卡阻不复位或触点有短路	检查和修复指令按钮，不能修复的则更换新按钮
	② 指令继电器接触不良或损坏	检查和修复指令继电器，若不能修复则更换
	③ 层楼继电器接触不良或损坏	检查和修复层楼继电器，若不能修复则更换
	④ 相关销号线路发生故障	检查相关线路，使其正常工作

续表

故障现象	可能原因	排除方法
预选层站不停车	① 指令继电器触点接触不良或损坏	检查和修复指令继电器触点，若不能修复则更换
	② 层楼继电器触点接触不良或损坏	检查和修复层楼继电器触点，若不能修复则更换
	③ 相关线路断开或触点松动	检查相关电路，使其正常工作
未选层站停车	① 指令继电器触点短路或损坏	检查和修复指令继电器触点，若不能修复则更换
	② 相关电路短路	检查相关电路，使其正常工作
层召唤按钮开门无效	① 召唤按钮失灵或接触不良	检查和修复召唤按钮，若不能修复则更换
	② 相关线路断开或触点松动	检查相关线路，使其正常工作
门未关，电梯能选层启动	① 门电锁触点有短路现象	检查相关线路，使其正常工作
	② 门电锁继电器触点有短路现象或损坏	检查和修复门电锁继电器触点，若不能修复则更换
电梯启动时阻力大，启动和运行的速度明显降低，甚至无法启动	① 制动器闸瓦局部未松开或全部未松开	检查制动器，按要求调整好制动器
	② 制动器吸合电压过小，不能使制动器松闸	调整制动器吸合电压，若不能修复则更换
	③ 制动力弹簧压力过大，不能使制动器松闸	调整制动力弹簧，使制动器松闸
	④ 制动器电路故障或接触器触点接触不良，没有制动器吸合电压	检查制动器电路或接触器触点，修复或更换器件，使制动器松闸
	⑤ 电动机断相，不能正常启动	电动机发出噪声，应立即切断电源，避免电动机烧毁，然后检查电动机供电线路
	⑥ 减速器中蜗杆径向轴承间隙过小或润滑不良，与轴产生咬合现象	拆开减速器，修刮径向轴承（不能修复则换新），保持规定的间隙，加注规定的润滑油，消除咬合现象
	⑦ 导轨松动，导轨接头处发生错位，导靴通过时阻力增大甚至不能通过	校正导轨，消除松动和错位
制动器不工作	① 制动器线圈有电压但不工作，可能由于吸合电压过低或者制动力弹簧调节过紧	先调整吸合电压到规定值，如果仍不工作，则再调整制动力弹簧，使其可以工作
	② 制动器线圈有电压，并且电压正常，但不工作，可能是制动器线圈损坏	检查制动器线圈是否异常
	③ 制动器线圈没有电压，制动器电路有故障	检查制动器电路是否有断路和接触不良的情况，排除故障，使其能够正常工作
电梯在运行过程中抖动或晃动	① 减速器中蜗杆推力轴承磨损严重，有间隙，电梯在运行中产生抖动或晃动	调整推力轴承的间隙（可增加垫片的厚度），如不能调整则更换新轴承
	② 曳引机制动轮径向跳动大	按标准调整制动轮跳动量，然后用定位销定位，螺钉紧固

续表

故障现象	可能原因	排除方法
电梯在运行过程中抖动或晃动	③ 曳引机蜗轮、蜗杆轴承缺少润滑或损坏	加油润滑或更换新轴承
	④ 轿厢、对重导靴磨损严重或固定螺钉松动	更换导靴靴衬或调整、紧固固定螺钉
	⑤ 轿厢或对重导轨不符合要求	重新校正或安装导轨
	⑥ 曳引钢丝绳张力不一致	用弹簧拉秤测量曳引钢丝绳张力，并调整均匀
	⑦ 导轨支架松动	重新安装或加固导轨支架
	⑧ 导轨压板螺栓松动	校正导轨后紧固螺栓
调速电梯在运行过程中速度忽快忽慢	① 调速器参数没有调整好或调速器有故障	重新调整调速器参数，如调整不好，则检查调速器是否存在故障
	② 调整器调整电位器接触不良或调整器线路有故障	检查和修复调速器，使其正常工作
	③ 测速反馈装置的机械连接松动或反馈线接触不良	检查和调整测速反馈装置的机械连接，检查反馈线使其接触良好
电梯运行时有摩擦响声	① 滑动导靴靴衬磨损严重，导靴金属外壳与导轨发生摩擦	更换滑动导靴靴衬，调整导靴弹簧压力，使每个导靴压力一致
	② 滑动导靴靴衬中卡入杂物	清除杂物
	③ 安全钳拉杆没有安装好，与导轨距离太近，发生摩擦	重新安装或调整安全钳拉杆的位置
	④ 轿门上的开门刀与层门地坎因间隙过小发生摩擦	调整轿门上的开门刀与层门地坎之间的间隙
	⑤ 轿门上的开门刀与层门门锁滚轮碰擦	调整轿门上的开门刀与层门门锁滚轮的间隙
	⑥ 导轨工作面有杂物	清洗导轨，并加油润滑
电梯运行时有噪声	① 对重轮或轿顶轮轴承严重缺油，有干摩擦现象	立即停车，加油润滑，消除噪声
	② 对重轮或轿顶轮安装有问题，侧面间隙过小，发生摩擦	按要求调整对重轮或轿顶轮的侧面间隙
	③ 补偿轮或补偿链缺少消声油或消声绳	补充消声油或消声绳
	④ 导向轮轴承严重缺油，有干摩擦现象	立即停车，加油润滑，消除噪声
	⑤ 机房内曳引机轴承缺少润滑，或轴承磨损	立即停车，加油润滑或更换新轴承
	⑥ 电动机异常	立即停车，检查电动机
	⑦ 对重导轨或轿厢导轨与导轨支架的连接紧固件松动	校正导轨，紧固连接件
电梯运行时有撞击	对重导轨或轿厢导轨接头处有台阶，导靴通过时有撞击	调整或修磨对重导轨或轿厢导轨接头处的台阶，消除撞击

续表

故障现象	可能原因	排除方法
平层误差大	① 平层感应器位置不对或者有故障	调整平层感应器的位置或者更换新的感应器
	②（交流双速梯）制动器制动力矩太小，弹簧过松	调整（交流双速梯）制动器制动力矩，提高平层精度
	③ 井道层楼平层隔磁板位置不当	调整井道层楼平层隔磁板位置
	④ 对重过重或过轻，导致停车平层欠佳	调整对重重量（调平衡系数）
	⑤ 调速电梯平层速度过高，不能精确停车	调整调速电梯平层速度，使其能够精确停车
	⑥ 调速电梯制动减速度太小（斜率太小），平层时速度降不下来，不能精确停车	调整调速电梯制动减速度斜率，使其能够精确停车
	⑦ 制动器电路接触器触点接触不良，不能及时释放并精确抱闸停车	调整或更换接触器，使其动作灵活，工作可靠
停车时舒适感差，有冲击感	①（交流双速梯）制动器弹簧过紧，制动力太大	调整制动器弹簧，使其符合要求，改善停车时的舒适感
	② 调速电梯平层速度过高，速度没有降到零速就抱闸	调整调速电梯平层速度，使其在平层位置时速度为零速，同时抱闸
	③ 调速电梯制动减速度太小（斜率太小），平层时速度降不下来，没有在零速时就抱闸	调整调速电梯制动减速度斜率，使其在平层位置时速度为零速时抱闸
	④ 制动器抱闸时间太早，还没有到零速就抱闸，导致舒适感差	调整制动器抱闸时间，保证在零速时抱闸
停车时有倒拉现象	① 制动器有卡阻现象，不能及时抱闸停车，出现倒拉现象	检查、调整和润滑制动器，使其能够及时抱闸
	② 制动器电路接触器铁芯有卡阻现象，不能及时释放，出现倒拉现象	检查、调整或更换接触器，使其动作灵活，工作可靠
	③ 控制系统的抱闸信号发出太晚，不能在零速时正确抱闸，出现倒拉现象	调整控制系统的抱闸信号发出时间，保证在零速时及时抱闸
启动时舒适感差，有台阶感	① 制动器有卡阻现象，松闸时间太晚，不能在零速时正确松闸	检修制动器，调整松闸时间，保证在启动前松闸
	② 启动电压过高，有冲击感	调低启动电压，使电梯启动平稳，无冲击感
	③（交流双速梯）快车电路电感量太小，启动时电流冲击大，舒适感差	增大（交流双速梯）快车电路电感量，提高舒适感
	④ 电梯的启动S曲线曲率太小，影响启动舒适感	调整调速电梯的启动S曲线曲率，提高启动舒适感

续表

故障现象	可能原因	排除方法
启动前有倒拉现象	① 启动电压过低，启动力矩小于负载力矩，出现倒拉现象	调高启动电压，增大启动力矩，避免倒拉现象
	② 制动器太早松闸，出现倒拉现象	调整制动器松闸时间，避免倒拉现象
曳引钢丝绳出现打滑现象	① 曳引轮绳槽摩擦严重，或绳槽形状变形，产生的曳引力减小，使曳引钢丝绳打滑	重新车削曳引轮绳槽，如果不能车削，则更换新的曳引轮
	② 曳引钢丝绳磨损严重，产生的曳引力减小，使曳引钢丝绳打滑	更换新的曳引钢丝绳
	③ 曳引轮与曳引钢丝绳润滑过度，使摩擦因数减小而发生打滑现象	清洗曳引轮与曳引钢丝绳上的油污
	④ 对重过重，使空载轿厢上行时曳引钢丝绳打滑；对重过轻，使满载轿厢下行时曳引钢丝绳打滑	重新调整对重重量（平衡系数）
	⑤ 超载称重装置失灵，电梯超载运行，使曳引钢丝绳打滑	修复超载称重装置，避免超载运行
限速器误动作	① 限速器弹簧或其锁紧螺钉松动，使限速器的动作速度降低，发生限速器误动作	检修和重新校验限速器，使其达到规定速度时动作
	② 限速器的夹绳卡口与限速钢丝绳相碰，发生误动作	检修限速器，使限速器的夹绳卡口与限速钢丝绳不相碰，能够正常工作
	③ 限速器或底坑张紧轮的轴承处缺油，磨损锈蚀，使限速器误动作	检修、加油润滑和重新校验限速器，使其动作灵活
安全钳误动作	① 安全钳与导轨间隙过小，发生摩擦，引起安全钳误动作	查找安全钳与导轨间隙过小的原因，调整安全钳与导轨的间隙为规定的尺寸
	② 安全钳复位弹簧刚度过小，电梯在运行过程中安全钳跳动引起误动作	换用符合规定刚度的弹簧
电梯超速下行时安全钳不动作	① 限速器失灵	检修或更换限速器
	② 限速器钢丝绳断裂	查找限速器钢丝绳断裂的原因，更换新的限速器钢丝绳
	③ 安全钳拉杆的杠杆系统锈蚀，无法拉动安全钳动作	检查并清洗杠杆系统，使其动作灵活
电梯冲顶	① 对重过重，轻载时容易冲顶	重新调整平衡系数
	② 强迫减速开关距离太短，当电梯上行失控时不能有效减速，造成冲顶	检修电梯，查找失控原因，调整强迫减速开关距离，消除电梯冲顶现象
电梯沉底	① 对重过轻，重载时容易沉底	重新调整平衡系数
	② 超载向下运行	调整超载称重装置，避免超载运行
	③ 强迫减速开关距离太短，当电梯下行失控时不能有效减速，造成沉底	检修电梯，查找失控原因，调整强迫减速开关距离，消除电梯沉底现象

续表

故障现象	可能原因	排除方法
电梯只能开下行车，不能开上行车	① 上限位开关没有复位或相关线路断开	检修上限位开关和相关线路，上限位开关如损坏，则更换新开关
	② 上行线路有故障，不能使电梯向上运行	检修上行线路
电梯只能开上行车，不能开下行车	① 下限位开关没有复位或相关线路断开	检修下限位开关和相关线路，下限位开关如损坏，则更换新开关
	② 下行线路有故障，不能使电梯向下运行	检修下行线路
电梯只有慢车，没有快车	① 快车接触器接触不良或损坏	检查、修复和更换快车接触器
	② 相应方向的强迫减速开关没有复位或相关线路断开	检查、修复强迫减速开关和相关线路
	③ 快车运行线路有故障	检查快车运行线路，排除故障
电梯减速后不能正确停层	① 平层感应器（光电开关）没有动作	检查平层感应器（光电开关）是否良好，平层插板安装位置是否正确
	② 该层减速距离太短，不能在平层区有效停车	调整减速距离，使电梯在减速距离内有效停车
电梯在运行中突然急停	① 外电路（电梯供电系统）发生故障，突然停电，电梯抱闸停车	如轿厢内有人，应通知维修人员采取措施放人。在采取措施前，应先切断电源，以免突然来电，造成电梯启动发生意外
	② 由于某种原因，电流过大，总开关熔丝熔断，或断路器跳闸，电梯抱闸停车	找出故障原因，更换熔丝或重新合上断路器
	③ 安全电路发生故障，电梯抱闸停车	检查各安全装置，找出故障原因，排除故障
	④ 开门刀碰撞门锁滚轮，使门锁钩脱开，门电联锁断开，电梯抱闸停车	调整开门刀与门锁滚轮的间隙，并检查是什么原因引起开门刀碰撞门锁滚轮。有时，轿厢的晃动也会引起开门刀与门锁滚轮碰撞
	⑤ 安全钳动作	在机房断开总电源，用松闸扳手将制动器松开，用人为的方法使轿厢向上移动，使安全钳锲块脱离导轨，并使轿厢停靠在层门口，放出乘客。检查电梯，找出安全钳动作的原因，并检查导轨有无异常，用锉刀将导轨上的制动痕修光
调速梯在运行中突然速度升高	① 反馈测速装置发生故障	检查反馈测速装置发生故障的原因，修复或更换反馈测速装置
	② 测速反馈线路断开或线头接触不良	检查测速反馈线路，查找原因，排除故障
轿厢或层门有麻电感觉	① 轿厅或层门接地线断开或接触不良	检查接地线，使接地电阻不大于4Ω
	② 接地系统中性线、重复接地线断开	接好重复接地线
	③ 线路上有漏电现象	检查线路绝缘装置，其绝缘电阻不应低于0.5MΩ

续表

故障现象	可能原因	排除方法
局部熔丝经常熔断	① 该电路导线有接地点或电气元器件有接地	检查接地点，加强绝缘
	② 有的继电器绝缘垫片击穿	加强绝缘或更换继电器
总电源熔断器经常烧断或断路器经常跳闸	① 熔丝容量小且压接松，接触不良	按额定电流更换熔丝，并压接紧固
	② 有的接触器接触不良，有卡阻	检查调整接触器，排除卡阻或更换接触器
	③ 电梯启动、制动时间过长	调整启动、制动时间
接触器吸合时发出噪声	① 接触器铁芯吸合处有杂质，使接触器吸合时存在气隙，发出噪声	清除接触器铁芯吸合处的杂质，使接触器铁芯吸合时紧密，消除噪声
	② 接触器接触不良	更换接触器
电动机通电时发出噪声，不旋转，温度上升	① 电动机断相	立即断开电源，检查电动机的三相电源和电动机的接线端子的接触情况
	② 制动器没有松开	立即断开电源，检查制动器不松闸的原因
	③ 减速器有卡阻	立即断开电源，检查减速器卡阻的原因

项目实训8　电梯常见故障的排除

实训目标

（1）掌握电梯PLC控制系统硬件接线方法。

（2）掌握电梯PLC控制系统软件调试方法。

（3）掌握电梯PLC控制系统故障排除方法。

实训器材

（1）三菱FX系列PLC，型号为FX_{3U}－64MR，数量1台。

（2）计算机，带串行口形式的通信线，数量1台。

（3）三菱变频器，型号为FR－A740－0.75K－CHT，数量1台。

（4）直流开关电源，电压为24V，数量1个。

（5）交流接触器，型号为CJ10－10A，数量1个。

（6）空气断路器，型号为DZ63－10A，数量1个。

（7）操纵箱，自制，数量1个。

（8）呼梯盒，型号为AK07，数量6个。

（9）电工常用工具，数量1套。

实训步骤

本项目实训仅列举几个比较简单的电梯故障，并对其进行剖析，希望传授分析电梯故障的思路和查找故障的方法，希望读者能从中得到启发，举一反三，更快、更准确地查找故障，提高排除故障的能力。

故障现象1：电梯运行过程中突然停驶。

故障分析：主电源可能存在故障；控制电源可能存在故障；24V DC电源可能存在故障；

变频器可能存在故障；门刀擦碰门轮。

检修过程：

第一步：用万用表检测主电源、控制电源及24V DC电源电压是否正常。如果电源电压不正常，则再重点检查外接总电源是否有电，检查电源线路及电源开关触点接触是否良好、熔断器是否有熔断现象。

第二步：观察变频器报警指示灯是否闪烁；观察变频器的屏显参数是否正常。如果是变频器发生故障，则应根据故障代码，重新设置变频器功能参数或维修更换变频器。

第三步：检查门刀与门锁的相对位置，并进行适当调整。

故障现象2：电梯只能上行，不能下行，指层显示正常。

故障分析：PLC可能存在故障；变频器可能存在故障；电梯下行控制线路可能存在故障。

检修过程：

第一步：根据电梯PLC控制原理图，观察PLC输出继电器Y001的指示灯是否点亮，如果指示灯不亮，说明PLC程序有误或PLC本身设备损坏。

第二步：用短路法检查变频器控制端子。手持一根长导线，瞬时触及PLC输出端子Y001和变频器STR端子，观察电梯是否下行。如果电梯没有反应，则应维修更换变频器。

第三步：检查电梯下行控制线路，重点检查电路连接是否有错误，接线点是否接触良好，导线是否有断路。

故障现象3：电梯既不能上行，也不能下行，轿内指令、厅外召唤可登记，手动开关门正常。

故障分析：故障现象3产生的原因和故障现象2产生的原因有很多共同点，即PLC可能存在故障或变频器可能存在故障。但电梯不能上行和下行，故障部位大多在曳引电动机的主电路或主电路接触器的线圈回路上。

检修过程：

第一步：观察主电路接触器是否吸合，触点机构是否动作。观察PLC输出继电器Y000和Y001的指示灯是否点亮，若指示灯不亮，说明PLC程序有错误或PLC本身设备损坏。

第二步：观察PLC输出继电器Y000和Y001的指示灯是否点亮。如果指示灯亮，说明故障在接触器线圈上。

第三步：断电，采取测量电阻法，用万用表检查接触器的线圈回路。

故障现象4：电梯能上、下行，能自动平层停车，只是某一层指令或其一个召唤按钮失灵。

故障分析：电梯中的每一层内选按钮都对应PLC的一个输入点，由于只是某一层内选失灵，因此故障部位应为该层内选按钮输入点的输入回路上。

检修过程：

按下该层内选按钮，观察PLC相应输入点的指示灯，若发现该灯不亮，则断电，用万用表检查该点的输入回路。若内选和外呼指令在多层甚至全部楼层都失效，则应检查PLC的COM端口。

故障现象5：电梯轿门和厅门既不能打开，又不能关闭。

故障分析：此种故障现象产生的原因包括机械与电气两个方面。

① 机械方面。门电动机带松动，门机连杆拱弯，门上坎导轨下垂，机械电气联锁故障等。

② 电气方面。门机工作电源被切断，机械电气联锁触点损坏，门电动机损坏。

检修过程：

① 机械方面。调整门电动机带的张紧力或更换电动机带（三角带或同步带），调整和修复门机的连杆，调整门上坎导轨及机械电气联锁的位置。

② 电气方面。检查、调整、修复或更换门锁的触点，更换电动机。

故障现象6：当电梯运行时，到了指定层楼不停车，一直从一层运行到四层，或是从四层运行到一层。

故障分析：电梯能正常运行，但不能在指定层站停车，说明是门区开关出现故障。

检修过程：

第一步：检查井道中磁开关的安装位置是否正确，如果不正确，应调整安装位置。

第二步：观察PLC输入继电器X013～X016的指示灯是否点亮。如不亮，则检查门区开关输入回路是否断路，检查接线是否正确，检查PLC是否正常工作。

第三步：检查PLC控制程序，重点检查选中继电器的编号与层站是否对应一致，检查选中继电器使用的触点形式是否正确。

故障现象7：电梯能上、下行，能自动开关门，但轿内关门按钮失灵。

故障分析：在PLC程序中，关门按钮通过输入继电器X017来实现，轿内关门按钮失灵很可能是按钮损坏（如触点接触不良、复位弹簧脱落等）引起的，或者是按钮输入回路断路（如接线错误、压线皮）造成的。

检修过程：

按下关门按钮，观察PLC输入继电器X000的指示灯，若发现该灯不亮，则断电，用万用表检查关门按钮对应的输入回路。

【维修常识】电梯维修安全要点

(1) 多人配合维修电梯时，要做到思想集中，相互之间有呼有应，做好配合工作。

(2) 如果要用三角钥匙打开厅门，一定要看清楚轿厢的位置，不要想当然地认为电梯一定就在什么位置。

(3) 打开厅门进入轿顶时，不能立即关门，首先要把检修开关置于检修挡，按下急停开关，打开轿顶灯，在轿顶站稳后方可关上厅门。

(4) 出轿顶时，首先要打开厅门，再将轿顶检修开关、急停开关、照明开关等一一复位，到达厅外后再关上厅门（如果人站立在厅外能操作到以上开关，则应站到厅外后再复位以上开关）。

(5) 轿厢运行时，不要把身体探到栏杆以外，不要在骑跨处作业。

(6) 在轿顶时，万一遇到电梯失控运行，千万保持镇定，应抓牢可扶之物，蹲稳在安全处，不能企图开门跳出。

(7) 在底坑工作时，应该切断底坑检修箱的安全开关。爬出底坑时，一定要保证厅门在打开状态下，方能接通底坑的安全回路，然后迅速爬出底坑（如果在厅外能操作安全开关，应在人爬出底坑后再接通安全开关，然后再关门）。

(8) 如果必须要短接门锁检查电梯门锁故障，千万要保证电梯处于检修状态。检查完毕后，务必先断开门锁短接线后才能让电梯复位到正常状态。

(9) 检修有应急装置的电梯，在使用应急开关时，务必保证厅门处于关闭状态，防止他人跌入井道。进入底坑工作，如果一楼门要开着，必须在厅门外挂警戒标志或有专人看护，切实做好防止他人跌入底坑的措施。

(10) 当需要切断电源检修电梯时，应挂上“有人操作，禁止合闸”的警示牌。在进行操作或使用电动工具时，要切实做好防止触电的安全工作。

项目9　电梯的检验和试验

■【知识目标】

（1）了解电梯的检验流程及检验项目。

（2）了解电梯的检验过程及方法。

（3）熟悉电梯的检验资料。

（4）了解电梯的功能试验。

■【技能目标】

能根据检验标准对电梯进行简单的检验。

电梯的检验是电梯质量控制的重要环节，为确保安装和检修后的电梯各项指标都达到国家相关标准，使电梯能够安全正常地运行，必须对电梯进行相应的调试和检验。通过一系列的技术检验及功能试验，掌握电梯的实际运行状况，使电梯更加安全可靠、舒适快捷地为乘客提供优质服务。

9.1　电梯的检验流程

我国目前对电梯的检验有安装单位进行的自我检验、建设单位进行的检验、政府部门核准的特种设备监督检验机构进行的监督检验和定期检验。

对电梯进行检验的依据是 GB 7588—2003《电梯制造与安装规范》和 TSGT 7001—2009《电梯监督检验和定期检验规则——曳引与强制驱动电梯》。依据上述电梯行业的国家标准，为保证检验的准确性、真实性和安全性，对电梯的检验必须严格按照规定的流程进行，其检验流程如图 9-1 所示。

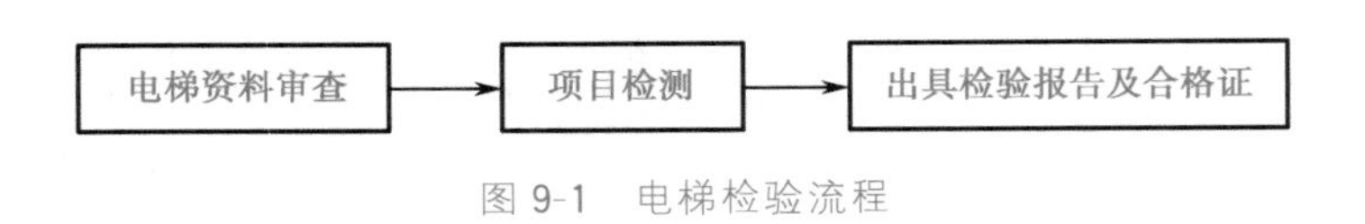

图 9-1　电梯检验流程

特种设备监督检验机构出具的安全检验合格证如图 9-2 所示。

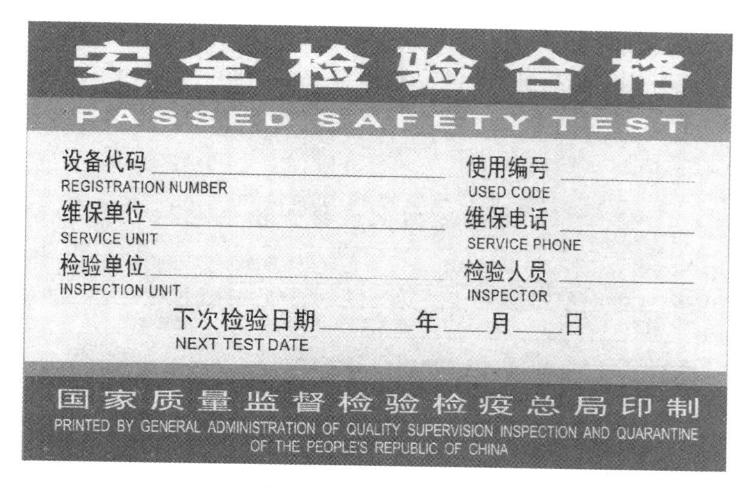

安全检验合格

PASSED SAFETY TEST

设备代码 REGISTRATION NUMBER ________ 使用编号 USED CODE ________

维保单位 SERVICE UNIT ________ 维保电话 SERVICE PHONE ________

检验单位 INSPECTION UNIT ________ 检验人员 INSPECTOR ________

下次检验日期 NEXT TEST DATE ______年____月____日

国家质量监督检验检疫总局印制

PRINTED BY GENERAL ADMINISTRATION OF QUALITY SUPERVISION INSPECTION AND QUARANTINE OF THE PEOPLE'S REPUBLIC OF CHINA

图 9-2 安全检验合格证

9.2 电梯的检验资料

电梯的检验资料是指导电梯制造、安装和使用的一系列技术性文件的总称，这些文件主要包括电梯制造技术资料、电梯安装资料及电梯使用资料三部分。

1. 电梯制造技术资料

电梯制造技术资料指的是电梯制造商提供的用中文描述的出厂随机文件，这些文件主要包括以下内容。

（1）电梯制造许可证明文件。其范围应能够覆盖所提供电梯的相关参数。

（2）电梯整机型式试验合格证书或报告书。如图 9-3 所示，其内容应能够覆盖所提供电梯的相关参数。

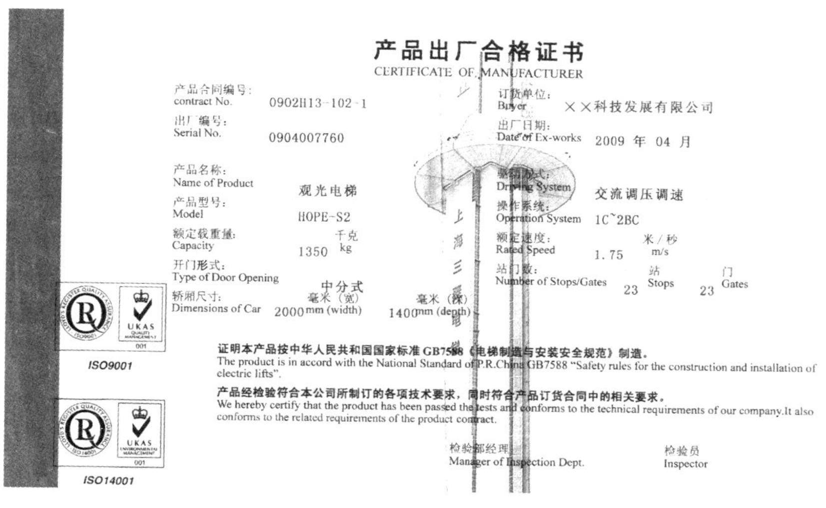

产品出厂合格证书

CERTIFICATE OF MANUFACTURER

产品合同编号: contract No. 0902H13-102-1

订货单位: Buyer ××科技发展有限公司

出厂编号: Serial No. 0904007760

出厂日期: Date of Ex-works 2009 年 04 月

产品名称: Name of Product 观光电梯

驱动方式: Driving System 交流调压调速

产品型号: Model HOPE-S2

操作系统: Operation System 1C`2BC

额定载重量: Capacity 1350 千克 kg

额定速度: Rated Speed 1.75 米/秒 m/s

开门形式: Type of Door Opening 中分式

站门数: Number of Stops/Gates 23 站 Stops 23 门 Gates

轿厢尺寸: Dimensions of Car 2000 毫米（宽）mm (width) 1400 毫米（深）mm (depth)

证明本产品按中华人民共和国国家标准 GB7588《电梯制造与安装安全规范》制造。

The product is in accord with the National Standard of P.R.China GB7588 "Safety rules for the construction and installation of electric lifts".

产品经检验符合本公司所制订的各项技术要求，同时符合产品订货合同中的相关要求。

We hereby certify that the product has been passed the tests and conforms to the technical requirements of our company.It also conforms to the related requirements of the product contract.

检验部经理 Manager of Inspection Dept.

检验员 Inspector

ISO9001

ISO14001

图 9-3 电梯产品出厂合格证书

（3）产品质量证明文件。其内容应有制造许可证明文件编号、电梯的产品出厂编号、主要技术参数及门锁装置、限速器、安全钳、缓冲器、含有电子元件的安全电路、轿厢上行超速保护装置、驱动主机、控制柜等安全保护装置和主要部件的型号和编号等，并且有电梯整机制造单位的公章或者检验合格证及出厂日期，如图 9-4 所示。

上海三菱电梯有限公司
限速器调试检验合格证

表QG/SM011ZL01-08（B）-2003

产品型号：ZDGZ-205　产品编号：0904 07578　电梯额定运行速度：1.75 m/s

填写说明：根据技术要求填写实测结果，除□栏可用“√”表示选择该项外，其他均须记录实测数据

检查项目	技术要求	检查结果	
1.电气动作速度	执行GB7588“电梯制造与安装安全规范”的规定	2.067 m/s	
2.机械动作速度		上行2.408 下行2.233 m/s	
3.拉拔力	DG-2XX: 980～1176N; DG-5XX: 1470～1960N DG-37X: 700～900N ZDGZ-2XX: 980～1176N	1030 N	
4.机构动作状态	机构动作灵活，无异常干涉、迟滞现象	☑合格	□不合格
5.铭牌及标识检查	各类标识、铭牌均符合图样要求	☑合格	□不合格
6.铅封确认	经检验合格后应按规定进行铅封	☑合格	□不合格
7.产品外观检查	涂装符合图样要求，无明显锈蚀、碰伤现象	☑合格	□不合格

判定：合格　（印章：上海三菱电梯有限公司 限速器调试专用章）

操作者：2034
检验员：检139
日　期：2009年04月07日
备注

图 9-4　检验合格证书

（4）门锁装置、限速器、安全钳、缓冲器、轿厢上行超速保护装置、驱动主机、控制柜等安全保护装置和主要部件的型式试验合格证，以及限速器和安全钳的调试证书。图 9-5 为安全钳型式试验合格证。

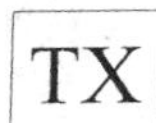

特　种　设　备
型式试验合格证

No.　TX F320-026-10 0023

制造单位名称及地址：

产品名称：瞬时式安全钳

型号规格：QS8

产品配置：/

型式试验报告编号：TXF320-026-10 0023

本证所阐述的结论覆盖以下型号规格产品：

电梯额定速度（v）：　≤0.63 m/s
限速器最大动作速度　≤1.0m/s
电梯总质量（P+Q）：　≤15134kg

经型式试验，确认该产品符合《电梯型式试验规则》规定。

发证日期 [illegible] 月 09 日

上海交通大学电梯检测中心

注：1.本证是对所明确覆盖范围内设备型式的确认，仅对样品本身的合格与否负责；
2.证书持有者有责任保证产品符合标准规定和保证产品与型式试验样品的一致性。
3.本证书如有更改，证书有效期仍从发证日期起计算。

图 9-5　型式试验合格证

(5) 机房或者机器设备间及井道布置图。其顶层高度、底坑深度、楼层间距、井道内防护、安全距离、井道下方人可以进入的空间等须满足安全要求。

(6) 电气原理图。包括动力电路和电气安全装置的电路。

(7) 安装使用维护说明书。包括安装、使用、日常维护保养和应急等方面操作说明的内容。

2. 电梯安装资料

电梯安装资料指的是电梯安装单位提供的与安装有关的文件，这些文件主要包括以下内容。

(1) 安装许可证和安装告知书。

(2) 施工方案。审批手续齐全。

(3) 施工现场工作人员持有的特种设备作业人员证。

(4) 施工过程记录和自检报告。检查和试验项目齐全，内容完整，施工和验收手续齐全。

3. 电梯使用资料

电梯使用资料指的是用户使用电梯的有关管理文件，这些文件主要包括以下内容。

(1) 电梯使用登记资料。内容和实物相符。

(2) 电梯的制造资料和安装资料。

(3) 以岗位责任制为核心的电梯运行管理制度。包括事故与故障的应急措施和救援预案，以及电梯钥匙使用管理制度等。

(4) 与取得相应资格单位签订的日常维护保养合同。

(5) 持有特种设备作业人员证的电梯安全管理人员名单。

9.3 电梯的检验项目

电梯的检验项目很多，分机房、井道、轿厢、层站、底坑和整机功能共六个大类，电梯安装验收检验项目分类表如表 9-1 所示。

表 9-1 电梯安装验收检验项目分类表

序号	项目	检验项目	检验结果	备注
1	机房	主电源开关要求		
2		断错相保护装置		
3		敷设与接地要求		
4		线管、槽敷设要求		
5		控制柜屏安装位置		
6		楼板钢丝绳孔洞		
7		曳引机承重梁要求		
8		旋转轮等涂色要求		
9		旋转部件润滑要求		
10		制动器松、合闸要求		

续表

序　号	项　目	检验项目	检验结果	备　注
11	机房	绳、带轮铅垂度要求		
12		限速器运转要求		
13		停电后故障应急措施		
14	井道	导轨安装要求		
15		导轨上端位置要求		
16		导轨侧工作面直线度		
17		导轨接头要求		
18		导轨顶面间距		
19		导轨固定要求		
20		导轨下端支撑地面要求		
21		对重位置要求		
22		限速器绳至导轨面偏差		
23		轿厢与对重距离要求		
24		轿顶最小空间要求		
25		井道照明要求		
26		电缆支撑安装要求		
27		电缆安装要求		
28	轿厢	轿顶反绳轮要求		
29		轿底水平度要求		
30		曳引绳头组合要求		
31		曳引绳要求		
32		轿内操纵要求		
33		轿顶停止开关		
34		轿架限位磁铁安装要求		
35		安全保护开关安装要求		
36	层站	层站指示要求		
37		层门地坎要求		
38		层、轿门坎要求		
39		层门与地坎间隙		
40		门刀与层门等间隙		
41		门阻止力		
42		门锁要求		
43		层门外观要求		
44		层门自动关闭要求		
45	底坑	轿底与缓冲器等间距		
46		缓冲器顶面水平高差		

续表

序号	项目	检验项目	检验结果	备注
47	底坑	缓冲器柱塞铅垂度		
48		底坑停止开关要求		
49		底坑最小间距与空间		
50	整机功能	曳引及平衡系数检查		
51		限速器、安全钳联动试验		
52		缓冲试验		
53		层门与轿门联锁试验		
54		上、下极限动作试验		
55		运行试验		
56		超载运行试验		
57		噪声限制要求检验		
58		安全开关动作试验		
59		平层准确度检验		

9.4 电梯的检验

电梯检验是由技术监督部门对电梯进行以国家标准为内容的安全技术检验，检验合格的电梯方能投入使用。对不符合要求的电梯应按期整改，直至“达标”才能投入使用。

1. 机房部分

（1）建筑结构。

① 通道。到机房和滑轮间的通道不应通过其他上锁的房屋，通道高度不小于1.8m，应有永久性照明。在必须使用梯子时，梯子应有固定的附着点，不易滑动或翻转，梯子与水平面的夹角不小于75°，并在顶端设置拉手，梯子应是随时可以使用的，不得挪作其他用途。

检验方法：目测，必要时用尺量。

② 机房门。机房门宽度不小于0.6m，高度不小于1.8m，门不得向房内开启，门上应有警告的文字。门应装锁，并可以在机房内不用钥匙就能打开。

检验方法：目测，必要时用尺量。

③ 孔洞与台阶。机房地板上通过钢丝绳、钢带等的孔洞应尽量小，以运行时不碰擦为准（一般运动部件与孔洞边缘距离为20mm），孔洞应有牢固的圈框，框高应不低于50mm；在机房地面与层站楼板地面高差大于0.5m时，应在台阶边缘设置牢固的护栏，并设楼梯。

④ 照明。机房内应有人工照明，在地板处的照度不低于200lx。

检验方法：用照度计在控制柜和驱动轴主机前的地板上测量。

⑤ 其他。机房应有适当的通风，在温度可能低于5℃和高于40℃的地方应有取暖和降温设施。

（2）电气线路。

① 电源。应是TN－S系统，采用TN－C－S系统时，N线和PE线应在进机房的总电

源柜中分开，电梯供电应是专线，不应与其他设备和建筑混用。

检验方法：目测，必要时查看建筑电气线路图。

② 主开关。位置应设在机房入口附近，操作人员能快速方便接近的地方。开关的容量应与电梯除照明外的总容量相适应。开关控制范围应与标准相符（不能切断各处照明、插座、通风装置和报警装置）。开关应有稳定的断开和接通位置，并有明显的标志，外壳防护应不低于 IP2X，否则应安装在盒或柜中，若主开关装在盒或柜中，则盒与柜子不能上锁，应有短路保护功能，整定值应与控制电梯相适应。机房内有多台电梯时，主开关位置应与控制柜和主机柜相对应，并有明显的与电梯相对应的编号。

检验方法：目测和手动试验。

③ 照明开关。照明电源应由建筑照明电源提供，或从主开关前端引出。

检验方法：目测。

④ 保护或 PE 连接。PE 线应用黄绿双色线。将各电气设备的金属外壳或电线的金属槽管直接与 PE 总接线柱连接，不能串联。在电源变压器与机房距离较远时（超过 50m），应增加重复接地，接地电阻应不大于 10Ω。

检验方法：用多功能钳形表的电阻挡测量设备的金属外壳或金属槽管与 PE 总接线柱是否导通；用接地电阻测试仪测量接地电阻。

⑤ 电线敷设。控制柜以外的电线必须敷设在线槽或线管内，线槽内的电线不超过槽截面的 60%，管内的电线不超过管截面的 40%，管和槽内的导线应尽可能无接头，必要时应用冷压端子；动力线和控制线需分开敷设；使用软管布线时，其长度不超过 2m，并用专用接头与接线盒、槽口等连接，所有电线的护套或内护层应进入接线盒内。电线槽应平整严密，在地面设置时，钢板厚度不小于 1.5mm，槽的转弯处和进出口应垫有防止电线机械损伤的衬垫，电线进出槽管处均应有护口，电线槽管应可靠固定。电线槽管各节之间应有电气连接。

检验方法：打开线槽检查。

（3）控制柜。

① 安装。安装应牢固，应用地脚螺钉可靠固定。安装位置应能在操作时清楚看到曳引机的运转情况。在操作面应有深度不小于 0.7m 的工作位置，除通风孔和电线进出孔外应是封闭的。

检验方法：目测。

② 绝缘电阻。动力电路和安全电路不小于 0.5MΩ，其他电路不小于 0.25MΩ。

检验方法：用 500V 数字兆欧表分段测量，首先断开电源，脱开微机等电子设备，然后从电机接线的接线柱上和安全回路、门联锁回路的接线端子上测量其对地（PE 接线柱）的绝缘电阻，再从各控制信号回路的接线端子上测量其对地的绝缘电阻。当使用 500V 手摇的兆欧表时，必须非常仔细地将所有电子元件隔开。

③ 相序保护。应在断相或错相时有指示，且电梯不能启用。

检验方法：应先断电，再在主开关处或进入控制柜处将电源相线顺序调换，重新送电时相序继电器应有指示，而且不能动车。将电源线逐相断开，每断一相都要送电检验有无指示和能否动车。对变压变频调速电梯只做断相试验。

④ 制动器控制。在制动器电磁铁线圈的电路上，应串有两个独立的电气装置（断电器）的触点。

检验方法：首先查看电气图和控制柜内电器元件，是否有两个独立的电气装置控制制动器，其触点是否串在制动器控制电路中。再观察电路运行停止时，两个电气装置是否释放。可在电梯运行时按住一个继电器（接触器）不放，在停层后令其反向运行，电梯应不能启动。

（4）曳引机。

① 承重梁。承重梁应支撑在承重墙或楼板承重梁的上部；进入墙内的深度应不小于75mm，且超过墙中心 20mm 以上，承重梁在墙内或墩子上安装时下面要垫钢板，几根梁之间要连接牢固。

检验方法：查安装资料，目测观察。

② 曳引机的安装。安装稳固，螺栓必须要有防护措施（如弹簧垫片），与工字钢或槽钢的斜面接触时应用斜垫片，压板安装正确。

检验方法：观察。

③ 曳引轮。边缘应涂黄色，悬臂支撑的应有挡绳装置；垂直度偏差不大于 ± 2mm；绳槽磨损均匀，钢丝绳与槽底不接触。

检验方法：观察，垂直度偏差分满载和空载用线锤测量。

④ 制动器。有符合要求的手动开闸装置；开闸时，制动片不摩擦制动轮，但四角平均间隙不大于 0.7mm。

检验方法：切断主电机电路，接通制动器电磁铁电路，用塞尺测量制动片与制动轮的间隙。测量时不宜用手动开闸方法。

⑤ 钢丝绳。直径不小于 8mm，磨损与断丝不超过要求。

检验方法：观察，用游标卡尺测量钢丝绳直径，应不小于原直径的 90%。

2. 轿厢与层门

（1）层门。

① 层门强度。在 $5cm^2$ 的面积上作用 300N 的力应无永久变形，弹性凹陷量不大于 15mm。

检验方法：一般可用截面积为 $5cm^2$ 的圆木棍，一端钻孔插入弹簧测力计，用 300N 的力将木棍拉向层门，再用平尺检验凹陷量，在力去掉后，再用平尺检查有无永久变形。

② 周边间隙。客梯不大于 6mm，货梯不大于 8mm，中分门下部用 150N 的力向两边拉开时，间隙不大于 30mm。

检验方法：尺量。

③ 人工开锁。每个层门都应设有人工开锁装置，且在开锁后能自动复位。

检验方法：开锁试验。

④ 自动关门。每个层门应有自动关门装置，当轿厢不在层站时，能自动将层门关闭。

检验方法：首先检查关门装置，再将层门开启 1/2 和全开，关门装置应能可靠地将门关闭并锁上。若是重锤式的，则在钢丝绳脱落或断裂时，重锤不会掉底。

⑤ 门锁。结构形式、安装精度和电气安全触点均应符合标准规定，锁钩啮合深度应大于 7mm。

检验方法：运行试验，直尺测量。

（2）轿门。

① 周边间隙。在轿门关闭的情况下，客梯的周边间隙不大于 6mm，货梯的周边间隙不大于 8mm。

检验方法：直尺测量。

② 关门过程中防止夹撞的保护。门在关门的过程中受阻或中间有障碍物时，应重新开启。

检验方法：在关门过程中，用手和脚进行试验。

③ 门的安全触点。若开门机构与门扇是直接机械连接，可安装在开门机构上；若与一扇门是直接机械连接，而门扇之间使用钢丝绳或链条等连接，可装在被动门上；若开门机构与门扇均是间接机械连接（皮带、钢丝绳、链条等），则每一个门扇都应有安全触点。

检验方法：先检查开门机构与门扇及门扇与门扇之间的连接，以确定安全触点是否符合安装要求，并检查电气开关是否符合安全触点要求；再将门开启，在检修状态下按住上（下）行按钮，电梯应不能启动，将门逐渐关闭，直到电梯启动，此时门扇之间的缝隙应不大于6mm或8mm。

④ 门刀的位置。门刀在通过层站地坎时与地坎的距离应为5～10mm，通过门锁轮时两边间隙应相等；在开锁时门刀在门轮上的啮合深度，新梯不得小于门锁轮的厚度，旧梯也不得小于门锁轮厚度的2/3。

检验方法：观察和用直尺测量。

⑤ 人力开门。在开锁区断开门机电源，应能从轿厢内将门用人力拉开。

检验方法：在轿厢内断开门机电源（或断开总电源），用人力向两边将门拉开，也可断电后在层门外用三角钥匙人工开锁后将层门向两边拉开。

（3）轿厢。

① 报警装置。应有警铃和对讲装置，能与有人值守的值班室联系。

② 标志。轿厢内应标有制造厂名或厂牌标志、额定载重量和允许承载人数，并有层站指示。

③ 通风。轿厢内应有通风装置，并有控制开关或自动控制装置。

④ 照明。正常照明的照度在操纵箱处和地板上不小于50lx，并应有紧急照明。

检验方法：用照度计测量。断开照明电源，紧急照明应能看清有关说明。

⑤ 护脚板。轿门地坎下应有与轿门同宽、长度不小于0.75m、下端向内折边的护脚板。

检验方法：用尺测量。

3. 底坑

① 地面。应光滑平整，不得有渗水或漏水的地方，在人可以进入的空间内地板强度应不小于5000N/m^2，且对重应设安全钳，或对重缓冲器支座延伸到下面的坚实地面。

检验方法：观察，查阅土建资料。

② 进入底坑的方式。当底坑深度大于2.5m时，若建筑布置允许，应设底坑的进口门。当从层门进入时，应有永久性梯子。

9.5 电梯的功能试验

电梯的整体功能试验包括检验电梯的各种功能和安全装置的可靠性，整体功能试验应在电梯各部件和机构检验合格的基础上进行。由于整体功能试验多是带载荷和超载荷的试验，电梯各结构将受到较大的静载荷和动载荷，所以在试验前应对各结构的连接和紧固情况进行检查，确保各结构均处于完好状态。在带载荷试验中，载荷要准确，应使用标准砝码或经过精确称量的重块。

1. 限速器—安全钳联动试验

试验条件及过程描述：轿厢均匀分布1.25倍的额定载重量，以检修速度向下运行，在机房人为动作限速器，使限速器电气安全开关动作，此时电梯应停止运行，将限速器电气开关短接后，再在检修速度下人为动作限速器，使限速器绳拉动安全钳提拉装置，此时安全钳装置的电气安全开关应动作，使电梯停止运行，然后再将安全钳装置的电气安全开关短接后检修下行，再次人为动作限速器，使安全钳装置机械动作，此时轿厢应能够可靠制停。

试验结果及要求：试验前后应测量轿厢地面的左右倾斜度，两次测量的倾斜度相差不应超过5%。

2. 下行制动试验

试验条件及过程描述：轿厢均匀装载1.25倍额定载重量，以正常运行速度下行到行程下部，切断电动机与制动器供电。

试验结果及要求：曳引机应当停止运转，轿厢应当完全停止，并且无明显变形和损坏，轿厢内应无人员。

3. 层门锁和轿门电气联锁装置的试验

检查各层门门锁，均应能可靠锁紧，从外面不能打开，在停层开门时能随轿门同时打开。

在各层门或轿门未关闭时操作检修按钮，电梯均不能启动；当轿厢运行时，打开厅门或轿门，电梯应能立即停止运行。

电梯电气维修保养作业人员考核试题库

一、是非题

1. DB 11/418—2007 标准是《电梯日常维护保养规则》。（ ）
2. 电梯检修运行时，所有安全装置均起作用，包括层门联锁装置。（ ）
3. DB 11/420—2007 标准是《电梯安装、改造、重大维修和维护保养自检规则》。（ ）
4. 自动扶梯的输送能力由运行速度和梯级宽度决定。（ ）
5. DB 11/418—2007 标准《电梯日常维护保养规则》规定了在用电梯日常维护保养的内容与要求。（ ）
6. 杂物电梯就是小型电梯，与货梯没有什么区别。（ ）
7. DB 11/420—2007 标准《电梯安装、改造、重大维修和维护保养自检规则》规定了电梯安装、改造、重大维修和维护保养工程的自检条件及检验检测仪器、自检要求、流程要求、编制记录要求和安全要求。（ ）
8. 杂物电梯的驱动方式有曳引驱动和强制驱动两种。（ ）
9. DB 11/418—2007 标准《电梯日常维护保养规则》是对电梯日常维护保养的最高要求。（ ）
10. 液压电梯由泵站、液压、导向、轿厢、门和电气控制等系统组成。（ ）
11. 安全电压是指电源电压不大于 50V，电源和线路与其他电气系统和大地隔绝的特低电压电源。（ ）
12. 在电梯机房中，每台电梯都应单独装设一个能切断该台电梯电路的主开关。该开关整定容量应稍大于所有电路的总容量，并具有切断电梯正常使用情况下最小电流的能力。（ ）
13. 在电梯机房中，每台电梯都应单独装设一个能切断该台电梯电路的主开关。该开关整定容量应稍大于所有电路的总容量，并具有切断电梯正常使用情况下最大电流的能力。（ ）
14. 电梯电源应是专用电源。电源的电压波动范围应不超过 ±10%，而且照明电源应与电梯主电源分开。（ ）
15. 电梯电源应是专用电源。电源的电压波动范围应不超过 ±7%，而且照明电源应与电梯主电源分开。（ ）
16. 变频变压调速通过改变异步电动机供电电源的频率来调节电动机的同步转速，也就是通过改变施加于电动机进线端的电压和电源频率来调节电动机转速。（ ）
17. 热继电器是利用电流热效应来切断电路，以实现过流保护的电器。（ ）
18. 热继电器是利用电流热效应来切断电路，以实现过载保护的电器。（ ）
19. 接触器是用来频繁地遥控接通或断开交直流主电路及大容量控制电路的自动接触器，

具有欠电压保护、零电压保护、操作频率高、工作可靠、性能稳定、维护方便、寿命长等优点。（ ）

20. 熔断器是常用的低压电器，是低压电路及电动机控制线路中用做过载和短路保护的电器。（ ）
21. 三相异步电动机均由定子和转子两大部分组成。（ ）
22. 交流电动机的调速方法有变极调速、变压调速、变频变压调速和变转差率调速。（ ）
23. 磁力线是一种互不相交的闭合曲线，磁力线越密，磁场越强。（ ）
24. 按电流类型分类，电动机可分为直流电动机和交流电动机两类。（ ）
25. 电流、电压、电动势的大小和方向随时间作周期性的变化，称为交流电。（ ）
26. 在电阻的串联回路中，流过各电阻的电流和电压均相等。（ ）
27. 按《中华人民共和国安全生产法》规定，安全生产管理，坚持安全第一、预防为主的方针。（ ）
28. 按《特种设备安全监察条例》规定，特种设备使用单位不必制定事故应急措施和救援预案。（ ）
29. 按《特种设备安全监察条例》规定，特种设备使用单位应当制定事故应急措施和救援预案。（ ）
30. 按《特种设备安全监察条例》规定，电梯、起重机械、客运索道、大型游乐设施的重大维修过程，必须由施工单位自检记录，自检合格后，即可投入使用。（ ）
31. 电梯维修、保养中，严禁打闹、嬉戏。（ ）
32. 通电导体在磁场中受到力的作用，实际上是电场与磁场相互作用的结果。（ ）
33. 地坎槽中有异物可能造成电梯无法启动。（ ）
34. 使触电者脱离电源时，抢救者不能直接接触触电者的身体。（ ）
35. 由司机操纵的电梯在使用过程中，未经允许不得使电梯转入自动运行状态。（ ）
36. 触电时，电流通过人体造成的伤害有电击和电伤两种。（ ）
37. 电梯维修保养人员少量饮酒后，不影响其安全工作。（ ）
38. 电梯满载开关不是安全保护装置。（ ）
39. 层站呼梯按钮及层楼指示灯出现故障不影响电梯使用。（ ）
40. 电梯额定速度是指安装调试人员调定的轿厢运行速度。（ ）
41. 电梯机房严禁闲杂人员进入。（ ）
42. 电梯的主电源开关必须能够切断电梯设备上的一切电源。（ ）
43. 在 GB 7588 中对货梯在使用时开门运行没有具体规定。（ ）
44. 在测量直流信号时，要使万用表的黑表笔接被测物的正极，红表笔接被测物的负极。（ ）
45. 电梯机房可以作为存放油料的库房。（ ）
46. 为了减小电梯运行的阻力，弹性滑动导靴的靴衬对导轨顶面不应有压力。（ ）
47. 电梯的每次运行过程分为启动加速、平稳运行和减速停止三个阶段。（ ）
48. 使用数字式万用表测电阻时可以不调零。（ ）
49. 加装了消防员操作功能的电梯，即成了在火灾时消防员可以使用的电梯。（ ）

50. 在电梯维修、保养时，维修工可以要求司机配合操作电梯。（ ）
51. 在特别潮湿和金属容器内工作时，手灯工作电压不得超过12V。（ ）
52. 强迫换速开关工作后，只有经过专业维修人员调整后，电梯才能恢复运行。（ ）
53. DB 11/419—2007《电梯安装维修作业安全规范》中明确施工单位是指从事电梯的制造、安装、改造、维修和日常维护保养的单位。（ ）
54. 集选电梯在运行中应能顺向截车，并能响应最远端的反向呼梯指令。（ ）
55. 作业人员应将在电梯安装和重大维修过程中自检的情况予以记录，记录在DB 11/419—2007附录规定的表格中。（ ）
56. GB/7025的名称是《电梯、自动扶梯、自动人行道术语》。（ ）
57. DB 11/419—2007《电梯安装维修作业安全规范》中规定，井道中施工在采取安全措施后，可以上下交叉作业。（ ）
58. 异步电动机的能耗制动，经常是把电动机的定子绕组接至直流电源上进行。（ ）
59. 电梯平层区域与开锁区域的长度必须相同。（ ）
60. 限位开关和极限开关可以用自动复位的开关，但不能用磁开关。（ ）
61. 为了保证安全，安装主要电源开关的电气柜应上锁。（ ）
62. 电梯等特种设备安全监察机构，同时也是监督检验机构。（ ）
63. 输出与输入的状态总是相反的，这种关系称为“非”逻辑。（ ）
64. 为了获得更大的曳引力，只有通过增大钢丝绳和曳引轮槽壁间的滑动摩擦系数才能实现。（ ）
65. 导向轮的主要作用是调整曳引绳与曳引轮的包角。（ ）
66. 门锁的电气触点是验证锁紧状态的重要安全装置，普通的行程开关和微动开关是允许使用的。（ ）
67. 非直顶式液压电梯必须设置安全钳。（ ）
68. 电梯的基站是指电梯的底层端站。（ ）
69. 复绕就是曳引比为2∶1的绕绳法。（ ）
70. 电梯限位开关动作后，切断危险方向的运行，但可以反向运行。（ ）
71. 电梯的满载装置是指载荷达到100%额载时起作用的装置。（ ）
72. 货梯只能装货，运行时不能载人。（ ）
73. VVVF调速是指电动机的供电电源应具有能同时改变电源电压和频率的功能。（ ）
74. 再平层操作是指轿厢停住后，允许在装载或卸载期间进行校正轿厢停止位置的一种操作，必要时可使轿厢连续运动。（ ）
75. 电梯的提升高度是指从楼外地面至顶层端站地面之间的垂直距离。（ ）
76. “特种设备”仅指电梯、起重机、厂内机动车辆这三种设备。（ ）
77. 额定载荷1000kg以下的电梯可以使用任何形式的缓冲器。（ ）
78. 未取得电梯维修操作上岗证的人员，不允许进入电梯维修保养岗位，且不能参加电梯维修保养工作。（ ）
79. 制动器在正常情况下，通电时保持制动状态。（ ）
80. DB 11/419—2007标准是《电梯安装维修作业安全规范》。（ ）
81. 电气安全触点的断开应十分可靠，触点熔接在一起也应断开。（ ）

82. 三相电路中应力求三相平衡，TN－C 接法中，当三相负载不平衡时，零线上就会有电流通过，造成各相负载的电压不相等。 ( )
83. 蓄能型缓冲器的总行程就是载有额定载重量的轿厢压在其上面时的压缩量。 ( )
84. 控制液压电梯的速度实际就是控制进入油缸的流量。 ( )
85. 间隙配合是具有间隙包括最小间隙等于零的配合。 ( )
86. 国家标准是最严格的标准。 ( )
87. 放大电路未加信号时的各处电压值和电流值称为静态工作点，它是为了节能而设置的。 ( )
88. 可控硅的导通与关断是由控制极所加电压决定的。 ( )
89. DB 11/418—2007 标准《电梯日常维护保养规则》中强调，施工单位的质量保证期服务不能替代电梯的日常维护保养。 ( )
90. 机房所有转动部位须涂成红色，并有旋转方向标志。 ( )
91. 电梯的称重装置不是安全保护装置。 ( )
92. 电梯速度是影响舒适感的主要因素。 ( )
93. 温升不是温度计实测的温度批示值。 ( )
94. 电梯进入消防运行时，安全触板及光电装置可以起作用。 ( )
95. 有司机操作的电梯，在司机操作状态下，应点动关门。 ( )
96. 对重装置顶部间隙是指，当轿厢底梁接触缓冲器的位置时，对重装置最高的部件至井道顶部最低部件的垂直距离。 ( )
97. 限位开关和极限开关可以用自动复位开关，但不能用磁力开关。 ( )
98. 自动扶梯是电梯的一种。 ( )
99. 放大电路的放大倍数是输出变化量的幅值与输入变化量的幅值之比。 ( )
100. DB 11/419—2007《电梯安装维修作业安全规范》的全部内容是推荐性要求。 ( )
101. 国标规定，电梯门刀与厅门的最小间隙为 6～8mm。 ( )
102. 所有施工安全标志、须知、注意事项及操作说明应保持清晰，并设置在明显位置。 ( )
103. 特种设备作业人员在作业过程中发现事故隐患或者其他不安全因素时，应当立即向现场安全管理人员和单位有关负责人报告。 ( )
104. 安全触板开关故障，可能导致电梯不关门现象。 ( )
105. 轿厢通过厅门地坎时，轿门刀与厅门地坎的距离应为 5～10mm。 ( )
106. 限速器电气安全开关必须能双向动作。 ( )
107. 限速器绳槽应定期加入润滑油，以延长其使用寿命。 ( )
108. 电梯控制柜内的卫生应由电梯司机定期打扫。 ( )
109. 电梯维修保养过程中，严禁身体横跨于轿顶和层门间工作。 ( )
110. 高档电梯的安全装置非常齐备，不必进行定期安全检验。 ( )
111. 当曳引机温度过高时，为了保护电机，电梯会立即停止运行，待温度正常后，才会再次投入运行。 ( )
112. 电梯出现关人时，一名维修人员即可完成盘车放人操作。 ( )
113. 短接层门联锁开关后使电梯运行，是电梯维修中经常使用的故障判断方法。 ( )

114. 电梯司机发现电梯运行异常时，应记下运行记录后继续运行，待维修人员到达时进行停梯修理。（ ）
115. 电梯层门钥匙只能由维修人员和电梯司机使用。（ ）
116. 电梯使用过程中，应在门开到位后按下关门按钮，门才能关闭。（ ）
117. 电梯层门钥匙任何人都可以使用。（ ）
118. 决定触电伤害程度的因素有：通过人体电流的大小；电流通过人体的时间长短；电流通过人体的部位；通过人体电流的频率；触电者的身体状况。（ ）
119. 电梯曳引钢丝绳应每月用汽油清洗。（ ）
120. 电梯司机配合维修人员工作时，维修人员有责任负责司机人员的人身安全。（ ）
121. 锅炉、压力容器、电梯、起重机械、客运索道、大型游乐设施的作业人员及相关的管理人员，应当按照国家有关规定经特种设备安全监督管理部门考核合格，取得国家统一格式的特种作业人员证书后，才能从事相应的作业或者管理工作。（ ）
122. 心脏病、高血压、精神病患者和耳聋眼花、四肢残疾者，不可以从事电梯维修工作。（ ）
123. DB 11/420—2007 标准《电梯安装、改造、重大维修和维护保养自检规则》规定，电梯施工单位的自检记录分为施工自检记录和定期自检记录。（ ）
124. DB 11/420—2007 标准《电梯安装、改造、重大维修和维护保养自检规则》规定，属于法定计量检定范畴的检验检测仪器，必须经过计量检定合格并且在有效期内才能使用。（ ）
125. DB 11/420—2007 标准《电梯安装、改造、重大维修和维护保养自检规则》规定了电梯施工自检记录可以由领导代签。（ ）
126. DB 11/419—2007 标准《电梯安装维修作业安全规范》规定，更换曳引钢丝绳时，严禁同时拆除全部曳引钢丝绳，应分两次拆除和更换。（ ）
127. 《电梯日常维护保养规则》标准规定，电梯施工单位负责人对使用单位的电梯安全全面负责。（ ）
128. 《电梯日常维护保养规则》标准规定，电梯施工单位应按国家规定取得相应资质。（ ）
129. 《电梯日常维护保养规则》标准规定，电梯的日常维护保养不允许使用任何形式的分包与转包。（ ）
130. 《电梯日常维护保养规则》标准规定，只要使用单位同意，使用单位和施工单位可以不签订日常维护保养合同。（ ）
131. 《电梯日常维护保养规则》标准规定，记录应用钢笔或签字笔填写，不得使用铅笔或圆珠笔。（ ）
132. 施工单位不能制定高于 DB 11/418—2007 标准《电梯日常维护保养规则》的日常维护保养标准。（ ）
133. 杂物电梯的层门应有门锁和电气安全联锁。在门未关好时电梯不能启动，轿厢不在层站开锁区内，该层站门不能开启。（ ）
134. 扶梯控制系统包括主电路、控制电路、整流稳压电路和保护电路四部分。（ ）
135. 自动扶梯的检修控制装置应是可移动的便携式操作装置。（ ）

136. 自动扶梯和自动人行道停止运行后，必须重新启动。

二、选择题

1. DB 11/418—2007《电梯日常维护保养规则》规定了电梯日常维护保养记录应填写____份，使用单位和施工单位各保存____份，保存时间为____年。（ ）

A. 二，一，一　B. 二，一，四　C. 四，二，一　D. 四，二，二

2. DB 11/418—2007《电梯日常维护保养规则》规定了电梯日常维护保养作业中，现场作业人员不得少于____人。（ ）

A. 一　B. 二　C. 三　D. 四

3. 在用电梯配备司机是____的需要。（ ）

A. 领导　B. 乘客方便　C. 安全运行管理　D. 电梯设计原理

4. 电梯供电系统应采用____系统。（ ）

A. 三相五线制　B. 三相四线制　C. 三相三线制　D. 中性点接地的 TN

5. 电梯的提升高度是指____。（ ）

A. 建筑物的高度　B. 轿厢的高度

C. 每一层站的高度　D. 上、下端站之间的高度

6. 安全开关动作试验中，检修人员将电梯以检修速度向下运行时对轿顶紧急停止开关人为动作____次，电梯立即停止运行。（ ）

A. 1　B. 2　C. 3　D. 4

7. 电梯安全回路安全开关动作断开，在不停电的情况下，选择万用表____测量安全开关动作断开点。（ ）

A. 电阻挡　B. 蜂鸣器挡　C. 二极管挡　D. 电压挡

8. 电梯运行失控时，____装置可以使电梯强行制停，不使其坠落。（ ）

A. 缓冲器　B. 限速器及安全钳　C. 超载保护　D. 补偿装置

9. 轿厢内应急灯是在____时自动亮起的。（ ）

A. 超载　B. 电梯出现故障　C. 电梯关不上门　D. 电梯电源断电

10. 在蜗轮蜗杆传动中，表示保证标准侧隙的符号是用____来表示的。（ ）

A. D　B. Db　C. Dc　D. De

11. 安全触板平时凸出门扇边缘约 30mm，其被推入所需的力应不大于____ N。（ ）

A. 5　B. 10　C. 15　D. 20

12. 电梯的补偿链中穿有麻绳，其主要作用是____。（ ）

A. 增加强度　B. 便于安装　C. 便于加油　D. 防止噪音

13. 电气绝缘遥测时，电子器件应____后再进行遥测。（ ）

A. 脱离　B. 短接　C. 线路不变　D. 接地

14. 发现建筑物出现火灾时，司机首先应____。（ ）

A. 立即去往着火层救人

B. 舍弃电梯逃离

C. 打火警电话报警

D. 去往疏散层（或基站）锁梯或转入消防状态

15. 限速器安全钳联动试验后，应将电梯以____速度恢复运行状态。（ ）

A. 快车向上　　B. 检修向上　　C. 检修向下　　D. 快车向下

16. 制动器电磁铁的可动铁芯与铜套间可加入____润滑。　（ ）

A. 机油　　B. 凡士林　　C. 黄油　　D. 石墨粉

17. 日常维修保养工作应遵循以____的方针进行。　（ ）

A. 保养为主　　B. 维修为主

C. 保养为主，维修为辅　　D. 检查巡视

18. 轿顶防护栏的作用是____。　（ ）

A. 装饰作用　　B. 平衡轿厢、对重重量

C. 保护维修人员安全　　D. 悬挂标志牌

19. 在用电梯定期检验周期为____年。　（ ）

A. 半　　B. 一　　C. 一年半　　D. 两

20. 电梯在相同的电压下，空载下行时与满载上行时的运行电流是____。　（ ）

A. 下大上小　　B. 基本相同　　C. 无法确定　　D. 下大上小

21. 电梯操作人员必须是____的人员。　（ ）

A. 有电工维修经验　　B. 有司机操作证

C. 安全运行管理　　D. 经过专门培训并取得维修操作证

22. 轿厢下梁碰板至弹簧缓冲器的距离为____ mm。　（ ）

A. 150～400　　B. 200～400　　C. 200～350　　D. 150～350

23. DB 11/418—2007《电梯日常维护保养规则》规定，电梯日常维护保养作业中，除了规定的人员外，还应落实现场安全____，保证____。　（ ）

A. 交底　施工安全　　B. 措施　施工进行

C. 措施　施工安全　　D. 交底　施工进行

24. 当电梯超速时，首先动作并且带动其他装置动作使电梯立即制停的是____。　（ ）

A. 安全钳　　B. 限速器　　C. 缓冲器　　D. 选层器

25. 自动扶梯的提升高度是指____。　（ ）

A. 所有梯级高度的总和　　B. 一个梯级的高度

C. 电梯进口至出口的距离　　D. 电梯进出口两楼层板之间的垂直距离

26. 控制电路和安全电路导体之间和导体对地的电压等级应不大于____ V。　（ ）

A. 36　　B. 110　　C. 220　　D. 250

27. 北京市地方标准 DB 11/418《电梯日常维护保养规则》中规定，电梯安全管理人员、电梯日常维护保养作业人员，应当按照____有关规定，经特种设备安全监督管理部门考核合格，取得____统一格式的特种作业人员证书后，方可从事相应的作业或管理工作。　（ ）

A. 使用单位　国家　　B. 维保单位　国家

C. 国家　国家　　D. 国家　使用单位

28. 货梯的平衡系数应为____。　（ ）

A. 0. 4～0. 5　　B. 0. 45～0. 5　　C. 0. 45～0. 55　　D. 0. 4. ～0. 55

29. DB 11/420《电梯安装、改造、重大维修和维护保养自检规则》规定，电梯的安装、改造、重大维修应在____的基础上向检验检测机构提出监督检验申请。　（ ）

A. 自检合格　　B. 使用正常　　C. 资料齐全　　D. 施工完毕

30. 轿厢在两端站平层位置时，轿厢、对重装置的撞板与缓冲器顶面间的距离，耗能型缓冲器应为____ mm，蓄能型缓冲器应为____ mm。（　）

A. 150～350　200～350　　B. 150～400　200～350

C. 200～350　150～400　　D. 150～400　150～350

31. DB 11/420《电梯安装、改造、重大维修和维护保养自检规则》规定，____在施工过程中遇有在施工过程结束后不可追溯或不方便重复试验的检验项目，应及时、准确地填写施工自检记录。（　）

A. 施工单位　　B. 产权单位　　C. 政府部门　　D. 质检员

32. 补偿链中穿有麻绳，其作用主要是____。（　）

A. 加强补偿链的强度　　B. 防止链环直接碰击发出响声

C. 便于补偿链的安装和固定　　D. 以上都不是

33. 电梯运行速度失控时，____装置可以使电梯强行制停，不使其坠落。（　）

A. 缓冲器　　B. 限速器—安全钳

C. 超载保护　　D. 补偿装置

34. 直顶式液压电梯可以不装设安全钳，但必须在液压缸的油口装设____。（　）

A. 限速切断阀　　B. 电动单向阀　　C. 手动单向阀　　D. 截止阀

35. 当杂物电梯轿厢额定载重量为____时，应设轿厢安全钳。（　）

A. 200kg　　B. 250kg　　C. 300kg　　D. 400kg

36. 门刀与层门地坎、门锁滚轮与轿厢地坎间隙应为____ mm。（　）

A. 2～10　　B. 5～10　　C. 2～8　　D. 5～8

37. 《特种设备安全监察条例》规定，在用电梯至少每____日进行一次维护保养。（　）

A. 七　　B. 十　　C. 十五　　D. 二十

38. 液压电梯位于油缸与单向阀或下行控制阀之间的高压胶管上应有____。（　）

A. 制造厂家　　B. 实验日期　　C. 实验压力　　D. 以上 ABC 均有

39. 轿厢内的报警装置应通到____。（　）

A. 轿厢顶部　　B. “110”报警台　　C. 电梯井道中　　D. 有人值班处

40. 限速器张紧轮下落____ mm 时，其安全开关必须动作。（　）

A. 200　　B. 100　　C. 50　　D. 10

41. DB 11/418—2007《电梯日常维护保养规则》规定，电梯施工单位在接到故障通知后，应____赶赴现场。（　）

A. 15 分钟　　B. 20 分钟　　C. 30 分钟　　D. 立即

42. 电梯在运行过程中非正常停车困人，是一种____状态。（　）

A. 正常　　B. 检修　　C. 危险　　D. 保护

43. 电梯安装维修作业危害涉及的人员有____人员。（　）

A. 使用　　B. 维修和检查　　C. 相关方　　D. 以上 ABC 都有

44. 电梯各控制回路原则上____。（　）

A. 不允许短接　　B. 允许短接　　C. 允许拆掉　　D. 不允许拆掉

45. DB 11/418—2007《电梯日常维护保养规则》规定，当电梯发生了困人情况时，修理

人员抵达的时间不应超过____分钟。（ ）

A. 15　B. 20　C. 30　D. 45

46. 上端站防超越行程保护开关自上而下的排列顺序是____。（ ）

A. 强迫缓速，极限，限位　B. 极限，强迫缓速，限位

C. 限位，极限，强迫缓速　D. 极限，限位，强迫缓速

47. 电梯运载重物时，应在轿厢中的____位置码放。（ ）

A. 靠门口　B. 靠里侧

C. 靠两侧　D. 均匀分布或集中在轿厢中央

48. 电梯曳引机吊装时，起重装置的额定载重量应大于曳引机自重的____倍。（ ）

A. 0.5　B. 1.0　C. 1.5　D. 2.0

49. 电梯层门锁的锁钩啮合与电气接点的动作顺序是____。（ ）

A. 锁钩啮合与电气接点接通同时

B. 锁钩的啮合深度达到7mm以上时电气接点接通

C. 电气接点接通后锁钩啮合

D. 动作先后没有要求

50.《电梯安全运行使用许可证》的发证机关是____。（ ）

A. 公安局　B. 安监局　C. 技术监督局　D. 电梯维修单位

51. 电梯使用中，____开关动作时，会发出报警声，并且不能关门运行。（ ）

A. 安全触板　B. 超载　C. 底坑急停　D. 机房急停

52. 层门关闭后，在中分门层门下部用人力向两边拉开门扇时，其缝隙不得大于____ mm。（ ）

A. 6　B. 8　C. 30　D. 50

53. 安全触板平时凸出门扇边缘约30mm，其被推入所需的力应不大于____ N。（ ）

A. 5　B. 10　C. 15　D. 20

54. 电梯维修人员在____时，可以进入工作岗位进行维修、保养电梯。（ ）

A. 睡眠严重不足　B. 酗酒后未完全清醒

C. 精神受刺激　D. 身心状况良好

55. 电梯出现关人现象，维修人员首先应做的是____。（ ）

A. 打开抱闸，盘车放人　B. 切断电梯动力电源

C. 与轿内人员取得联系　D. 打开厅门放人

56. 乘客对电梯服务有意见时，维修保养人员应____。（ ）

A. 据理力争　B. 耐心解释或向主管人员反映

C. 禁止其乘坐电梯　D. 关闭电梯，停止运行

57. 发现建筑物出现跑水现象并可能已流入井道时，电梯维修人员应____。（ ）

A. 无论轿厢在哪一层，立即锁梯

B. 立即组织人员修理跑水设施

C. 轿内人员全部放出后，把轿厢停在高层锁梯

D. 通知物业管理人员处理

58. 轿厢通过层站时，门刀与层门地坎的距离应为____ mm。（ ）

A. 小于 5　　B. 大于 5　　C. 小于 10　　D. 5～10

59. 轿厢内应急灯是在____时自动亮起的。（　）

A. 超载　　B. 电梯出现故障

C. 电梯关不上门　　D. 电梯照明电源断电

60. 发现建筑物出现火灾时，司机首先应____。（　）

A. 立即去往着火层救人

B. 舍弃电梯逃离

C. 打火警电话报警

D. 去往疏散层（或基站）锁梯或转入消防状态

61. 在需要进入井道时，应使用____打开电梯厅门。（　）

A. 双手用力向两侧扒门　　B. 用撬棍撬

C. 用电焊切割　　D. 厅门钥匙

62. 电梯曳引机吊装离地面____时，应停止起吊，确认安全后方可继续吊装。（　）

A. 30mm　　B. 50mm　　C. 10cm　　D. 15cm

63. 电梯不平层是指____。（　）

A. 电梯停靠某层站时，厅门底坎与轿门底坎的高度差过大

B. 电梯运行速度不平稳

C. 某层厅门地坎水平度超标

D. 轿厢地坎水平度超标

64. 轿厢上行时，轿顶与对重底部汇合前及轿厢下行时底部接近对重上部____ m 处，在对重侧井道壁安装“对重接近，注意安全”的标志。（　）

A. 1～2　　B. 1～3　　C. 2～2.5　　D. 2～3

65.《中华人民共和国安全生产法》于____年____月____日正式实施。（　）

A. 2002　6　29　　B. 2002　11　1

C. 全国人大通过时　　D. 国家主席签发时

66. ____人员应定期对在用电梯设备安全运行情况进行巡视和检查。（　）

A. 有电工维修经验　　B. 电梯使用

C. 安全行政管理　　D. 电梯维修或保养

67. 电梯报警装置至少有警铃，提升高度____ m 以上时应有对讲装置或电路，并能与有人值守的值班室联系。（　）

A. 25　　B. 30　　C. 35　　D. 50

68. ____电梯不允许司机在轿厢内操作电梯。（　）

A. 杂物　　B. 办公楼　　C. 民用住宅　　D. 液压

69. ____开关动作应切断电梯快速运行电路。（　）

A. 极限　　B. 急停　　C. 强迫缓速　　D. 限位

70. 厅门地坎槽中有异物，可能会造成电梯____。（　）

A. 运行不稳　　B. 关门不到位　　C. 运行噪声大　　D. 运行失控

71. 对于安全开关的转动部分，可用____润滑。（　）

A. 石墨粉　　B. 钙基脂　　C. 凡士林　　D. 机油

72. 电梯工作的基本要求是____，方便舒适。（ ）

A. 安全可靠　　B. 高速　　C. 稳定　　D. 快捷

73. 电梯的额定速度是指____。（ ）

A. 电动机的额定转速

B. 安装调试人员调定的轿厢运行速度

C. 电梯设计所规定的轿厢速度

D. 电梯轿厢运行的最高速度

74. DB 11/419—2007 标准《电梯安装维修作业安全规范》中，电梯被困的情况有____。（ ）

A. 轿厢被困　　B. 轿顶被困　　C. 底坑被困　　D. ABC 都有

75. DB 11/420《电梯安装、改造、重大维修和维护保养自检规则》规定，____对定期自检记录的结果及结论负责。（ ）

A. 使用单位　　B. 产权单位　　C. 维护保养单位　　D. 政府

76. 机房地面曳引绳通过的孔洞应有高度____的围框。（ ）

A. ≥25　　B. ≥30　　C. ≥50　　D. 不限

77. DB 11/420《电梯安装、改造、重大维修和维护保养自检规则》规定，____在施工过程中和维护保养过程中应进行自检，并填写相应的自检记录，自检记录分为施工自检记录和定期自检记录。（ ）

A. 施工单位　　B. 使用单位　　C. 检验机构　　D. 工人

78. 电梯工作时，减速器中的油温应不超过____℃。（ ）

A. 65　　B. 75　　C. 85　　D. 95

79. 北京市地方标准 DB 11/418《电梯日常维护保养规则》中规定，电梯____应对每台电梯建立安全技术档案并保证安全技术档案的完整。（ ）

A. 维保单位　　B. 使用单位

C. 政府部门　　D. 使用单位和维保单位

80. 北京市地方标准 DB 11/418《电梯日常维护保养规则》中规定，电梯按《特种设备安全监察条例》规定，至少每____日进行一次维护保养。（ ）

A. 10　　B. 15　　C. 30　　D. 20

81. 北京市地方标准 DB 11/418《电梯日常维护保养规则》中规定，电梯的日常维护保养作业中，现场作业人员不得少于____人。作业中应负责落实现场安全防护措施，保证施工安全。（ ）

A. 1　　B. 2　　C. 3　　D. 4

82. DB 11/419—2007 标准《电梯安装维修作业安全规范》规定了电梯吊装时，吊带（索具）的安全系数不小于____，起吊物不应该超过起重设备的____。（ ）

A. 3　重量　　B. 3　额定载重量　　C. 5　重量　　D. 5　额定载重量

83. DB 11/419—2007 标准《电梯安装维修作业安全规范》规定了电梯盘车时，至少应有____（包括）以上配合操作，开闸人员应听从____人员的口令。（ ）

A. 二人　指挥　　B. 三人　指挥　　C. 二人　盘车　　D. 三人　盘车

84. DB 11/419—2007 标准《电梯安装维修作业安全规范》规定了电梯层门安装作业时，如层门套与土建结构间隙大于____ mm，则不应拆除安全围挡。（　）

A. 50　　B. 100　　C. 150　　D. 200

85. DB 11/419—2007 标准《电梯安装维修作业安全规范》规定了电梯导轨安装作业使用绳索牵拉时，应满足强度要求，应____（包括）以上牵拉，牵拉时应有____方式。（　）

A. 一人　锁紧　　B. 二人　锁紧　　C. 二人　保护　　D. 三人　保护

86. DB 11/419—2007 标准《电梯安装维修作业安全规范》规定了电梯作业井道照明应使用____ V 以下的安全电压，作业面应有良好的照明。（　）

A. 24　　B. 36　　C. 110　　D. 220

87. DB 11/419—2007 标准《电梯安装维修作业安全规范》规定了电梯在安装过程中，同一工作平台上的作业人员不应超过____人。（　）

A. 2　　B. 3　　C. 4　　D. 5

88. DB 11/419—2007 标准《电梯安装维修作业安全规范》规定了电梯在安装中，作业平台的脚手板的宽度应大于____ mm 以上。（　）

A. 50　　B. 60　　C. 100　　D. 150

89. DB 11/419—2007 标准《电梯安装维修作业安全规范》规定了电梯在安装中，脚手板两端应伸出脚手架横杆____ mm 以上。（　）

A. 50　　B. 100　　C. 150　　D. 200

90. DB 11/418《电梯日常维护保养规则》标准中定义了维修分为____和____。（　）

A. 日常维护保养　维修　　B. 重大维修　普通维修

C. 中修　大修　　D. 维修　改造

三、简答题

1. DB 11/418《电梯日常维护保养规则》标准中，电梯日常维护保养规则的一般要求是什么？（DB 11/418—P2）
2. 简述电梯曳引机传动的原理及特点。
3. DB 11/418《电梯日常维护保养规则》标准中，对电梯管理人员与施工作业人员有哪些要求？（DB 11/418—P3）
4. 制动器的检查内容和要求（年度保养检查）有哪些？
5. DB 11/419—2007 标准《电梯安装维修作业安全规范》中，改造的定义是什么？（DB 11/419—P1）
6. 什么是电功？
7. DB 11/419—2007 标准《电梯安装维修作业安全规范》中，普通维修的定义是什么？（DB 11/419—P2）
8. 什么是电阻？
9. DB 11/419—2007 标准《电梯安装维修作业安全规范》中，规定电梯安装作业施工前的安全确认有哪些？（DB 11/419—P3）
10. 什么是电流？

11. DB 11/419—2007 标准《电梯安装维修作业安全规范》中，剪切、挤压事件引起的原因有哪些？（至少答出 10 项）（DB 11/419—P9）
12. 简述电梯自动关门装置的要求及检验方法。
13. DB 11/419—2007 标准《电梯安装维修作业安全规范》中，规定自动扶梯和自动人行道安装、维修吊装作业的安全要求有哪些？（DB 11/419—P8）
14. 电梯维修保养人员，在交班时应注意的事项有哪些？
15. DB 11/419—2007 标准《电梯安装维修作业安全规范》中，规定自动扶梯和自动人行道安装、维修在驱动站和转向站作业的安全要求有哪些？（DB 11/419—P8）
16. 列举电梯中常用的低压电器名称及作用。（不少于 3 种）。
17. DB 11/420—2007 标准《电梯安装、改造、重大维修和维护保养自检规则》中，规定了电梯的安全要求有哪些？（DB 11/420—P4）
18. 简述电梯危害涉及哪些人员。
19. 什么是直流电？什么是交流电？
20. 轿顶检修操作装置有什么操作设施？有何作用？又有何规定？
21. 使用手持电动工具应注意什么？
22. DB 11/420—2007 标准《电梯安装、改造、重大维修和维护保养自检规则》中，规定了电梯施工单位的管理职责有哪些？（DB 11/420—P6）
23. 在电梯机房内作业时，应注意哪些事项？
24. DB 11/420—2007 标准《电梯安装、改造、重大维修和维护保养自检规则》中，电梯的自检条件有哪些？（DB 11/420—P2）
25. 电梯安装维修人员的职业道德规范有哪些？
26. DB 11/419—2007 标准《电梯安装维修作业安全规范》中，规定自动扶梯和自动人行道安装、维修在桁架中作业的安全要求有哪些？（DB 11/419—P8）
27. 日常维修中造成电梯不能关门操作的常见原因主要有哪些？
28. DB 11/419—2007 标准《电梯安装维修作业安全规范》中，规定自动扶梯和自动人行道安装、维修作业工地现场的安全要求有哪些？（DB 11/419—P8）
29. 简述检修运行功能的要求。
30. DB 11/419—2007 标准《电梯安装维修作业安全规范》中，规定电梯安装现场安全作业的基本要求是什么？（DB 11/419—P3）
31. 什么是电压？
32. DB 11/419—2007 标准《电梯安装维修作业安全规范》中，规定电梯安装作业施工前的准备工作有哪些？（DB 11/419—P3）
33. 什么是欧姆定律？
34. DB 11/419—2007 标准《电梯安装维修作业安全规范》中，重大维修的定义是什么？（DB 11/419—P2）
35. 什么是电功率？
36. DB 11/419—2007 标准《电梯安装维修作业安全规范》中，进入安装维修作业场所的安全要求有哪些？（DB 11/419—P4）
37. 年度保养检查电梯、厅门系统有哪些内容及要求？

38. DB 11/418《电梯日常维护保养规则》标准中，电梯使用单位应向电梯施工单位提供哪些资料？（DB 11/418—P3）

39. 什么是电气火灾？发生电气火灾时的消防方法是什么？

四、实操题

1. 万用表的使用训练。
2. 轿顶检修或保养的操作规程是什么？
3. 找出厅门、轿门联锁电路并说明其工作原理。（依据图纸由考评人员提问）
4. 底坑作业时应注意哪些事项？
5. 指出门电机控制电路并说出其工作原理。（依据图纸由考评人员提问）
6. 电梯扎车后应如何处理？
7. 简述填写表格的基本方法和要求。（依据表格由考评人员提问）
8. 制动器的测量及调整方法有哪些？
9. 简述限速器的原理、作用及结构。
10. 简述进入轿顶检修时的注意事项。
11. 举例说明磁力线坠的用途。
12. 简述盘车装置的使用方法及盘车方法。
13. 年度保养检查电梯、厅门系统有哪些内容及要求？
14. 电梯的安全保护设施或保护功能有哪些？
15. 用万用表测量继电器线圈及触点的接触情况，确定其是否完好可靠。
16. 如何调整并测量厅门门锁的啮合深度？
17. 简述调整曳引钢丝绳张力的方法。
18. 检查并确定安全触板不起作用的故障原因。
19. 用万用表测量动力电源各相电压和照明电路电压值。
20. 进入底坑时有哪些注意事项？
21. 在电梯机房内进行维修和保养时应注意哪些事项？
22. 简述电梯关人后放人的过程。
23. 如何使用钳型电流表？
24. 简述安全钳的原理、作用及结构。
25. 简述门锁装置的原理、作用及结构。
26. 维修中，需要临时线操作电梯时有哪些要求？
27. 怎样正确使用喷灯？
28. 找出安全电路并说明其工作原理。（依据图纸由考评人员提问）

参考答案

一、是非题

1. √　2. √　3. √　4. √　5. √　6. ×　7. √　8. √　9. ×　10. √
11. √　12. ×　13. √　14. ×　15√　16. √　17. ×　18. √　19. √　20. √
21. √　22. √　23. √　24. √　25. √　26. ×　27. √　28. ×　29. √　30. ×
31. √　32. √　33. √　34. √　35. √　36. √　37. ×　38. √　39. ×　40. ×
41. √　42. ×　43. ×　44. ×　45. √　46. ×　47. √　48. √　49. ×　50. √
51. √　52. ×　53. √　54. √　55. ×　56. ×　57. ×　58. √　59. ×　60. √
61. ×　62. ×　63. √　64. ×　65. ×　66. ×　67. √　68. ×　69. ×　70. √
71. ×　72. ×　73. ×　74. √　75. ×　76. ×　77. ×　78. √　79. ×　80. √
81. √　82. ×　83. ×　84. √　85. √　86. ×　87. ×　88. ×　89. √　90. ×
91. √　92. ×　93. √　94. ×　95. √　96. ×　97. √　98. √　99. √　100. ×
101. ×　102. √　103. √　104. √　105. √　106. √　107. ×　108. ×　109. √　110. ×
111. √　112. ×　113. ×　114. ×　115. ×　116. √　117. ×　118. √　119. ×　120. √
121. √　122. √　123. √　124. √　125. ×　126. √　127. ×　128. √　129. √　130. ×
131. √　132. ×　133. √　134. √　135. √　136. √

二、选择题

1. B　2. B　3. C　4. A　5. D　6. B　7. D　8. B　9. D　10. C
11. A　12. D　13. A　14. D　15. B　16. D　17. C　18. C　19. B　20. B
21. D　22. C　23. C　24. B　25. D　26. D　27. C　28. C　29. A　30. B
31. A　32. B　33. B　34. A　35. B　36. B　37. C　38. D　39. D　40. C
41. D　42. D　43. D　44. A　45. D　46. D　47. D　48. C　49. B　50. C
51. B　52. C　53. A　54. D　55. C　56. B　57. C　58. D　59. D　60. D
61. D　62. A　63. A　64. D　65. B　66. D　67. B　68. A　69. C　70. B
71. C　72. A　73. C　74. D　75. C　76. C　77. A　78. C　79. B　80. B
81. B　82. D　83. C　84. B　85. B　86. B　87. B　88. A　89. C　90. B

三、简答题

1. 电梯日常维护保养规则的一般要求：

（1）电梯的日常维护保养必须由施工单位进行。

（2）施工单位的质量保证期服务不能代替电梯的日常维护保养。

（3）本标准是对电梯日常维护保养的基本要求，施工单位可制定高于本规定的日常维护保养标准，但不得少于本标准的项目内容及要求。

（4）日常维护保养记录应填写两份，使用单位和施工单位各保存一份，保存时间为 4 年。

（5）日常维护保养记录应用钢笔或签字笔填写，不得使用铅笔、圆珠笔。

2. 曳引机传动是由曳引绳与曳引轮之间的摩擦来完成的，它有较强的适应性，对于不同的提升高度，只改变曳引绳的长度即可，无须改变其结构。这种结构还使曳引绳的根数增多，在轿厢冲顶时，绳与轮之间可以空转，因此加强了电梯的安全性。

3. 对电梯管理人员与施工作业人员的要求是：

（1）电梯安全管理人员应每日对所管辖的电梯进行巡视。

（2）电梯的使用单位负责人对本单位电梯的安全全面负责。

（3）电梯作业人员取得特种作业人员证书后，方可从事相应的作业工作。

（4）电梯日常维护保养作业人员应严格按照标准对所负责的电梯进行日常维护保养。

（5）日常维护保养人员应将日常维护保养情况进行记录。

（6）电梯使用单位的安全管理人员应对施工单位的电梯日常维护保养记录签字确认。

4. 制动器的检查内容和要求（年度保养检查）包括：

（1）调整制动弹簧，以保证平层准确度和舒适度。

（2）调整清洁铁芯，加适量润滑剂。

（3）制动瓦磨损超过原厚度的 1/3 或铆钉露出时应更换。

5. 改造的定义是：改变电梯的额定速度、额定负载、驱动方式、调速方式、控制方式，或者改变电梯安全保护装置、主要部件的规格及改变电梯的提升速度、轿厢重量、加装安全保护装置并引发系统发生变化的行为。

6. 在一段时间内，电流通过导体时，电场力所做的功，称为电功，用字母“A”表示，其单位为“焦耳（J）”。

7. 普通维修指的是不属于改造和重大维修的普通维修和调整，包括更换不属于重大维修部件的其他零部件，调整属于改造以外的性能参数，调整零部件间隙或距离，部件的解体清洗等。

8. 电流在物体中通过时所受到的阻力称为电阻，用字母“R”表示，其单位为“欧姆（Ω）”。

9. 电梯安装作业施工前的安全确认包括：

（1）电梯口、机房入口应做好安全防护和安全标志，确认其完好可靠。

（2）对电动工具、电气设备、起重设备及吊索具、安全装置等进行检查，确认其安全有效。

（3）对携带的安全防护用品进行检查，确认其完好齐全。

10. 导体中的自由电子在电场力的作用下做有规则的定向运动就形成了电流，用字母“I”表示，其单位为“安培（A）”。

11. 剪切、挤压事件引起的原因包括：

（1）开门运行。

（2）制动器失灵。

（3）门触板失灵。

（4）上缓冲距离过小。

（5）轿厢与对重距离过小。

（6）钢丝绳挤伤。

（7）轿厢护脚板不符合标准。

（8）扶手带安全开关失灵。

（9）扶手带与侧板距离不符合标准。

（10）梳齿板断齿。

（11）扶手带与墙壁或其他物体距离不符合标准。

（12）制动器和附加制动器制动力不足。

（13）梯级滚轮出槽。

（14）梯级链裂断，断链保护失灵。

（15）梯级脱落。

（16）机房维修空间不符合标准。

12. 电梯自动关门装置的要求：每个层门应有自动关门装置，当轿厢不在层站时，能自动将层门关闭。

检验方法：首先检查关门装置，再将层门开启 1/2 和全开，关门装置应能可靠地将门关闭并锁上。若是重锤式的，则在钢丝绳脱落或断裂时，重锤不会掉地。

13. 自动扶梯和自动人行道安装、维修吊装作业的安全要求包括：

（1）吊装作业应由专业吊装人员进行操作。

（2）起重设备应取得特种设备检验合格证，起重工须持有相应的资格证书。

（3）起吊时，吊带（索具）的安全系数不小于 5，起吊物不应超过起重设备的额定负荷。

（4）起重时，闲杂人员不应靠近，起重臂下严禁站人。

（5）在每次使用前，所有的起重设备均须经过目测检查是否存在不合格的地方，对有问题的设备应立即停止使用。

14. 填写好各种规定的维修、保养及检查巡视记录；未做完的工作内容应向接班人员直接交代清楚，并在交接班记录中注明情况；暂时不能继续施工的工作现场应做适当处理，并检查确保不会发生意外后，方可离岗。

15. 自动扶梯和自动人行道的安装、维修在驱动站和转向站作业的安全要求包括：

（1）进入驱动站和转向站应按下停止开关。

（2）提供充足的照明以保证安全进出和安全工作，控制开关应在靠近入口的地方。

（3）要配备一个电源插座以备使用电动工具。

（4）进入驱动站和转向站工作时，入口处应设置有效的防护装置。

（5）在可能达到高温的机器上应贴上警示标志，并采取防护措施以防止接触到这些设备。

16. （1）熔断器。作用是过载、短路保护。

（2）位置开关。作用是起通、断作用。

（3）接触器。作用是接通和断开电路。

（4）继电器。作用是接通和断开控制电路。

17. 电梯的安全要求有：

（1）应由取得相应项目的《中华人民共和国特种设备作业人员证》的人员进行自检。

（2）现场检查时，自检人员应当配备安全帽、安全带，并穿工作服、工作鞋等安全防护用品。

（3）现场检查时，自检人员应参照 DB 11/419 的规定进行安全作业。

18. 电梯危害涉及的人员包括：使用人员，维修人员，检查人员，相关方人员。

19. 直流电流、直流电压、直流电动势统称为直流电。直流电流、直流电压的特点是其大小和方向均不随时间变化。

交流电流、交流电压、交流电动势统称为交流电。交流电流、交流电压的特点是其大小和方向均随时间变化。

20. （1）正常运行和检修运行的转换开关。用于转换运动状态。

（2）急停开关，红色。用于紧急时停止电梯运行，应符合安全触点的要求，双稳态，具有自锁功能。

（3）上下点动检修运行按钮。用于检修状态上、下运行。

（4）规定轿顶控制优先原则。

（5）电梯在检修状态时，所有安全装置应起作用。

21. 使用手持电动工具应注意以下几点。

（1）要有专人保管。

（2）要定期检查。

（3）必须使用漏电保护装置。

（4）在工作中必须单独设置开关，不得一闸多用。

22. 电梯施工单位的管理职责包括：

（1）施工单位应加强对施工自检记录的管理工作，建立健全岗位责任制，配备工程技术管理人员。电梯安装施工现场应有专人负责收集、管理施工自检记录。

（2）施工自检记录应随施工进度及时调整、认真填写，做到字迹工整清晰、项目齐全，记录真实准确。施工自检记录必须如实反映工程的实际情况，由施工单位负责人审核并盖章确认。

（3）在电梯安装工程竣工验收前，建设单位应认真检查施工自检记录并按规定要求在施工自检中签字并盖章确认。

23. 在电梯机房内作业时，应注意的事项包括：

（1）应切断总电源。

（2）挂标志牌。

（3）带电作业时，要穿戴好绝缘用具，有专人监护。

（4）蹬高作业时，应脚下平稳，安全带挂钩处应牢固。

（5）注意旋转部件。

24. 电梯的自检条件有：

（1）机房空气温度应保持在5～40℃。

（2）湿度应保持在电梯安装或维护保养所允许的范围内。

（3）电网输入电压应正常，电压波动值应在额定电压值的±7%以内。

（4）环境中不应含有腐蚀性和易燃性气体及导电尘埃。

（5）自动扶梯和自动人行道运行环境周围应设置护栏，以免有跌落的危险。

25. 电梯安装维修人员的职业道德规范包括：

（1）主动热情服务，树立安全第一的思想。保证乘客和自身的安全，保证设备安全。

（2）遵守纪律及相关规定。

（3）自觉执行国家标准和安全操作规程。

（4）爱护设施，珍惜国家财产。

（5）努力学习专业技能，干好本职工作。

26. 自动扶梯和自动人行道安装、维修在桁架中作业的安全要求有：

（1）试验停止和检修开关、共用和方向按钮的有效性。

（2）自动扶梯和自动人行道只能以检修速度运行。

（3）不允许在梯级轴上行走。

（4）对主电源开关锁闭，警示并采取电气方法和机械方法阻挡来防止梯级链条的运动。

27. 日常维修中造成电梯不能关门操作的常见原因主要有：操作盘关门按钮损坏；外呼按钮不复位；操作盘开门按钮不复位；安全触板开关损坏；光电保护装置对位偏离；超载开关动作；电梯故障安全保护功能处于保护状态。

28. 自动扶梯和自动人行道安装、维护作业工地现场的安全要求有：

（1）工作开始前，在出入口处设置有效的护栏，警告和防止无关人员误入工作区域。

（2）确保自动扶梯和自动人行道上没有乘客才可以停止其运行。

（3）在进行工作前，主电源开关和其他电源开关应置于“关”的位置，上锁悬挂标签并测试和验证有效。

（4）当一节或多节梯级被拆除时，不允许乘用自动扶梯和自动人行道，应用两种独立的方法在电气和机械方面锁闭设备。

29. 检修运行应取消轿厢自动运行和门的自动操作，但各安全装置仍有效。多个检修运行装置中应保证轿顶优先。

30. 电梯安装现场安全作业的基本要求是：

（1）进入施工现场应配安全帽，并穿工作服、工作鞋等安全防护用品。

（2）施工现场严禁吸烟。

（3）明火作业应提出动火申请，得到有关部门批准后方可进行。

（4）进入井道或在 2m 以上的高空作业及层门口作业时，应佩戴安全带，并确认安全可靠。

（5）电动工具应在装有漏电保护开关的电源上使用，使用前应试验漏电按钮，确认漏电保护开关有效。

（6）井道施工禁止上下交叉作业。

（7）除作业需要外，层门口防护栏（门）不应打开，防护栏（门）打开时应有人监护。

（8）进入井道前应将各层门口附近的杂物清理干净，安装材料应码放在层门口的两侧，不应在层门口前放置任何物品，以防落入井道。

（9）严禁在井道内上下抛掷工具、零件、材料等物品。

31. 电压是指电场中任意两点之间的电位差，用字母“U”表示，其单位为“伏特（V）”。

32. 电梯安装作业施工前的准备工作包括：

（1）确定项目负责人、安全管理人员和施工班组及作业人员。

（2）备齐资料，勘察施工现场，编写施工方案和安全措施。

（3）应对所有施工人员进行安全交底，并做好交底记录

33. 在某一段电路中，在一定的温度下，当电阻不变时，流过该段电路的电流与电路两端的电压成正比，当电压不变时，流过该段电路的电流与电路的电阻成反比，称为欧姆定律，

其数学表达式为：$I=U/R$。

34. 重大维修指的是，对电梯安全保护装置或者安全技术规范规定的电梯主要部件进行整体更换或者整体拆卸维修，但不改变电梯的额定速度、额定载荷、驱动方式、调速方式、控制方式，或者改变电梯的提升高度、轿厢重量，加装安全保护装置等不引起系统发生变化的维修。

35. 电气设备在单位时间内所做的功称为电功率，简称功率，用字母“P”表示，其单位为“瓦（W）”。

36. 进入安装维修作业场所的安全要求包括：

（1）应穿戴劳动防护用品。

（2）作业前，应检查设备和工作场地，排除安全隐患。

（3）确保安全防护和联锁装置齐全可靠。

（4）设备应定人、定岗操作。

37. 年度保养检查电梯、厅门系统的内容和要求包括：

（1）调整开关门速度。

（2）轿门关闭后，各处间隙不大于 2～6mm。

（3）厅门门扇与门扇、门扇与门套、门扇与下端地坎的间隙应为 1～6mm。

（4）门刀与厅门地坎、门锁滚轮与轿厢地坎的间隙应为 5～10mm。

38. 电梯使用单位应向电梯施工单位提供的资料包括：

（1）产品合格证。

（2）使用维护说明书。

（3）电气原理图。

（4）电器敷设图。

（5）安装说明书。

（6）电梯整机、安装部件和主要部件型式试验报告结论副本或结论复印件。

（7）电梯运行记录。

（8）故障及事故记录等。

39. 电气火灾指的是由电路短路、过载、接地电阻增大、设备绝缘老化、电路产生火花或电弧及操作人员或维护人员违反规程造成的火灾。

电气设备发生火灾时，应首先断电，然后进行灭火，并及时报警。若无法切断电源，应立即采取带电灭火的方法，选用二氧化碳干粉灭火剂等不导电的灭火器。灭火器和人体与 10kV 以下的带电体要保持 0.7m 以上的安全距离。

四、实操题

1. 万用表的使用训练内容和注意事项如下。

（1）测量种类。包括交流电压、直流电压、电流、电阻、晶体管的放大倍数等。

（2）表笔的使用。红表笔接“VA”端，黑表笔接“COM”端。

（3）根据测量的电量选择相应的测量区域，在被测电量未知的情况下，量程由高向低换挡。

（4）测电压时，表笔应与被测物并联；测电流时，表笔应与被测物串联。

（5）测直流电压时，红表笔接电源“+”极，黑表笔接电源“-”极。

（6）测直流电压时，极性未知情况下的判断方法：将仪表的转换开关切换到直流电压最大挡，将一只表笔接至被测电路的任意一极上，将另一只表笔在被测部分另一极上轻轻一碰并立即离开，同时观察仪表指针的转向，若指针正偏，则红表笔为正极，黑表笔为负极；若指针反偏，则红表笔为负极，黑表笔为正极。

（7）测量准确度。合理选择量程，一般情况下，应使仪表指针指在满刻度的1/2～2/3。

（8）指针式万用表测量电阻前要进行欧姆调零；禁止带电测量电阻阻值；测阻值时，应避免并联支路，将其他电路去掉，而且两表笔不能长时间接触，以防电池耗电；测量时，手不能触摸表笔的金属部分。

（9）数字万用表不用调零。

（10）测量大电压时，不能在使用过程中转换开关，否则会产生电弧烧坏仪表。

（11）不允许用万用表的电阻挡直接测量微安表、检流计、标准电池等仪表、仪器的内阻。

（12）万用表用完后要复位，将拨断开关调到交流电压最高挡或空挡；数字式万用表的电源开关转向“OFF”位置。

2. 轿顶检修或保养的操作规程为：

（1）打开层门进入轿顶前，应按下停止按钮，并将检修/正常转换开关拨到检修位置，开启照明后再进入轿顶。

（2）退出轿顶时，打开层门，先退出轿顶，然后将检修/正常转换开关拨回到正常位置，并将停止按钮复位，关闭照明后再关闭层门。

（3）在轿顶作业时，应将检修/正常转换开关转换到检修位置。

（4）在轿顶检修运行时，应站在轿顶板上，禁止站在轿架横梁上，要注意头顶上方的建筑物、井道四周的各种附属物及对重等。

（5）同一井道内有多台电梯时，应注意相邻电梯运行可能带来的危险。

3. 为了确保电梯在厅门与轿门完全闭合后才能运行，在厅门上装有带电气联锁功能的自动门锁，称为钩子锁。门锁安装在厅门内侧，在厅门关闭后，将门锁锁紧，使厅门不能从外扒开，同时接通门电联锁电路，门电联锁电路接通后电梯才能启动运行。

4. 底坑作业时应注意的事项包括以下几个方面。

（1）进入底坑前，用机械钥匙打开厅门后，应先打开底坑照明开关，断开底坑安全开关。

（2）用梯子进入底坑，不准攀附轿厢或随行电缆进入底坑。

（3）若底坑内有积水，应先排除积水，待干燥后再开始进行底坑维修工作。

（4）禁止在井道上下方同时进行检修作业。在井道或底坑有人作业时，作业人员上方不得进行任何其他操作，机房内也不得进行操作。

（5）在底坑内作业时，要按下底坑停止开关，使电梯不能运行。

（6）在底坑作业过程中，由于作业的需要必须使电梯运行时，只允许以检修速度运行。

5. 直流电动机作为自动门机的驱动时，常采用电阻的串/并联作为调速方法。串联总电阻、电枢回路串联电阻、励磁回路串联电阻、电枢回路并联电阻（电枢分流法）都可以用于调节直流电动机的转速。

6. 电梯扎车后的处理步骤是：

（1）由两人或两人以上在机房进行人力操作。

（2）断开总电源。

（3）与轿厢内司机联系。

（4）人力盘车，查看曳引绳上的楼层标记。

（5）平层后，将轿厢内人员释放出来。

（6）分析扎车原因。

（7）检查限速器和导轨有无损坏。

（8）扎车修复尺寸应不小于300mm。

（9）安全钳与导轨的间距为1.5mm。

7.（1）经过清洁、检查、润滑、调整、更换零部件等保养工作后功能正常的项目，在是/否一栏内划“√”。

（2）有不正常项目但不影响正常安全使用而要求另外安排处理的，划“×”。

（3）无此项，划“/”。

（4）有数据要求的，填写实测数据。

8. 制动器的测量及调整方法。

（1）调整制动器电源的直流电压。正常启动时，线圈两端电压为110V（串入分压电阻后，线圈两端电压为55V）。

（2）电磁力的调整。为使制动器有足够的松闸力，需调整两个电磁铁芯的间隙，使两个铁芯距铜套口基本持平，在均匀相等的每边退出0.3mm左右，即保证两个铁芯的进程为0.5mm左右，以后不合适再调。

（3）制动力矩的调节。依靠两边弹簧的调节螺母进行调节。弹簧压缩越紧，则制动力矩越大；反之则越小。调节是否适当，要看调节结果，既要满足停止时有足够大的制动力矩使其迅速停止，又要保证轿厢制动时不能过急过猛，不影响平层准确性，保持平衡。

（4）动态测量。125%额定载荷拉闸断电，测量脉冲，看轿厢滑行多远，如在范围内，制动力矩合格。

静态测量。测制动轮间隙，测制动弹簧压力。两种方法互为补充。

（5）制动闸瓦与制动轮间隙调整。制动力制动后，要求制动闸瓦与制动轮接触面可靠，面积大于80%；松闸后，制动闸瓦与制动轮完全脱离，无摩擦，且间隙应均匀，最大间隙不超过0.7mm。

（6）调整后的要求：

① 制动器动作灵活、可靠、无卡阻。

② 开挡间隙均匀一致，制动闸瓦与制动轮间隙应不大于0.7mm，面接触不小于80%。

③ 制动靴（闸瓦）磨损掉原厚度的1/3，铆钉外露时应更换。

④ 制动器线圈应接触可靠，无虚接，无过热，温升不超过60℃。

⑤ 制动器在保证安全的前提下，满载下行时不溜车。

9. 限速器是在电梯运行速度超过允许速度时，发出电信号并产生机械动作，切断控制电路迫使安全钳动作的装置。电梯限速器一般有离心式和摆锤式两种工作方式。常见的有抛块式、抛球式、凸轮式三种结构形式。

电梯运行时，钢丝绳将电梯的垂直运动转换为限速器的旋转运动。当限速器的旋转速度超过极限值时，限速器会使超速开关动作，切断控制回路电源，使电磁制动器失电制动。如果制动失败，电梯继续加速运行，这时如果电梯在下行，限速器就能卡住限速器钢丝绳，迫使安全钳动作，将电梯强制停在导轨上。

10.（1）用厅门开锁钥匙打开层门时一定要“一慢，二看，三操作”。切勿用力过猛，失去平衡，致使发生坠落等意外。

（2）确认轿厢位置并处于静止状态，从而避免剪切的危险。

（3）按下停止开关并将检修/正常转换开关拨到检修位置，开启照明后再进入轿顶。

（4）打开轿顶照明灯，断开轿顶急停开关和检修开关，放入工具，进入轿顶。

（5）不允许双腿分跨立于层门内外侧工作，以免电梯误动致伤。

（6）进入轿顶后手扶固定装置站稳，关厅门，恢复急停。

（7）运行前检修人员应密切配合，互相呼应后方可启动电梯。

（8）严禁开快车。

（9）运行中，人员和工具均不得超出轿厢外沿，以防发生危险。

（10）停车后，应立即断开安全开关或急停按钮，以保证安全。

11. 磁力线坠是用来测量垂直度的工具。如厅门、门扇、门刀、门柱、电梯轿厢、轿臂、缓冲器、机房曳引轮、控制柜的垂直度。（磁力吸在金属轨上，线坠垂下后可检查垂直度。）

12. 盘车装置的使用方法：盘车手轮及用于松开制动器的手柄。

（1）盘车前应确认该电梯的电源已经切断，严禁带电盘车。

（2）盘车前应确认轿厢位置并确认各层层门已经闭锁；轿顶、轿厢、底坑中无关人员已经撤离。作业人员做好安装盘车手轮等相关的准备。开始盘车前，应与配合人员取得联系并得到回复。

（3）盘车时，开闸作业人员应手握制动器释放工具且释放工具不应脱离制动器，以免失控。

（4）需重力滑行时，应控制电梯断续释放制动器慢速运行。

（5）使用手轮盘车时，至少应有两人（含两人）以上配合操作，开闸人员应听从盘车人员的口令。

（6）盘车操作结束后，作业人员应将临时装设的松闸工具和盘车手轮拆下，放回原位。

13. 年度保养检查电梯、厅门系统的内容及要求包括：

（1）修理调整轿门和厅门，轿门关闭后各处间隙不大于6mm；门刀与厅门地坎、门锁滚轮与轿厢地坎的间隙应为5～10mm。

（2）厅门、轿门润滑良好。

（3）轿门开关门终端位置开关工作正常。

（4）开门机构清洁、润滑。

（5）直流门机碳刷及换向器工作正常。

（6）自动门在开启和关闭时应平稳、无振动，换速应准确。

（7）自动门防夹保护装置功能正常。

（8）厅门自闭功能正常，用厅门钥匙开锁释放后能自动复位。

（9）门锁触点应清洁，并且接触良好。

（10）厅门锁紧元件啮合长度不小于7mm。

14.（1）限速器—安全钳联动系统，作为电梯失控与超速时的保护。

（2）强迫换速、限位、极速开关，作为电梯在上下端站越位时的保护。

（3）缓冲器，作为电梯冲顶与蹲底时的保护。

（4）超载装置，层门与轿门电气联锁装置，供电系统断相、错相保护装置或保护电路等，用于防止电梯不安全运行。

（5）轿厢内警铃、对讲电话、松闸扳手、盘车手轮、断电再平层装置等，作为不正常停驶的处理装置。

（6）门触板、光幕等，作为门的安全保护。

15.（1）电阻测量法。首先断电，测量继电器的线圈是否完好。测量线圈的阻值，若为零，说明线圈短路；若为无穷大，说明线圈断路；若有一个阻值（几欧姆），说明线圈完好。

测量继电器触点，常开触点的电阻为无穷大；常闭触点的电阻为零。压下其传动机构，常开触点电阻为零；常闭触点电阻为无穷大。

（2）电位测量法（检查各点电位是否正常）。用万用表的电压挡将表笔与线路并联，可以检查线路及设备是否符合要求。

16. 调节厅门门锁啮合深度的工具包括万用表和钢板尺。

测量方法如下：

（1）测量时需两人配合。

（2）断开门锁电气触点和连接导线。

（3）一人手动开关，另一人用万用表欧姆挡测量门锁电气触点的阻值。

（4）当万用表指针指向零位时，说明阻值为零，触点导通，此时用钢板尺测量厅门门锁啮合的垂直尺寸应不小于7mm。

17. 调整曳引钢丝绳张力的工具包括拉力计和钢板尺。

测量方法：将轿厢停在整个楼层的2/3高度，安全进入轿顶，用拉力计依次测量对重侧每根钢丝绳的张力，将每根钢丝绳拉起相同的长度，记录拉力数据，并求其平均值。

要求：钢丝绳的张力应均衡，每根钢丝绳的张力与全部钢丝绳张力的平均值偏差应不大于5%。

18.（1）触点微动开关故障，触点不动作。调整动作角度或更换开关。

（2）安全触板接线短路或断路。检查线路，排除故障点。

（3）安全触板继电器损坏。修复或更换继电器。

（4）机械传动机构损坏或卡阻。调整传动机构，检查各部件动作是否灵活。

19. 将万用表旋至交流电压挡，选用合适的量程（500V），将表笔与被测物两端并联，测量并读数。电梯允许电压上下波动不大于7%。

20. 进入底坑时的注意事项包括：

（1）至少两人配合。

（2）一人检修状态运行，轿厢提升一层以上。

（3）打开厅门，确定电梯不能再运行。

（4）观察底坑情况，从爬梯进入底坑。

（5）打开照明，站立在安全位置，关厅门。

（6）检修状态试运行后可以进行工作。

21. 在电梯机房内进行维修和保养时应注意的事项包括：

（1）在电梯机房内进行检修和清洁工作时，应首先断开电源，并挂上“有人工作，请勿合闸”的警告牌。必须设专人监护或采取防止意外接通的技术措施。警示牌应谁挂谁摘，非工作人员禁止摘牌合闸。一切动力开关在合闸前应细心检查，确认无人员检修作业时方可合闸。

（2）必须带电操作时，应穿戴好绝缘防护用品和使用绝缘工具，同时应有人监护。

（3）在机房清理电动机和控制柜等电气设备时，不得使用金属工具清理，应用绝缘工具操作。

（4）登高作业时，应系好安全带，其挂钩处应安全可靠，人员应能够安全可靠地站立。

（5）施工时严禁跨越危险区，严禁攀登调试运行中的物件及在吊物、吊臂下通过或停留。

22. 电梯关人后放人的过程如下所述。

（1）告知被困乘客等待救援。

（2）准确判断轿厢位置，做好救援准备。

（3）进入机房，关闭电梯电源开关。

（4）在电机轴上安装盘车手轮。

（5）一人用力把住盘车手轮，另一人手持制动释放杆轻轻撬开制动，注意观察平层标志，使轿厢逐步移动至最接近厅门的位置。

（6）当确认刹车制动无误后，放开盘车手轮。

（7）救援结束时，电梯管理人员应填写救援记录并存档，目的是积累经验。

23. （1）使用钳型电流表测量电路中的电流时，被测电路的电压与钳型电流表的额定电压应在同一等级，切不可测量高于该表额定电压的电路，否则会损坏仪表，甚至造成人身触电事故。

（2）测量前先估计被测电流的大小，然后选择适当的量程进行测量，不可用小量程测量大电流，可先选择较大量程进行测量，然后再根据被测电流的大小选择适当的量程。如果被测电流较小，为了减小测量误差，可把被测导线绕几圈放置钳口的中央，表上读数除以放在钳口中导线的匝数即为实测电流。

（3）测量电流时，把被测导线放置在钳口的中央，使钳口的两个面紧密结合。如果钳口上有污垢，应先清除污垢后再测量，使测得的数值接近实际数值。

（4）测量时不准改换量程。需要改换量程时，把被测导线从钳口中退出后方可进行。

（5）使用钳型电流表时应戴绝缘手套，穿绝缘鞋，潮湿和雷雨天气不可在室外使用。

（6）测量完毕后，一定把开关调至最大量程的挡位，以免下次使用时未经选择量程而被测电流又较大而损坏仪表。

（7）注意检验有效期。

（8）带绝缘的线能测，裸电线不能测，裸矩形母线不能测。

（9）测一根线即为该线的电流，测两根线即为第三根线的电流，测三根线即为中线的电流。

24. 安全钳安装在轿厢两侧的立柱上，主要由连杆机构、钳块、钳块拉杆及钳座组成。其作用是防止电梯蹲底。

当轿厢或对重向下运行时，若发生断绳、打滑失控造成超速的情况，限速器动作，限速器钢丝绳被夹住不动。由于轿厢继续下行，拉干被拉起，钳块与导轨接触，将轿厢强行轧在导轨上。由于连杆的作用，两侧钳块的动作是一致的，同时，装在拉臂尾部的安全钳开关被拨动，使电梯控制电路被切断。

25. 门锁装置为安全回路的一部分，分为厅门门锁和轿门门锁。厅门门锁装置由主门锁和副门锁构成，两者串联。主门锁由锁盒、锁钩和一对触点组成，锁钩和触点在锁盒内部。所有厅门的门锁串联在一起，所有的厅门完全关闭，锁钩和触点可靠接触后电梯才能运行。

门锁装置有两种形式，一种是机械门锁，其作用是当电梯轿厢不在某一楼层停靠时，这一层的厅门应被机械门锁锁闭而不能打开；另一种是电联锁，其作用是当电梯的厅门打开时，电联锁的触点断开，切断电梯的控制回路，使电梯无法运行。只有在轿门、厅门都关好，电联锁触点接通后，才使电梯控制回路接通，电梯才能运行。将机械门锁与电联锁组成一体的钩子锁称为厅门钩子锁。

电梯运行时，安装在轿门上的刀片从门锁上的橡皮轮中间通过。当停站开门时，刀片随轿门横向移动。

26. 维修中，需要临时线操作电梯时应做到以下几点。

（1）临时线必须完好，不能有接头，临时线必须具有足够的长度和强度，能承受一定的拉力，同时具有一定的导线截面，有足够的安全载流量。

（2）使用过程中应注意盘放整齐，不能用铁钉或铁丝扎住临时线，并避开锐利的物体边缘，以防损伤临时线。

（3）如使用临时线操作电梯，在控制电梯上、下运行前，必须有电源开关，以防按钮失控。

27. 喷灯是用来熔化巴氏合金浇注钢丝绳锥套的。其使用方法为：

（1）使用前要向有关领导请示，清除周围的易燃物。

（2）喷灯的油注量不宜过多，以容积的2/4～3/4为宜。

（3）小火点燃（预热），逐步开大。关闭时，从大到小，逐步调整。

（4）使用过程中如需加油，要待喷灯冷却后方可进行，以免自燃。

（5）正确使用防护用具，如穿长袖工作服、戴防护目镜等。

（6）被加温的器件应逐步均匀加温，不能局部猛烧，以防机件变形、断裂或损坏等。

（7）用后应将喷灯余油安全收回。

28. 为了保证电梯能够安全运行，电梯上装有许多安全部件。只有每个安全部件都能正常工作，电梯才能安全运行，否则应立即停止使用电梯。所谓安全回路，就是在电梯各安全部件上都有一个安全开关，把所有的安全开关串联，控制一只安全继电器，只有在所有安全开关都接通的情况下，安全继电器才吸合，电梯才能得电运行。具体说来，安全回路由机房急停开关、限速器超速开关、上下极限开关、底坑急停开关、张绳轮开关、轿顶急停开关、安全钳开关组成。该回路中的任意一个开关断开，电梯都不能运行。

参考文献

[1] 陈家盛. 电梯结构原理及安装维修. 北京：机械工业出版社，2012.
[2] 张元培. 电梯与自动扶梯的安装维修. 北京：中国电力出版社，2006.
[3] 常国兰. 电梯自动控制技术. 北京：机械工业出版社，2012.
[4] 王宴珑. 电梯安装维修工上岗实训指导. 北京：清华大学出版社，2011.
[5] 吴国政. 电梯原理·使用·维修. 北京：电子工业出版社，2001.
[6] 张琦. 现代电梯构造与使用. 北京：清华大学出版社，2004.
[7] 朱坚儿. 电梯控制及维护技术. 北京：电子工业出版社，2011.
[8] 李惠昇. 电梯控制技术. 北京：机械工业出版社，2003.
[9] 何峰峰. 电梯基本原理及安装维修全书. 北京：机械工业出版社，2009.
[10] 缪洪孙. 电梯的保养和维修技术. 北京：中国计量出版社，1998.
[11] 马宏骞. PLC 应用在电梯控制中的编程技术 [J]. 成都：机床电器杂志社，2003.
[12] 宁秋平，马宏骞. 电气控制及变频技术应用. 北京：电子工业出版社，2012.
[13] 吕汀，石红梅. 变频技术原理与应用. 北京：机械工业出版社，2003.
[14] 欧姆龙变频器使用手册.
[15] 欧姆龙 PLC 编程手册.